굴삭기
운전기능사

—

필기

아이디	
이 름	
날 짜	

www.goseowon.co.kr

Preface

굴삭기운전기능사 필기시험은 굴삭기 운전을 위한 장비점검을 비롯하여 굴삭기를 조종하여 안전하게 운전, 주행 및 작업할 수 있는 능력을 가진 사람을 선별하는 1차 시험입니다. 2012년을 기점으로 1년에 4회 정도 볼 수 있던 정기 시험에서 상시시험으로 바뀌게 되었고, 이에 따라 연중 응시가 가능해져 응시기회가 다른 국가자격증보다 많은 편에 속합니다. 그래서 불합격을 하더라도 얼마 뒤 다시 응시할 수 있습니다.

한 해 응시인원이 3만 명에 달하며 80%가 넘는 높은 응시율을 보임에도 불구하고 합격률이 50%가 넘지 않는 이유는 뭘까요?

여러 가지 원인이 있겠지만 그 중 한 가지는 쉽게 얻을 수 있는 인터넷 상의 기출문제 관련 자료들을 그저 답만 외워 시험장에 들어가는 것이 아닐까 생각합니다. 그러나 굴삭기 시험 문제는 예전 문제들이 그대로 출제되지 않으며 새로운 문제들이 다수 출제되고 있습니다. 따라서 기본적인 지식 없이 무턱대고 시험을 봤다간 큰 낭패를 볼 수 있습니다.

그렇다고 건설기계 기관장치, 전기장치, 섀시장치, 작업장치, 유압일반 및 관리법규 등 광범위한 내용을 전부 학습하기에는 너무나 비효율적입니다.

본서는 굴삭기운전기능사 필기시험에서 본질적으로 묻고자 하는 기초적인 내용들을 본문으로 수록하여 실제 시험에 효과적으로 대비할 수 있도록 구성하였습니다. 문제들은 과거 기출문제들 가운데 반드시 알고 있어야 할 내용으로 선별하여 합격을 위해 꼭 필요한 문제들만 수록하였습니다.

굴삭기운전기능사 시험에 응시하는 수험생 여러분의 합격을 기원합니다.

Information

》》》 개요

굴삭기는 주로 도로, 주택, 댐, 간척, 항만, 농지정리, 준설 등의 각종 건설공사나 광산 작업 등에 쓰이며, 건설기계 중 가장 많이 활용된다. 이러한 굴차, 성토, 정지용 건설 기계인 경우 운전하는데 특수한 기술을 요하며, 또한 안전운행과 기계수명 연장 및 작업능률 제고 등을 위해 숙련기능인력 양성이 필요하다.

》》》 수행직무

건설현장에서 흙이나 자갈과 같은 물질을 굴삭하거나 이동시키기 위하여 굴삭기를 운전하며 장비의 일상점검과 예방정비를 하는 업무를 수행한다.

》》》 시험수수료

① 필기 : 11,900원
② 실기 : 27,800원

》》》 출제경향

① 시험과목
  ㉠ 필기
   • 건설기계기관
   • 전기 및 작업장치
   • 유압일반
   • 건설기계관리법규 및 도로통행방법
   • 안전관리
  ㉡ 실기 : 굴삭기운전작업 및 도로주행
② 검정방법
  ㉠ 필기 : 전과목 혼합, 객관식 60문항(60분)
  ㉡ 실기 : 작업형(6분 정도)
③ 합격기준 : 필기・실기 100점을 만점으로 하여 60점 이상

>>> 진로 및 전망

① 주로 건설업체, 건설기계 대여업체 등으로 진출하며, 이외에도 광산, 항만, 시·도 건설사업소 등으로 진출할 수 있다.

② 굴삭기 등의 굴착, 성토, 정지용 건설기계는 건설 및 광산현장에서 주로 활용된다. 최근 국내 건설부문은 IMF관리체제 편입 이후 많은 어려움을 겪었고, 경기회복도 다른 부문에 비해 더딘 편이지만, 2000년대 들어서면서 대규모 정부정책사업(고속철도, 신공항건설 등)의 활성화와 민간부문의 주택건설증가, 경제발전에 따른 건설촉진 등에 힘입어 꾸준히 발전할 것으로 기대된다. 이에 따라 굴차, 성토, 정지용 건설기계운전인력에 대한 고용증가가 기대된다. 참고로 굴삭기등록현황을 보면 1990년대에 들어서서 매년 지속적인 등록증가를 보이고 있다.(등록대수 1993년 53,441대, 1994년 55,752대, 1995년 60,168대, 1996년 67,847대, 1997년 76,965대, 1998년 78,094대임) 이는 매년 해당면허를 취득하는 인원에 비하면 적은 편이지만, 이와 더불어 가동률이 상승하고 있어 고용은 점차 확대될 전망이다.

>>> 실시기관 홈페이지

http://t.q-net.or.kr

Structure

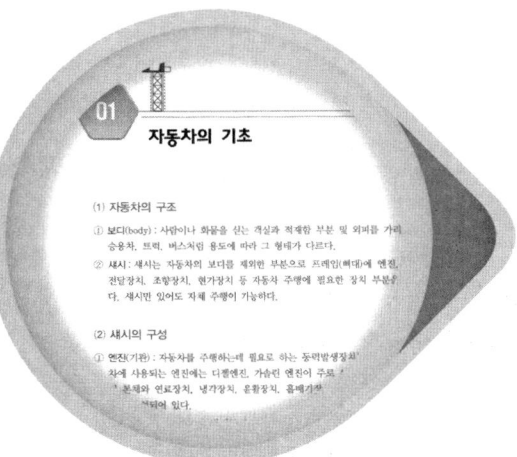

핵심이론

방대한 양의 이론 중 핵심적인 이론만을 뽑아 체계적으로 구성하여 보다 효율적인 학습을 도왔습니다.

단원확인문제

이론학습을 통해 실력을 평가해 볼 수 있는 적중률 100% 핵심예상문제를 수록하였습니다.

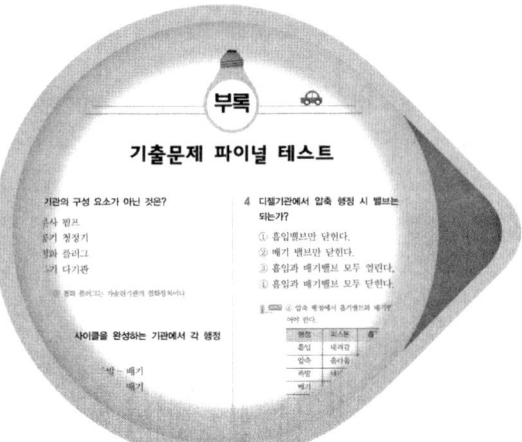

기출문제 파이널 테스트

실제시험과 같은 문항 수의 파이널 테스트를 수록하여 시험 전 최종 점검이 가능하게 하였습니다.

Contents

01 자동차의 기초 ·· 10

02 건설기계 기관장치 ·································· 14
단원확인문제/37

03 건설기계 전기장치 ·································· 48
단원확인문제/65

04 건설기계 섀시장치 ·································· 74
단원확인문제/89

05 건설기계 작업장치 ·································· 96
단원확인문제/115

06 유압일반 ·· 122
단원확인문제/143

07 건설기계 관리법규 및 도로교통법 ·········· 150
단원확인문제/184

08 안전관리 ·· 196
단원확인문제/22

부록 기출문제 파이널 테스트 ························ 230

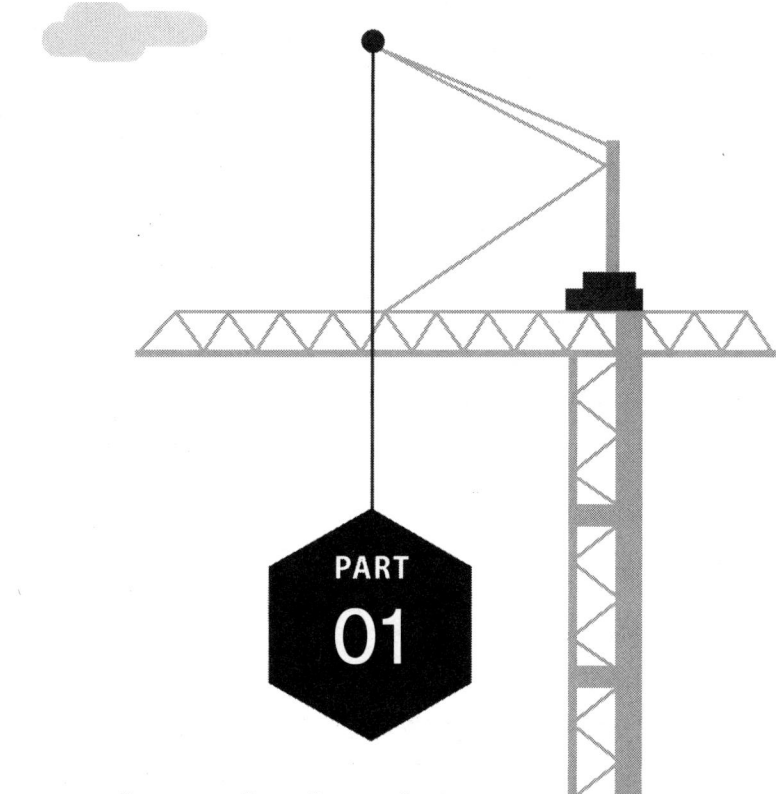

PART
01

자동차의 기초

01 자동차의 기초

(1) 자동차의 구조

① **보디(body)**: 사람이나 화물을 싣는 객실과 적재함 부분 및 외피를 가리키며, 승용차, 트럭, 버스처럼 용도에 따라 그 형태가 다르다.
② **섀시**: 섀시는 자동차의 보디를 제외한 부분으로 프레임(뼈대)에 엔진, 동력전달장치, 조향장치, 현가장치 등 자동차 주행에 필요한 장치 부분을 말한다. 섀시만 있어도 자체 주행이 가능하다.

(2) 섀시의 구성

① **엔진(기관)**: 자동차를 주행하는데 필요로 하는 동력발생장치를 말한다. 자동차에 사용되는 엔진에는 디젤엔진, 가솔린 엔진이 주로 사용된다. 엔진은 엔진 본체와 연료장치, 냉각장치, 윤활장치, 흡배기장치 등 여러 가지 부속장치로 구성되어 있다.
② **동력전달장치**: 엔진에서 발생한 동력을 주행상태에 알맞도록 변화시켜 구동바퀴에 그 힘을 전달하는 장치를 말한다. 동력전달장치는 전륜구동(FF Type)과 후륜구동(RR Type) 그리고 사륜구동(4WD)처럼 동력 전달 방식에 따라 약간의 차이점은 보이지만 기본 구성은 변속기, 구동축, 종감속장치, 차동장치, 바퀴 등으로 구성되어 있다.
③ **조향장치**: 조향장치란 자동차의 주행 방향을 운전자 요구대로 조정하는 장치이다. 즉 조향 휠(핸들)을 돌려 좌우의 앞바퀴를 주행하고자 하는 방향으로 바꿀 수 있다.
④ **제동장치**: 주행중인 자동차의 속도를 감속 도는 정지시키는 장치를 말한다.
⑤ **현가장치**: 현가장치는 차량이 주행 중 노면에서 받은 충격이나 진동을 완화하여 승차감과 안정성을 향상시키는 장치이다.
⑥ **전기장치**: 엔진의 시동과 점화, 전조등, 계기판 등의 전원을 공급하는 장치를 말한다.

열기관

열기관은 연료의 연소 또는 기타 열원에 의해 얻어지는 열에너지를 기계적 에너지로 바꾸는 기계이다. 열기관은 외연 기관과 내연 기관으로 분류된다.

구분	내용
내연 기관	내연 기관은 휘발유, 경유 등의 연료를 기관 내부에서 연소할 때 발생하는 고온·고압의 연소 가스를 이용하여 동력을 얻는 기관으로 가솔린기관, 디젤기관 등이 있다.
외연 기관	외연기관은 기관 몸체와 분리된 별도의 연소 장치에서 연소가 이루어져 동력을 얻는 것으로 증기기관이 대표적이다.

원동기

원동기란 수력, 풍력, 조력 등의 에너지를 기계적 에너지로 바꾸는 장치를 말한다. 원동기 가운데 연료를 태워 발생한 열에너지를 이용해 동력을 얻는 장치를 열기관(heat engine)이라 부른다.

확인학습

1 태양열, 풍력, 수력, 화력, 조력 등의 여러 가지 에너지를 이용하여 동력을 발생하는 기계 장치를 무엇이라 하는가?

① 유증기 ② 유압기
③ 활격기 ④ 원동기

   HINT ④ 원동기란 수력, 풍력, 조력 등의 에너지를 기계적 에너지로 바꾸는 장치를 말한다. 원동기 가운데 연료를 태워 발생한 열에너지를 이용해 동력을 얻는 장치를 열기관(heat engine)이라 부른다.

2 증기기관은 어떤 기관에 속하는가?

① 내연기관 ② 외연기관
③ 전기기관 ④ 가솔린기관

   HINT ② 증기기관은 별도로 설치된 보일러에서 연료를 연소시켜 보일러 내 물을 고압증기로 만들어 기관에 보내 동력을 발생시키는 외연기관이다.

3 다음 중 자동차에서 보디를 말하는 것은?

① 자동차에서 엔진을 제외한 부분이다.
② 자동차에서 섀시와 보디를 제외한 전부 가리킨다.
③ 자동차에서 섀시와 보디를 합친 것을 말한다.
④ 자동차에서 섀시를 제외한 부분이다.

   HINT ④ 보디는 섀시 위에 설치되어 승객 좌석과 화물을 적재하기 위한 부분을 말한다.

4 섀시를 구성하는 뼈대는?

① 프레임 ② 제동장치
③ 현가장치 ④ 휠

   HINT ① 프레임(frame)이란 엔진, 보디 등 각종 자동차의 장치들이 자리를 잡을 수 있도록 하는 자동차의 뼈대를 말한다.

5 주행 중 노면에서 받는 진동이나 충격을 흡수하는 완충장치를 나타낸 것은?

① 현가장치 ② 제동장치
③ 조향장치 ④ 전기장치

   HINT ① 현가장치는 주행 중 노면에서 받은 충격이나 진동을 완화하여 승차감과 자동차의 안정성을 향상시키는 장치이다.

6 조향장치에 대한 내용으로 옳은 것은?

① 자동차의 속력을 늦추거나 정지 또는 정차시키는데 필요한 장치이다.
② 엔진에서 발생한 동력을 바퀴로 전달시키는 장치이다.
③ 자동차의 진행방향을 좌우로 자유롭게 변경하는 장치이다.
④ 프레임과 차축 사이에 완충기구를 설치하여 노면으로부터 진동이나 충격 등을 완화시키는 장치이다.

   HINT ③ 조향장치는 자동차의 주행방향을 임의로 바꾸는 장치이다. 구성품은 조향 핸들(스티어링 휠), 조향 기어, 타이 로드, 조향 축 등이 있다.

1.④ 2.② 3.④ 4.① 5.① 6.③

PART 02

건설기계 기관장치

02 건설기계 기관장치

1 기관본체

(1) 기관의 개념

① **기관(Engine)** : 자동차가 스스로 움직이기 위해서는 동력을 발생시키는 장치가 필요한데 이 역할을 하는 것이 바로 기관(Engine)이다. 자동차에 사용되는 대부분의 기관은 가스나 액체 연료를 기관 내부에서 연소하여 발생한 열에너지를 기계적인 에너지로 바꾸는 방식의 내연기관이다.

② **내연기관의 종류** : 내연기관은 연료와 점화 방식에 따라 가솔린기관, 디젤기관, 가스 터빈 기관, 제트 기관, 로켓 기관 등으로 나눌 수 있다. 각 기관마다 특징이 다르기 때문에 사용되는 용도도 다르며, 굴삭기, 불도저와 같은 건설기계들은 큰 힘을 얻기 위해 대부분 디젤기관을 사용하고 있다.

③ **가솔린기관과 디젤기관의 비교**

구분	내용
가솔린기관	가솔린 연료와 공기를 혼합한 기체(혼합기)를 실린더 안으로 흡입하여 피스톤으로 압축한 다음, 점화 플러그에서 발생된 전기 불꽃으로 점화하여 폭발시키는 **불꽃 점화 기관**이다.
디젤기관	밀폐된 곳에서 공기를 빠르게 압축하면 온도가 올라가는 단열 압축의 원리를 응용하여 공기만을 흡입하고 압축하는 **압축 착화 기관**이다.

④ **기관의 작동방식에 따른 분류** : 기관은 작동하는 방식에 따라 4행정 사이클 기관과 2행정 사이클 기관으로 나눈다. 대부분 자동차에는 4행정 사이클 기관이 널리 사용된다. 2행정 사이클 기관은 4행정 사이클 기관보다 구조가 간단하고 가벼우나 각 행정별 구분이 확실하지 않아 연료 효율이 낮다. 2행정 사이클 기관은 주로 소형 기관인 모터보트, 소형 오토바이 등에 이용된다.

⑤ **4행정 사이클의 작동** : 4행정기관은 피스톤의 흡입, 압축, 동력, 배기의 4행정, 즉 크랭크샤프트의 2회전으로 1사이클이 완료된다.

디젤기관의 장점
- 연료소비율이 가솔린기관보다 적다.
- 연료비가 저렴하고, 열효율이 높다.
- 인화점이 높아서 화재의 위험성이 적다.

디젤기관의 단점
- 소음 및 진동이 크다.
- 마력당 중량이 크다.
- 연료분사장치 등이 고급 재료이고 정밀 가공해야 한다.

2행정 사이클 기관
- 구조가 간단하고 가볍다.
- 배기가스재순환으로 질소산화물(NO_x)의 배출이 적다.
- 연료소비가 많으며 수명이 짧다.
- 소기작용으로 연소가스를 완전히 배출하기 어렵다.

소기작용
2행정기관에 있어서 흡입한 새 기체가 연소한 가스를 실린더 내에서 배기관으로 밀어나면서 동시에 흡입한 새 기체로 가득 채우는 작용을 말하며, 이를 위해 실린더에 소기구라는 구멍이 뚫려있다.

확인학습

1 열에너지를 기계적 에너지로 변환시켜 주는 장치는?

① 펌프　　② 모터
③ 엔진　　④ 밸브

> HINT ③ 자동차가 스스로 움직이기 위해서는 동력을 발생시키는 장치가 필요한데 이 역할을 하는 것이 바로 기관(Engine)이다. 대부분의 자동차에 사용되는 기관은 가스나 액체 연료를 기관 내부에서 연소하여 발생한 열에너지를 기계적인 에너지로 바꾸는 방식의 내연기관이다.

2 공기만을 실린더 내로 흡입하여 고압축비로 압축한 다음 압축열에 연료를 분사하는 디젤기관의 작동원리는?

① 압축착화기관
② 전기점화기관
③ 외연기관
④ 제트기관

> HINT ① 디젤기관은 실린더 내부에 공기만을 고온으로 압축시킨 상태에서, 분사 노즐을 통해 연료가 안개처럼 분사되면 압축 시 발생된 열에 의해 자기 착화 연소가 되는 압축착화기관이다.

3 4행정 사이클 기관의 작동 순서는?

① 흡입 → 압축 → 폭발 → 배기
② 흡입 → 배기 → 폭발 → 압축
③ 압축 → 흡입 → 폭발 → 배기
④ 흡입 → 압축 → 배기 → 폭발

> HINT ① 4행정 사이클 기관은 피스톤의 흡입 → 압축 → 폭발 → 배기행정 순으로 작용하여 1사이클을 마친다.

4 다음 중 알맞은 것은?

① 피스톤이 실린더를 2회 왕복하는 기관은 2행정 기관이다.
② 2행정 사이클 디젤기관은 크랭크가 1회전을 하면 피스톤은 2행정을 하는 구조이다.
③ 4행정 사이클 디젤기관은 소기 및 압축과 작동, 배기 및 소기 작용을 완료한다.
④ 4행정 사이클 디젤기관에서 피스톤이 2행정을 하면 크랭크는 1회전을 한다.

> HINT ② 피스톤이 실린더를 2회 왕복하는 기관을 4행정 사이클 기관이라 하고, 피스톤이 1회 왕복하는 기관을 2행정 사이클 기관이라 한다. 2행정 사이클 디젤기관은 크랭크가 1회전을 하면 피스톤은 2행정을 하는 구조이다. 4행정 사이클 디젤기관은 피스톤 행정이 흡입, 압축, 작동, 배기의 4행정으로 구분되고, 2행정 사이클 디젤기관은 2행정 동안에 소기 및 압축과 작동, 배기 및 소기 작용을 완료한다.

5 4사이클 기관은 크랭크축이 몇 회전에 한 사이클을 끝마치는가?

① 1회전
② 2회전
③ 3회전
④ 4회전

> HINT ② 4행정 사이클 기관이란 크랭크축이 2회전을 한 사이에 피스톤이 흡입, 압축, 폭발, 배기의 4행정을 마치는 기관을 말한다.

1.③　2.①　3.①　4.②　5.②

(2) 디젤기관

① 디젤기관의 특성

㉠ **단열압축원리** : 디젤기관은 실린더 안으로 공기만을 흡입하여 피스톤으로 압축해 고온(500~550℃)의 압축 공기를 만들고, 이때 연료를 고압으로 분사하여 자연 착화(불이 붙거나 타기 시작함)시킴으로써 동력을 얻는다.

㉡ **높은 압축비** : 디젤기관은 공기만을 흡입하므로 압축비를 크게 할 수 있어 열효율이 높다. 그러나 운전 중 압축 압력과 폭발 압력이 높아 진동과 소음이 심하다. 디젤기관은 가솔린기관의 기화기(카뷰레이터)와 전기점화장치가 없는 대신, 고압의 연료를 분사시킬 연료분사장치가 필요하다.

㉢ 4행정 디젤기관의 작동

구분	내용
흡입 행정	피스톤이 내려가면서 실린더 내부에 공기를 흡입하고 배기밸브는 닫히고 흡기 밸브가 열린다.
압축 행정	연소를 위해 흡기밸브, 배기밸브가 모두 닫힌 상태로 되며, 피스톤이 상승하면서 실린더 내의 공기를 압축시켜 고온과 고압의 상태로 변한다.
폭발 행정 (작동행정)	압축행정이 끝나는 시기에 실린더 내부로 연료가 분사되어 동력을 얻는 시기이다. 폭발로 인한 압력으로 피스톤이 하강을 하여 크랭크축이 회전력(Torque)을 얻기 때문에 동력 행정으로도 불린다.
배기 행정	연소된 가스를 내보내기 위해 흡기 밸브가 닫히고, 배기 밸브가 열리며 피스톤의 상승으로 연소가스가 배기 밸브를 통해 배출된다.

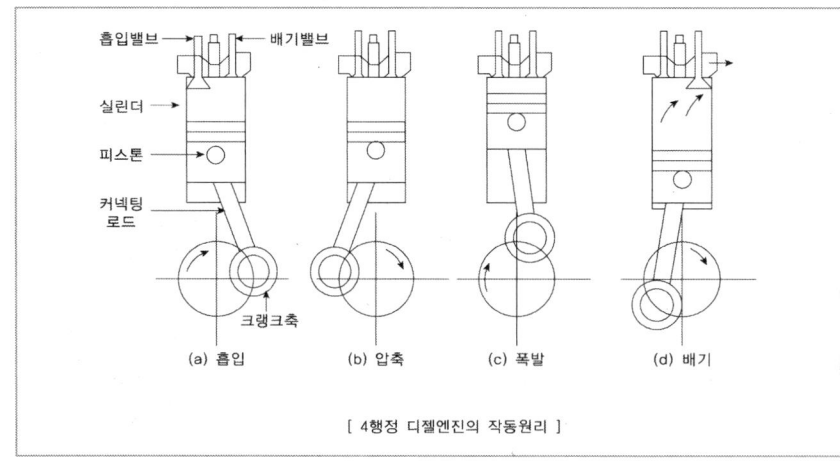

[4행정 디젤엔진의 작동원리]

압축비

압축비란 기관 내 피스톤이 상사점에 위치한 때 실린더 안의 남은 체적과 하사점에 도달하였을 때 남은 체적의 비율을 말한다.

가솔린 엔진에서는 압축비가 높을수록 출력이 증대되지만, 노킹이 발생하기 때문에 7~12:1가 일반적이며 디젤 엔진에서는 피스톤의 압축으로 생기는 열에 의해 자연점화가 일어나야 하므로 15~22:1처럼 압축비가 높다.

구분	비율
가솔린기관	7:1 ~ 12:1
디젤기관	15:1 ~ 22:1

용어정리

용어	내용
상사점 (TDC)	피스톤이 실린더의 가장 위쪽으로 올라간 위치를 말한다.
하사점 (BDC)	피스톤이 실린더의 가장 아래쪽으로 내려간 위치를 말한다.
행정 (stroke)	상사점과 하사점 사이의 거리를 가리킨다.
연소실 체적	피스톤이 상사점에 위치한 상태에서 실린더 부피를 말한다.

확인학습

1 4행정 디젤기관에서 동력행정을 뜻하는 것은?

① 흡기행정　　② 압축행정
③ 폭발행정　　④ 배기행정

> HINT ③ 폭발행정은 폭발로 인한 압력으로 피스톤이 하강하여 크랭크축이 회전력을 얻기 때문에 동력 행정으로도 불린다.

2 4행정 디젤기관의 운동 순서를 나열한 것은?

① 공기 압축→공기 흡입→가스 폭발→배기→점화
② 공기압축→착화→배기→점화→공기압축
③ 공기흡입→공기 압축→연료 분사→착화→배기
④ 공기흡입→연료 분사→공기압축→연료 배기→착화

> HINT ③ 4행정 디젤기관은 흡입→압축→폭발→배기의 순서로 이어진다. 좀 더 자세히 알아보면 흡입밸브가 열리면서 외부의 공기를 흡입한 후 흡기밸브와 배기밸브가 모두 닫히며 피스톤이 상승하면서 공기를 압축하여 착화할 수 있는 온도까지 압축을 하게 된다. 이후 실린더 내부로 연료 분사 밸브에서 연료가 분사되어 착화가 이루어지면서 동력을 발생시키고, 연소된 가스를 배출하기 위해 배기 밸브가 열리게 된다.

3 디젤기관에서 흡입 공기를 압축하는 경우 압축 온도는 얼마인가?

① 100℃　　② 300~350℃
③ 400~500℃　　④ 500~550℃

> HINT ④ 디젤기관에서 흡입 공기를 압축하는 경우 온도는 약 500~550℃ 정도이다.

4 피스톤이 실린더에서 가장 낮게 이동한 위치를 무엇이라 하는가?

① 상사점　　② 하사점
③ 실린더 보어　　④ 행정

> HINT ② 하사점은 피스톤이 실린더 가장 아래 쪽으로 내려간 상태를 말한다.

5 디젤기관의 압축비는?

① 5:1~10:1　　② 10:1~15:1
③ 15:1~22:1　　④ 20:1~33:1

> HINT ③ 압축비란 기관 내 피스톤이 상사점에 위치한 때 실린더 안의 남은 체적과 하사점에 도달하였을 때 남은 체적의 비율을 말하며 디젤기관의 압축비는 15:1~22:1으로 가솔린기관보다 높다.

6 디젤엔진의 특성이 아닌 것은?

① 압축비는 15:1~22:1 정도이다.
② 높은 압축비와 폭발 압력으로 높은 토크를 얻을 수 있다.
③ 실린더 내부에 흡입된 공기는 압축시켜 약 500℃에 가까운 고열로 만들어 착화온도가 300℃인 경유을 자연착화시킨다.
④ 연료와 공기의 혼합기를 압축하여 전기 스파크에 의해 점화 연소시키는 전기식도 디젤엔진의 한 종류이다.

> HINT ④ 연료와 공기의 혼합기를 압축하여 전기 스파크에 의해 점화 연소시키는 전기 점화식은 가솔린 엔진이다.

1.③ 2.③ 3.④ 4.② 5.③ 6.④

(3) 디젤기관 본체

① **디젤기관의 구성** : 기관 본체는 동력이 발생하는 핵심부분으로 디젤기관본체는 크게 실린더와 커넥팅 로드, 크랭크 축, 플라이휠, 밸브 등으로 구성되어 있다.

구분	내용
실린더	실린더는 피스톤이 왕복 운동을 하는 원통 모양 부품을 말한다. 실린더 내부는 연소에 따른 압력을 받으며 고온에 노출되어 있다.
피스톤	피스톤은 실린더 내부를 왕복 운동하여 새로운 공기를 흡입하고 압축하는 역할을 하는 부품으로 실린더에서 연소로 발생한 열에너지를 기계적 에너지로 전환하여 크랭크축에 전달하는 역할을 한다.
커넥팅 로드	커넥팅 로드는 피스톤이 받는 폭발력을 크랭크축에 전달하는 부품이다. 즉 **피스톤의 왕복운동**은 크랭크축에 연결된 커넥팅 로드에 의해 **크랭크축에서 회전 운동으로 전환**된다.
크랭크축	크랭크축은 피스톤의 왕복 운동을 회전 운동으로 바꾸는 기능을 하는 부품이다. 피스톤과 커넥팅 로드는 직선(왕복)운동으로 연결된 크랭크축을 움직이게 하고, 크랭크축은 이 전달받은 에너지(Energy)를 회전운동으로 플라이휠(Flywheel)과 같은 다른 부품을 작동시키는 역할을 한다.
플라이휠	크랭크축의 후단부에 설치되는 플라이휠은 원판모양으로 기관 연소 시 충격을 흡수하고, 다음 연소가 되기 전까지 크랭크축이 관성을 유지하는 역할을 한다. 즉, 기관에서 이루어지는 폭발로 인한 불규칙한 회전을 휠의 관성을 이용해 부드럽게 만들어주는 역할을 한다.
밸브	기관이 효율적인 작동을 할 수 있도록 각 행정에 필요한 공기를 흡입, 연소된 가스를 배출하는데 사용하는 장치를 말한다.

② **실린더의 조건** : 실린더 내부에서 연소에 따른 압력을 받고 고온에 노출되어 있기 때문에 재질과 구조가 열에 강하며, 피스톤과 마찰되는 부분은 갈려서 닳아 없어지지 않도록 제작되어야 한다.

③ **실린더의 구성** : 실린더는 실린더 블록과 일체 구조로 된 일체식, 별개 재료로 된 삽입식이 있으며 구성은 다음과 같다.

구분	내용
실린더 블록	실린더 블록은 냉각수와 오일을 포함하며, 오일 필터나 물 펌프와 같은 부품을 부착하는 몸체 부분이다. 실린더 블록은 강한 열과 압력에 견딜 수 있도록 제작된다.
실린더 라이너	실린더 라이너는 연소실 벽(Wall)을 구성하며, 피스톤의 왕복 운동을 원활히 하도록 돕는 역할을 한다. 또한 연소 시 발생한 열을 방출하는 기능도 겸한다. 라이너는 크게 습식 라이너와 건식 라이너가 있다.
실린더 헤드	실린더 블록 위에 설치되는 실린더 헤드는 기관에서 연소가 되는 연소실을 만드는 역할을 하며, 냉각수가 돌아다니는 통로(물재킷 ; Water Jacket)가 위치한 곳이다.

실린더 헤드 가스켓
실린더 블록과 실린더 헤드를 접합하는 부분으로 고온과 고압을 견뎌내는 재료로 제작된다.

실린더 라이너 종류

구분	내용
습식 라이너	냉각수가 직접 라이너에 접촉하여 라이너와 실린더 블록이 물재킷(통로)을 이루어 직접 냉각수로 냉각시키는 구조로 보통 디젤기관에 사용된다.
건식 라이너	실린더에서 발생한 열을 식히는 냉각수가 라이너와 직접 접촉하지 않고 실린더 블록을 통해 냉각하는 방식이다. 보통 가솔린 엔진에 사용된다.

확인학습

1 기관의 본체를 구성하는 부품이 아닌 것은?

① 실린더 ② 크랭크실
③ 캠축   ④ 서모스탯

> HINT ④ 기관 본체는 실린더와 실린더 블록, 실린더 헤드, 크랭크축, 피스톤, 커넥팅 로드, 크랭크 축, 플라이휠, 캠축, 밸브 등으로 구성되어 있다. 서모스탯(온도조절기)은 냉각장치의 부품으로 엔진과 라디에이터 사이에 설치되어 있으며 냉각수 온도 변화에 따라 자동적으로 개폐하여 라디에이터로 흐르는 유량을 조절하는 장치이다.

2 실린더에 대한 내용으로 적절하지 않은 것은?

① 실린더는 피스톤의 왕복운동을 하게 하는 기관이다.
② 실린더 블록은 연소 가스의 누설을 방지하고 피스톤과 마찰을 최소화하는 역할을 한다.
③ 실린더 라이너는 건식과 습식으로 나뉜다.
④ 실린더는 연소에 따른 압력과 고온 때문에 재질이 열과 고온에 강해야 한다.

> HINT ② 실린더 블록은 엔진의 뼈대가 되는 몸체로 피스톤과 크랭크축 등이 설치되는 부분이다. 연소 가스의 누설을 방지하고 피스톤과 마찰을 최소화하는 역할을 하는 것은 실린더 벽(Wall)이며, 실린더 벽을 통해 피스톤과 마찰을 줄여 손상을 방지하게 된다.

3 실린더 라이너에서 가장 많이 마멸되는 곳은?

① 상부   ② 중간
③ 하부   ④ 중간과 하부사이

> HINT ① 실린더 라이너는 위쪽에는 실린더 헤드에 연결되어 있고 실린더 헤드에는 각종 밸브가 설치되어 있다. 실린더 라이너의 아래에는 여러 개의 소기공이 있으며 위쪽은 고온 고압의 연소가스가 접촉하고 피스톤이 왕복운동을 하게 되므로 마멸되기가 쉽다.

4 다음 중 실린더 라이너의 마멸 원인이라 보기 어려운 것은?

① 윤활유 사용량의 부족
② 윤활유 성질의 부적합
③ 연료유나 공기 중에 혼입된 입자
④ 유압 밸브 개방

> HINT ④ 실린더 라이너가 마멸되는 주요 원인은 유막의 형성이 불량해 금속 접촉의 마찰로 인한 경우, 연료유나 공기 중에 혼입된 입자와의 마찰과 윤활유 사용량이 부족하거나 윤활유 성질의 부적합할 경우에 발생된다.

5 4행정 사이클 디젤기관에서 실린더 라이너가 많이 마멸되었을 때 일어나는 현상이 아닌 것은?

① 조속기(거버너)의 작동 불량
② 불완전 연소
③ 출력의 감소
④ 크랭크실 내의 윤활유 오손

> HINT ① 실린더는 기관이 작동될 때 약 1500~1800℃ 정도의 연소열에 노출되어 마멸(갈려서 닳아 없어지는 현상)이 일어나기 쉽다. 조속기는 기관의 회전속도를 일정한 값으로 유지하기 위해 사용되는 연료장치로 실린더 라이너와 직접적인 관련성이 없다.

6 기관의 맥동적인 회전을 관성력을 이용하여 원활한 회전으로 바꾸어 주는 역할을 하는 것은?

① 크랭크축   ② 피스톤
③ 플라이휠   ④ 커넥팅로드

> HINT ③ 원판모양으로 된 플라이휠은 기관 연소 시 충격을 흡수하고, 다음 연소가 되기 전까지 크랭크축이 관성을 유지할 수 있도록 역할을 한다.

1.④ 2.② 3.① 4.④ 5.① 6.③

(4) 피스톤

① **피스톤**
  ㉠ 피스톤은 실린더 내를 왕복 운동하여 새로운 공기를 흡입하고 압축하는 역할을 하는 부품이다. 또 연소된 가스의 압력을 받아 그 힘이 커넥팅 로드를 거쳐 크랭크축을 회전시킨다.
  ㉡ 연소에 의해 발생한 열에너지를 기계적인 에너지 형태로 변환하여 크랭크축에 전달시키는 장치이다.

② **피스톤의 구비요건** : 피스톤 역시 실린더와 마찬가지로 높은 압력과 열을 직접 받으므로 충분한 강도를 가져야 하고, 열을 실린더 내벽으로 잘 전달하는 열전도가 좋은 재료로 만들어져야 한다.

③ **피스톤의 역할** : 피스톤은 실린더에서 연소로 발생한 열에너지를 기계적인 에너지로 전환하여 크랭크축에 전달하는 역할을 한다. 또한 상하 왕복운동을 하면서 연소실로 공기를 흡입하고, 배기가스를 배출하는 펌프 역할도 한다.

④ **피스톤의 구조** : 피스톤은 피스톤 헤드, 링 지대, 스커트부 등으로 구성되어 있다. 피스톤 헤드는 가장 위쪽에 위치한 부위로 연소실의 일부를 형성하고, 링 지대는 피스톤의 측면부로써 피스톤 링을 끼우기 위한 링 홈(Ring Groove)이 형성되어 있다.

⑤ **피스톤 링** : 피스톤에는 2개 내지 3개의 피스톤 링이 결합된다. 이 중 3개 링이 있는 경우 위쪽 2개의 링이 '압축 링'이며, 아래에 위치한 링은 '오일 링'이다. 압축 링은 실린더헤드 쪽에 위치해 있다.

⑥ **피스톤 슬랩** : 피스톤 간극이 너무 벌어진 경우 피스톤이 왕복 운동을 하면서 실린더 벽면을 때리게 되는데 이를 피스톤 슬랩(Piston Slap)이라고 한다.

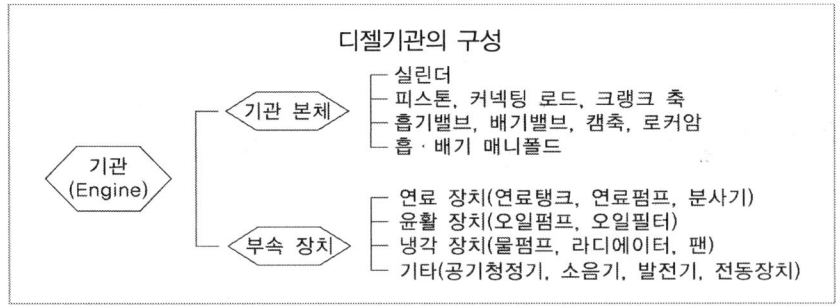

블로바이(Blow-by) 현상
피스톤 간극이란 실린더 안지름과 피스톤 바깥지름의 차이를 말한다. 피스톤 간극이 너무 클 경우 실린더와 피스톤 사이로 압축 또는 폭발 가스가 새는 현상인 '블로바이(Blow-by) 현상'이 발생할 수 있으며, 이로 인해 피스톤과 실린더 벽 사이의 열전도율이 저하되고, 윤활유의 소비량이 많아진다.

피스톤의 구조

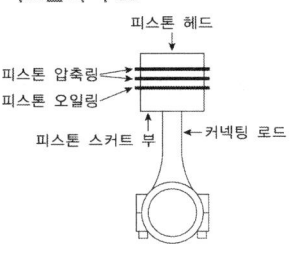

피스톤 링의 역할

구분	내용
압축 링	실린더 벽과 밀착을 통해 연소실 내부의 공기 누설을 방지하는 **기밀 작용**을 한다. 또한 피스톤으로부터 전달받은 열을 실린더 벽으로 전달하는 **열전도 작용**을 한다.
오일 링	연소실로 오일이 유입되는 것을 방지하는 **오일 제어 작용**을 한다.

피스톤 핀 연결방식
- 고정식
- 반고정식
- 부동식

확인학습

1 실린더를 왕복하면서 폭발 행정에서 얻은 동력을 커넥팅 로드를 거쳐 크랭크축에 전달하는 엔진 본체 부속은?

① 헤드 개스킷　　② 인젝터
③ 피스톤　　　　④ 타이밍 벨트

> HINT ③ 피스톤(Piston)은 실린더를 왕복운동을 하면서 폭발행정에서 얻은 동력을 커넥팅 로드를 거쳐 크랭크축에 전달하고, 혼합기를 흡입하고 압축하여 연소가스를 배출하는 역할을 한다.

2 다음 중 피스톤의 구성 요소가 아닌 것은?

① 피스톤 헤드　　② 압축 링
③ 오일 링　　　　④ 조속기

> HINT ④ 조속기는 기관이 회전하는 속도나 변화에 따라 연료 분사량을 자동으로 조절하는 연료장치 중 하나이다.
> ① 피스톤 헤드는 피스톤의 가장 윗부분으로 연소실의 일부를 형성하는 곳이다.
> ②③ 압축 링은 오일 링과 함께 피스톤의 일부를 구성하는 피스톤 링의 한 종류이다. 피스톤링(piston ring)은 피스톤의 상부에 둘러져 있는 금속제 링을 말하는데 피스톤과 함께 왕복운동을 한다. 4행정 기관에는 3개의 링이 결합되어 있는데 이 가운데 위의 2개를 압축 링이라 부르며, 나머지 1개를 오일 링이라 칭한다. 압축 링은 실린더 내부의 혼합기와 폭발가스 및 배기가스를 누설되지 않게 밀봉하는 역할을 하며, 오일 링은 실린더 벽면에 남아 있는 윤활오일을 긁어내리는 역할을 한다.

3 피스톤 중 압축 링의 역할은?

① 공기누설 방지 작용
② 오일의 연소실 유입 제어 작용
③ 연소 가스 배출
④ 밸브 개폐 작용

> HINT ① 압축 링은 실린더 내부의 혼합기와 폭발가스 및 배기가스를 누설되지 않게 밀봉하는 역할을 하며, 오일 링은 실린더 벽면에 급유되어 압축 링의 마찰을 방지하기 위한 윤활유가 연소실 내부로 들어가지 못하게 하는 역할을 한다. 압축 링이 2개인 이유는 각각의 링의 틈새로 압축가스가 새는 것을 방지하기 위함이다.

4 피스톤과 피스톤 핀의 연결방법에 따른 피스톤 핀의 종류가 아닌 것은?

① 고정식
② 반고정식
③ 부동식
④ 압축식

> HINT ④ 피스톤 핀은 피스톤과 커넥팅 로드를 연결하는 핀을 말한다. 피스톤 핀은 피스톤이 받는 큰 힘을 커넥팅 로드를 통해 크랭크 샤프트에 전달하는 역할을 하며, 결합 방식에 따라 고정식, 반고정식, 부동식으로 구분한다.

5 피스톤 링의 3대 작용이 아닌 것은?

① 오일 제어 작용
② 기밀 작용
③ 열전도 작용
④ 촉매 작용

> HINT ④ 피스톤 링은 피스톤과 실린더 사이에서 기밀을 유지하는 부품으로 압축가스의 누출을 방지하는 기밀 작용과 연소실의 오일이 유입되는 것을 방지하는 오일 제어 작용과 열전도(냉각) 작용을 한다. 이 가운데 압축 링이 가스의 기밀 유지와 열전도 작용을 하며, 오일 링이 오일 제어 작용을 한다.

1.③ 2.④ 3.① 4.④ 5.④

(5) 기타 기관본체

① **커넥팅 로드** : 피스톤과 크랭크축을 연결하는 부속을 말한다. 피스톤의 왕복운동은 크랭크축에 연결된 커넥팅 로드에 의해 크랭크축에서 회전 운동으로 전환이 된다.

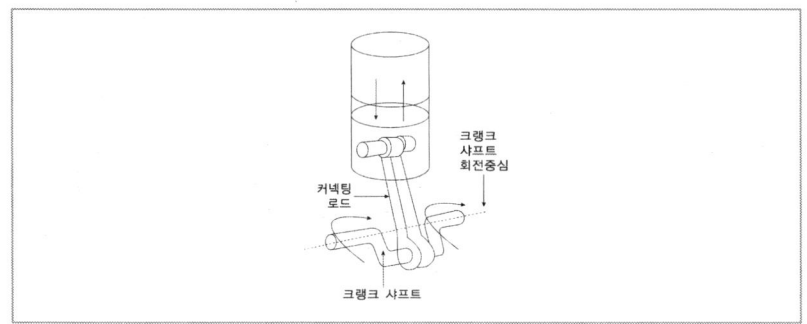

② **크랭크 축** : 크랭크축은 피스톤의 왕복 운동을 회전 운동으로 바꾸는 기능을 하는 부품이다. 피스톤과 커넥팅 로드의 왕복운동이 크랭크축을 움직이게 하고, 크랭크축은 이 전달받은 에너지(Energy)를 회전운동으로 플라이휠(Flywheel)과 같은 다른 부품을 작동시키는 역할을 한다.

③ **플라이휠** : 원판모양으로 된 플라이휠은 기관 연소 시 충격을 흡수하고, 다음 연소가 되기 전까지 크랭크축이 관성을 유지할 수 있도록 역할을 한다. 플라이휠은 크랭크축의 회전력을 균일하게 해 주는 부품으로 크랭크축의 후단부에 설치한다. 또한 플라이휠 바깥 면에는 링 기어가 설치되어 기관을 시동하게 하며, 측면은 클러치의 마찰면으로도 사용된다.

④ **밸브**(Valve)
  ㉠ 기관이 효율적인 작동을 할 수 있도록 각 행정에 필요한 공기를 흡입, 연소된 가스를 배출하는데 사용하는 장치를 말한다. 밸브는 연소실에 위치한 흡기 및 배기 구멍을 개폐하여 혼합기를 흡입하고 밀봉하며, 압축행정에서는 흡·배기 구멍을 밀봉하여 기밀을 유지한다. 또한 배기 행정 시에는 연소 가스를 외부로 배출하는 역할을 한다.
  ㉡ 각 행정별 특성

구분	흡입행정	압축행정	폭발행정	배기행정
피스톤	상사점→하사점	하사점→상사점	상사점→하사점	하사점→상사점
흡기밸브	열림	닫힘	닫힘	닫힘
배기밸브	닫힘	닫힘	닫힘	열림
공기	흡입	압축	연소, 팽창	배기

⑤ **캠축**(Cam Shaft) : 캠축은 밸브를 열고 닫으며 기관의 형식에 따라 펌프와 배전기 등을 구동하는 역할을 한다. 구동방식에 따라 체인 구동식, 기어 구동식, 벨트 구동식이 있다.

용어정리

구분	내용
분당 회전수 (RPM)	크랭크축이 1분 동안에 회전하는 수를 분당 회전수(revolution per minute)라 한다.
배기량	피스톤이 하사점으로부터 상사점까지 이동되는 체적으로 말한다. 배기량이 높을수록 연소할 수 있는 연료와 공기도 많아진다.

피스톤과 크랭크축

4행정 기관에서는 피스톤이 하사점에서 상사점까지 1행정을 하는 동안 크랭크축은 반회전(180°)을 한다. 즉 크랭크축이 1회전하는 사이에 피스톤은 2행정을 한다.

구분	크랭크축 회전수	크랭크 회전각	피스톤 행정수
2행정	1회전	360°	2행정
4행정	2회전	720°	4행정

크랭크축의 구성

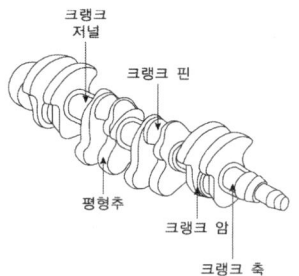

확인학습

1 피스톤의 왕복운동을 크랭크축에 전달하는 역할을 하는 것은?

① 플라이휠　　② 흡기 밸브
③ 크랭크 암　　④ 커넥팅 로드

> HINT ④ 커넥팅 로드(Connecting Rod)는 피스톤과 크랭크축을 연결하는 부속이다.

2 크랭크축의 구성 요소가 아닌 것은?

① 핀 저널(pin journal)
② 메인 저널(main journal)
③ 크랭크 암(crank arm)
④ 링 기어(ring gear)

> HINT ④ 링 기어는 플라이휠의 바깥 둘레에 시동전동기의 피니언 기어와 맞물리는 부분을 말한다. 크랭크축은 엔진에서 발생한 동력을 회전운동으로 바꾸어주는 회전축이다. 크랭크축은 핀 저널, 메인 저널, 크랭크 암, 평형추, 크랭크축 플랜지 등으로 구성되어 있다.

3 다음 중 연소열로 인해 냉각해야 할 부분과 관계가 없는 것은?

① 실린더 라이너
② 실린더 헤드
③ 피스톤
④ 크랭크 축

> HINT ④ 실린더 라이너, 실린더 헤드, 피스톤은 기관의 연소실을 구성하기 때문에 고온과 고압에 항상 노출되어 있다. 크랭크축은 피스톤의 왕복 운동을 커넥팅 로드에 의해 전달받아 회전 운동으로 변화시키는 부분으로 연소에 의한 열을 직접적으로 받는 연소실 구성 요소가 아니다.

4 크랭크축이 1분당 회전하는 수를 뜻하는 것은?

① RPM　　② PPM
③ DRM　　④ CDM

> HINT ① RPM(revolution per minute)이란 모터나 엔진 등의 회전수를 나타내는 단위로 1분당 크랭크축이 회전하는 수를 의미한다.

5 기관의 회전력을 균일하게 해주는 것은?

① 스러스트 베어링
② 플라이휠
③ 중간축 베어링
④ 크로스헤드

> HINT ② 플라이휠(flywheel)은 회전하는 물체의 회전 속도를 고르게 하기 위하여 회전축에 달아 놓은 바퀴, 즉 관성바퀴라고도 불린다. 플라이휠은 회전 중 관성은 크고 무게는 가능한 가볍도록 중심부 두께는 얇고 바깥 둘레는 두껍게 만들어져 있다.

6 내연기관의 연소실 흡기구와 배기구를 직접 개폐하는 역할을 하는 것은?

① 밸브
② 커넥팅 로드
③ 크랭크 샤프트
④ 압축링

> HINT ① 밸브는 기관이 효율적으로 작동할 할 수 있도록 각 행정에서 필요한 공기를 흡입하거나 배출하는 장치이다.

1.④　2.④　3.④　4.①　5.②　6.①

2 연료장치

(1) 연료장치

① **디젤기관의 연료장치** : 디젤기관은 연소실(실린더)로 공기만을 흡입하여 압축한 후 연료를 분사시키는 구조로, 연료는 연료 탱크에서 연료 여과기, 연료 공급 펌프, 연료 분사 펌프, 연료 분사 노즐로 이동된다.

② **디젤기관의 연료장치 구성**
  ㉠ **연료 탱크**(Fuel Tank) : 연료를 저장하는 용기이다.
  ㉡ **연료 공급 펌프**(Fuel Feed Pump) : 연료 탱크 속에 있는 연료를 빨아올려 '연료 분사 펌프'로 공급하는 장치이다. 연료 공급 펌프 중에는 연료에 포함된 공기를 빼기 위해 사용되는 수동식 프라이밍 펌프를 설치한 것도 있다.
  ㉢ **연료 분사 펌프**(Fuel Injection Pump) : 액체 상태의 연료를 연소에 알맞은 형태로 만들기 위해 필요한 압력을 만드는 장치이다. 연소실에 최적의 시기에 분사를 위해 각 실린더마다 한 개의 펌프가 설치된다. 최근에는 연료 분사 시기와 양을 전자적으로 제어하는 전자식 연료 분사펌프가 널리 사용된다.
  ㉣ **연료 필터**(Fuel Filter) : 연료 속에 함유되어 있는 불순물을 제거하여 순수한 연료를 제공하기 위한 장치이다.
  ㉤ **분사 노즐**(Injection Nozzle)
   • 실린더 헤드 연소실 상부에 장착되어 피스톤이 압축 시 연료를 분사하는 장치를 말한다. 디젤기관의 분사 노즐은 연료 분사 펌프에서 보내는 고압의 연료를 연소실 내부에 분사하는 역할을 한다. 따라서 무화(안개화)가 잘되고, 분무의 입자가 작고 균일할 수 있는 능력을 필요로 한다.
   • 분사노즐 종류 : 분사 노즐은 구조에 따라 개방형과 폐지형으로 나뉘며, 이 중 폐지형은 홀형(구멍형), 핀틀형, 스로틀형으로 구분된다.
  ㉥ **조속기**(Governor) : 조속기란 기관의 회전속도나 부하의 변동에 따라 자동으로 연료 분사량을 조절하는 제어장치이다. 조속기는 여러 가지 원인에 의해 기관에 부하가 변동하더라도 여기에 대응하는 연료 분사량을 조정하여 기관의 회전 속도를 언제나 원하는 속도로 유지하는 역할을 한다.

디젤 연료 공급 과정

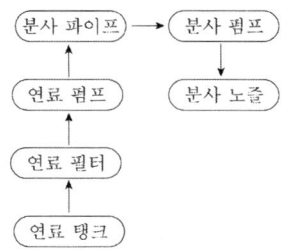

연료 장치의 작동 순서
① 연료 탱크에서 연료가 연료 공급 펌프에 의해 끌어올려진다.
② 연료는 연료 필터에서 정화과정을 거친다.
③ 연료 분사 펌프에서 연료는 고압의 상태로 변하게 되고, 분사 노즐로 이동된다.
④ 노즐을 통해 연료는 실린더(연소실)로 안개처럼 분사(무화)된다.

가솔린기관과 디젤기관의 연료 장치 차이
디젤기관은 실린더 내부에 공기만을 고온으로 압축시켜, 분사 노즐을 통해 연료가 안개처럼 분사되면 압축 시 발생된 열에 의해 자기 착화 연소가 된다. 즉 디젤기관은 가솔린기관의 기화기와 전기 점화 장치(점화플러그)가 없는 대신 고압의 연료를 분사시킬 연료 분사 장치가 필요하다.

확인학습

1 디젤기관의 점화 방법은?

① 전기 점화 ② 불꽃 점화
③ 압축 착화 ④ 열구 점화

> HINT ③ 디젤기관은 실린더 내부에 공기만을 흡입하여 압축시켜 높아진 열로 점화를 하는 압축착화기관이다.

2 디젤엔진의 연료로 사용이 되는 것은?

① 경유 ② 휘발유
③ 등유 ④ LPG

> HINT ① 경유는 자동차용 또는 선박용 디젤 엔진 연료로 사용되는 연료이다.

3 다음 중 디젤기관과 관계가 없는 것은?

① 윤활장치 ② 냉각장치
③ 점화장치 ④ 연료공급장치

> HINT ③ 디젤기관은 외부에서 흡입한 공기를 압축시켜 실린더 내부를 고온으로 만들어 자연착화를 하는 방식이기 때문에 따로 기화기와 같은 점화장치가 필요하지 않다.

4 가솔린기관과 디젤기관의 가장 큰 차이점은?

① 점화장치 ② 윤활장치
③ 냉각장치 ④ 동력전달장치

> HINT ① 디젤기관은 실린더 내부에 공기만을 흡입하여 압축시켜 높아진 열로 점화를 하는 압축착화기관이며, 가솔린기관은 가솔린과 공기를 혼합해 점화플러그로 연소하여 동력을 얻는 기관이다.

5 다음 중 열효율이 가장 좋은 기관은?

① 가솔린기관
② 디젤기관
③ 증기기관
④ 가스기관

> HINT ② 가솔린 엔진이 일반적으로 흡기시 공기에 연료를 섞어 실린더에서 점화 플러그의 불꽃으로 연소를 시키는 방식인 데에 반해, 디젤 엔진은 실린더에 공기만을 흡입시켜 압축하여 고온으로 만든 뒤 연료를 뿜어 자연발화시키는 방식으로 작동한다. 즉 디젤기관은 디젤엔진은 400~500도의 온도에서 고압에 연료를 안개처럼 뿌려서 자체 폭발을 하기 때문에 골고루 동시에 폭발을 하게 된다. 따라서 연료의 연소율이 높아지고 결과적으로는 연비가 좋아지는 효과를 나타내는 것이다.

6 연료 공급 펌프에서 수동 프라이밍 펌프의 역할은?

① 연료 장치에 공기가 들어간 경우 공기를 제거하는 역할을 한다.
② 연료 중 공기를 유입하는 역할을 한다.
③ 연료 분사시 압력을 높이는 장치이다.
④ 연료의 포함된 불순물을 추가적으로 걸러내는 장치이다.

> HINT ① 프라이밍 펌프는 연료 공급 펌프에 있는 것으로 연료 장치 내부의 유입된 공기를 빼내는 역할을 한다.

1.③ 2.① 3.③ 4.① 5.② 6.①

(2) 디젤기관 연료장치의 특성

① **세탄가** : 디젤기관은 경유를 사용한다. 경유를 사용할 때 중요한 성질로 세탄가(Cetane Number)가 있다. 세탄가란 디젤 연료의 착화성(불이 붙는 성질)을 나타내는 것으로 세탄가가 높을수록 착화성이 뛰어나다. 디젤기관에서 요구되는 경유의 세탄가는 45~70 사이이다.

② **디젤엔진에서 연료분사의 3대 조건** : 디젤기관에 사용되는 연료는 자연 착화를 위해 다음과 같은 조건이 만족되어야 한다.

구분	대상
무화	무화(Atomization)란 연료가 안개처럼 아주 작은 방울로 미세화되는 것을 말한다. 연소는 입자가 작을수록 빨리 진행되므로 분사 노즐에서 고압으로 연료를 미세하게 무화(미립화)시킬 필요가 있다.
분포 (분산)	밀폐된 공간에서 미립화된 연료 입자가 한 곳에 몰려 있지 않고 구석구석 균일하게 분포하여야 완전 연소를 할 수 있기 때문에 실린더에 분사된 연료가 압축된 공기와 균등하게 분포되어야 한다.
관통력	분사 노즐에서 분사된 연료가 실린더 내부의 압축 공기를 뚫고 나가야 하는 것을 의미한다. 입자가 분산이 좋으려면 무화된 입자가 먼 곳까지 관통하여 도달할 수 있어야 한다.

무화와 관통력의 관계
관통이 잘 되기 위해서는 연료의 입자가 커야 한다. 따라서 관통력과 무화는 조건이 서로 반대가 된다.

노킹의 원인
- 낮은 세탄가 연료 사용
- 연소실의 낮은 온도
- 연소실의 낮은 압축비
- 과다한 연료 분사량

디젤 엔진의 연소실에 따른 분류
- 직접분사식
- 공기실식
- 예연소실식
- 와류실식

④ **디젤기관의 연소 과정 4단계**

구분	내용
착화지연기간 (A-B)	연료가 분사된 이후 착화될 때까지 기간을 말한다. 그림의 A에서 B까지 기간은 연료가 안개모양으로 분사되어 실린더 내부의 압축공기에 의해 가열되어 착화온도에 가까워지는 기간으로 이 구간은 연소에 큰 영향을 미치며 이 시기가 길어지면 디젤 노크가 발생을 한다.
화염전파기간 (B-C)	발화가 일어나면서 연료가 연소를 하는 구간이다. 이 구간은 발화가 빠르게 각 부분으로 전파되어 압력이 높아지게 되며 C에서는 연료의 대부분이 연소가 된 상태이다.
직접연소기간 (C-D)	C에서 D까지 기간으로 C에서도 연료는 간헐적으로 분사되나 이전 구간의 불꽃으로 혼합기가 동시에 연소를 하는 구간이다.
후기연소기간 (D-E)	분사 종료 후 연소가 끝날 때까지의 구간으로 이 기간이 길면 열효율성도 떨어진다.

기관부조현상
디젤기관은 압축착화기관으로 연료가 분사 노즐에서 아주 미세한 입자로 무화(Atomization)되어 고온의 공기와 혼합되어 폭발을 일으킨다. 만약 연료 성분 이외에는 다른 불순물을 함유되면 착화 능력이 떨어지기 때문에 공기를 빼내는 프라이밍 펌프와 연료 필터가 존재하고 있다. 기관(엔진)부조현상이란 기관의 진동이 너무 세거나 회전수가 일정치 않은 현상으로, 연료 라인에 공기가 유입되면 기관부조현상이 나타날 수 있다.

노킹(노크)
노크(Diesel Knock)란 압축행정에서 연료가 분사되고 점화시기까지의 시간이 길어지게 되면 나타나는 현상으로, 점화시기가 지연되면서 증가된 연료가 한꺼번에 점화되면서 연소실 내부의 정상연소 압력보다 급격한 압력상승을 유발하여 엔진소음과 진동이 발생하게 된다.

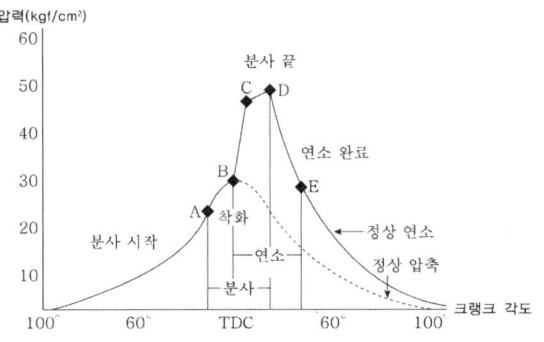

디젤기관의 연소 과정

확인학습

1 디젤기관의 연료분사 조건으로 짝지어진 것은?

| ㉠ 무화 | ㉡ 관통 |
| ㉢ 냉각 | ㉣ 분산 |

① ㉠, ㉣
② ㉢, ㉣
③ ㉠, ㉡, ㉣
④ ㉠, ㉡, ㉢, ㉣

HINT ③ 디젤기관의 연료 분사는 무화(atomization), 관통(penetration), 분산(dispersion)이 뛰어나야 한다.

2 디젤 노크(diesel knock) 현상이란?

① 연료가 지연 착화로 인해 일시에 연료가 연소되면서 급격한 압력 상승으로 진동과 소음이 발생한 현상
② 펌프의 입구와 출구에 부착된 진공계와 압력계의 지침이 흔들리고 동시에 토출유량이 변화를 가져오는 현상
③ 관 속에 유체가 꽉 찬 상태로 흐를 때 관 속 액체의 속도를 급격하게 변화시키면 액체에 압력변화가 생겨 관 내에 순간적인 충격과 진동이 발생하는 현상
④ 자동차 운전 중에 핸들조작이 쉽게 앞바퀴의 설치각을 앞뒤로 경사지게 하는 것

HINT ② 펌프의 입구와 출구에 부착된 진공계와 압력계의 지침이 흔들리고 동시에 토출유량이 변화를 가져오는 현상은 맥동현상이다.
③ 관 속에 유체가 꽉 찬 상태로 흐를 때 관 속 액체의 속도를 급격하게 변화시키면 액체에 압력변화가 생겨 관 내에 순간적인 충격과 진동이 발생하는 현상은 수격현상이다.
④ 자동차 운전 중에 핸들조작이 쉽게 앞바퀴의 설치각을 앞뒤로 경사지게 하는 것은 캐스터(caster)이다.

3 디젤 노킹의 발생 원인이라 보기 어려운 것은?

① 낮은 세탄가 연료 사용
② 연소실의 낮은 압축비
③ 연소실의 낮은 온도
④ 연료 분사량 과소

HINT ④ 연료의 분사량이 과다할 경우 잔여 연료 때문에 다음 착화시의 연료량에 더해져 압력상승을 유발시켜 노킹 현상이 발생하게 된다.

4 디젤 엔진의 착화성을 정량적으로 표시한 것은?

① 옥탄가
② 세탄가
③ 디토네이션
④ 프리 이그니션

HINT ② 세탄가(cetane number)는 디젤엔진용 연료의 착화성(Ignition Quality)을 평가하기 위해 측정되는 지표이다. 디젤기관은 실린더 내부의 연료를 높은 압력으로 압축시켜 연료를 자연발화 온도이상으로 높여 착화를 하는데, 연료착화성의 척도는 세탄가로 알 수 있다. 세탄가 값이 클수록 착화성이 좋고 디젤 노크 현상이 발생될 확률이 적어진다. 휘발유의 옥탄가가 연료의 품질을 나타낸다면, 경유는 세탄가가 품질을 결정한다.

1.③ 2.① 3.④ 4.②

3 냉각장치

(1) 냉각장치

① **냉각장치** : 실린더 안의 연료의 연소 시 온도는 2,000~2,500℃에 이르며, 이 고온의 열은 직접 실린더 벽, 실린더 헤드, 피스톤, 밸브 등에 전달된다. 이 부분의 온도가 너무 높아지면 부품의 강도가 저하되어 고장이 생기거나 수명이 단축되고 연소 상태도 나빠지기 때문에 적절한 냉각이 필요한데 이러한 일을 냉각장치가 담당한다.

② **냉각장치의 종류** : 냉각 장치에는 수랭식과 공랭식이 있으며 자동차의 경우는 두 가지 방법을 모두 사용한다.

③ **냉각장치의 구성** : 냉각장치는 냉각 펌프, 라디에이터, 냉각수, 냉각 팬 등으로 구성되어 있다.

구분	내용
냉각 펌프	냉각수를 순환시키는 장치이다. 냉각 펌프는 주로 임펠러(펌프 내부에서 회전하는 날개)의 회전으로 라디에이터에서 냉각된 냉각수를 바깥으로 뿜어 실린더블록의 물재킷으로 냉각수를 보낸다.
라디에이터	라디에이터(방열기)는 다량의 냉각수를 담는 일종의 탱크로서 열을 배출하는 역할을 한다. 라디에이터는 대기 중으로 열을 더 많이 방출하도록 대기와 단면적을 넓힌 코어(Core)라는 구조로 되어 있다.
수온 조절기	수온 조절기는 냉각수 온도를 적절하게 유지하는 역할을 하는 장치이다.
냉각수	냉각수란 열을 식혀주는 액체를 말한다. 냉각수는 물과 부동액, 산화 방지제, 부식 방지제 같은 첨가물이 들어 있다.
냉각 팬	냉각 팬은 뜨거워진 라디에이터 주위로 외부 공기를 보내 냉각수가 가진 열을 대기 중으로 방출하는 역할을 한다.

부동액 성분
- 메탄올
- 에틸렌글리콜
- 글리세린

기관 과열 원인
- 수온조절기가 닫힌 채 고장난 경우
- 냉각수 부족, 누출
- 물펌프의 작동불량
- 라디에이터 호스 손상
- 팬벨트 장력이 약하거나 절단된 경우

부동액의 구비조건
- 물보다 비등점이 높고, 응고점이 낮아야 함
- 물과 혼입이 잘되고, 휘발성이 없고, 팽창계수가 적을 것
- 내식성이 크고, 침전물이 없을 것

냉각수 캡
냉각수를 담고 있는 라디에이터 내부가 대기와 통하고 있다면, 기관의 열에 의해 100℃ 이상으로 올라가게 되면 냉각수가 끓으면서 냉각기능을 제대로 발휘할 수 없게 된다. 따라서 냉각수 온도를 100℃ 이하로 만들어 냉각 기능을 강화해야 할 필요가 있는데, 이는 냉각수 캡으로 가능해진다. 냉각수 캡(라디에이터 캡)은 라디에이터 내부 밀폐된 냉각수에 압력을 가해 냉각수가 100℃가 되어도 끓지 않게 해줌으로써 냉각 효과 효율성을 증대시킨다.

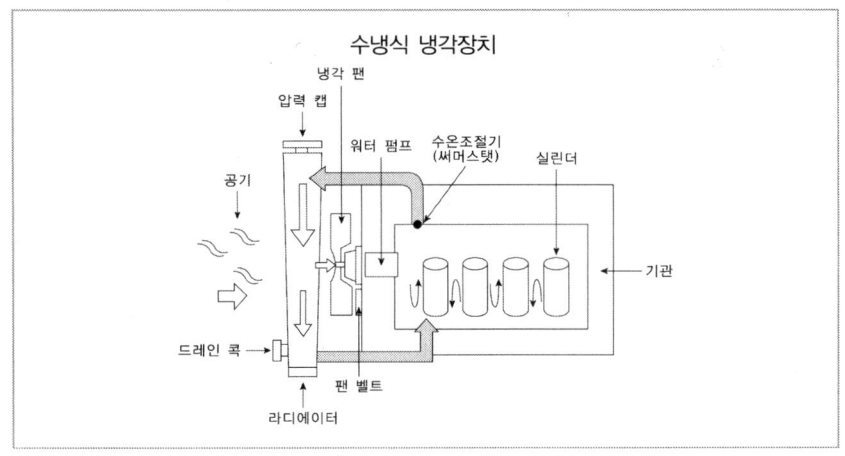

확인학습

1 냉각장치 가운데 엔진을 직접 대기와 접촉시켜 열을 방산하는 형식은?

① 피스톤식 ② 수냉식
③ 공랭식 ④ 전기식

> HINT ③ 공랭식은 엔진을 대기와 직접 접촉시켜 뜨거워진 열을 방산하는 냉각구조이다. 공랭식은 구조가 간단하여 취급이 용이하다는 장점이 있지만 냉각이 균등하지 않기 때문에 2륜 자동차에 주로 사용된다.

2 수랭식 냉각 장치의 구성 요소가 아닌 것은?

① 과급기 ② 수온조절기
③ 물펌프 ④ 라디에이터

> HINT ① 냉각장치는 엔진이 과열(Overheat)되는 것을 방지하여 엔진이 적당한 온도로 유지할 수 있도록 역할을 한다. 냉각장치는 냉각수를 순환하는 물 펌프, 냉각팬, 수온조절기 등으로 구성되어 있다. 과급기는 기관의 출력을 향상시키는 장치이다.

3 디젤기관 냉각장치에서 냉각수의 비등점을 높여주기 위해 설치된 부품으로 알맞은 것은?

① 코어 ② 냉각핀
③ 보조탱크 ④ 압력식 캡

> HINT ④ 냉각수를 담고 있는 라디에이터 내부가 대기와 통하고 있다면, 기관의 열에 의해 100℃ 이상으로 올라 냉각수가 끓으면서 냉각기능을 제대로 발휘할 수 없게 된다. 따라서 냉각수 온도를 100℃ 이하로 만들어 냉각 기능을 강화해야 할 필요가 있는데, 이는 압력식 캡(냉각수 캡)으로 가능해진다. 냉각수 캡은 라디에이터 내부 밀폐된 냉각수에 압력을 가해 냉각수가 100℃가 되어도 끓지 않게 해줌으로써 냉각 효과 효율성을 증대시킨다.

4 기관이 작동 중 라디에이터 캡 쪽으로 물이 상승하면서 연소가스가 누출될 때의 원인에 해당되는 것은?

① 실린더 헤드에 균열이 생겼다.
② 분사노즐의 동 와셔가 불량하다.
③ 물 펌프에 누설이 생겼다.
④ 라디에이터 캡이 불량하다.

> HINT ① 실린더 헤드(Cylinder Head)는 실린더 블록 바로 위에 설치되어 연소실을 형성하고, 연소 시 발생하는 열을 냉각시키도록 냉각 통로가 설치되어 있다. 냉각수는 실린더 헤드의 관로를 따라 이동하며 열을 흡수하고 수온 조절기를 지나 라디에이터로 들어가 냉각을 하게 되는데 실린더 헤드에 균열이 발생하면 냉각수가 누출된다.

5 기관과열의 직접적인 원인이 아닌 것은?

① 팬벨트의 느슨함
② 라디에이터의 코어 막힘
③ 냉각수의 부족
④ 타이밍 체인(timing chain)의 헐거움

> HINT ④ 타이밍 체인은 크랭크축의 타이밍 기어와 캠축의 타이밍 기어를 연결해 밸브 작동 시기를 조절하는 캠축을 회전시키는 역할을 하는 체인이다.
> ① 냉각 팬은 뜨거워진 라디에이터 주위로 외부 공기를 보내 냉각수가 가진 열을 대기 중으로 방출하는 역할을 하는데, 냉각 팬은 팬 벨트(구동 벨트)에 의해 구동되므로 팬 벨트가 느슨할 경우에는 차가운 바람을 정확히 전달하지 못해서 기관이 과열될 수 있다. 따라서 장력을 조이기 위해 텐셔너(Tensioner)를 설치하기도 한다.

1.③ 2.① 3.④ 4.① 5.④

4 윤활장치

(1) 윤활장치

① 윤활장치 : 기관 내부 부품들은 매우 빠른 고속운동을 하면서 서로 마찰을 하고 있다. 그렇기 때문에 필연적으로 마모 현상이 발생하게 되며, 기관의 오작동과 수명을 단축시키는 원인이 된다. 윤활장치는 이러한 마찰부분에 유막(Oil Film)을 형성하여 손상을 줄여 주는 역할을 한다.

② 윤활장치의 구성 : 윤활장치는 오일펌프, 오일 팬, 오일 필터, 오일 측정 게이지 등으로 되어 있다.

구분	내용
오일 탱크	오일(윤활유)이 들어있는 용기를 말한다.
오일펌프	오일 팬에 들어 있는 오일을 흡입하여 윤활 작용이 필요한 부분에 공급하는 장치이다. 오일펌프의 종류는 기어식, 로터리식, 베인식, 플런저식이 있다.
오일 냉각기	마찰되는 부분과 연소실 부분은 열이 발생한다. 이 열은 오일의 운반 작용을 통해 감소되는데, 이때 오일의 높아진 온도를 감소시키기 위해서 오일 냉각기가 사용된다.
오일 여과기	윤활유 속에는 부품 사이에 생긴 마찰로 인하여 발생한 불순물과 연소될 때 발생한 이물질이 들어 있다. 이러한 이물질은 기관 작동에 치명적인 결함을 발생시킬 수도 있으므로 불순물을 제거하기 위한 오일 여과기가 필요하다.

③ 오일 여과방식의 종류

구분	내용
전류식	오일펌프에서 압송한 오일이 필터에서 불순물을 걸러진 후 윤활부로 공급되는 방식이다.
분류식	오일펌프에서 압송된 오일을 각 윤활부에 직접 공급하고, 일부의 오일을 오일필터로 보낸 뒤 다음 오일 팬으로 다시 돌려보내는 방식이다.
복합식 (샨트식)	입자의 크기가 다른 두 종류의 필터를 사용하여 입자가 큰 필터를 거친 오일은 오일 팬으로 복귀시키고 입자가 작은 필터를 거친 오일은 각 윤활부에 직접 공급하도록 되어 있는 전류식과 분류식을 결합한 방식이다.

윤활장치의 작동 순서
① 오일 팬에 저장된 오일은 오일펌프에 의해 빨아들여진다.
② 오일은 필터에서 불순물이 제거되며, 기관의 각 부품에 윤활 작용을 한다.
③ 적은 양의 오일은 과급기(Turbo Charger)로 흘러들어가고, 나머지 오일은 다시 오일 팬으로 돌아오며, 이와 같은 과정을 계속해서 반복한다.

오일펌프의 종류

구분	내용
기어 펌프	펌프 내부에 2개의 기어가 맞물려 회전하면서 오일을 각 윤활부로 압송하는 방식의 펌프이다. 기어 펌프는 구조가 쉽고 고장이 잘 나지 않는 장점이 있으며, 내접형과 외접형으로 다시 나뉜다.
로터 펌프	펌프 내부에 돌기가 5개인 아우터 로터를 중심으로 돌기가 4개인 이너 로터가 구동축이 되어 작동을 한다.

4행정 기관에서 일반적으로 사용되는 윤활방식은 압송식이다. 압송식은 오일 펌프를 이용해 각 부위에 윤활유를 공급하는 방식이다.

윤활유 윤활방식
• 비산식
• 압송식
• 비산압송식
• 혼기식

확인학습

1 엔진의 여과 방식이 아닌 것은?
① 분류식 ② 전류식
③ 복합식 ④ 고압식

> HINT ④ 엔진의 여과 방식은 분류식과 전류식, 복합식으로 분류된다.

2 오일 팬 내의 오일을 흡입하고 압력을 가하여 각 윤활부에 압송을 하는 역할을 하는 것은?
① 유압실린더
② 스트레이너
③ 오일펌프
④ 오일 탱크

> HINT ③ 오일 펌프는 오일 팬 내의 오일을 흡입하고 압력을 가하여 각 윤활부에 압송을 하는 역할을 하며 보통 캠축이나 크랭크축에 의해 구동이 된다. 오일펌프는 작동 방식에 따라 기어 펌프와 로터 펌프로 구분된다.

3 윤활장치의 각 구성 요소의 역할이 잘못된 것은?
① 오일펌프는 윤활유를 각 윤활부로 압송하는 역할을 한다.
② 유압조절밸브는 윤활유의 점도를 향상시키는 역할을 한다.
③ 오일 여과기는 윤활유 속에 들어있는 불순물을 걸러 내는 역할을 한다.
④ 오일 냉각기는 순환 중인 뜨거운 엔진 오일을 냉각시켜 오일의 산화를 방지하는 역할을 한다.

> HINT ② 유압조절밸브는 윤활 장치 내의 압력이 높아지거나 낮아지는 것을 방지하고 회로의 유압을 일정하게 유지시키는 역할을 한다.

4 피스톤, 실린더, 베어링 등과 같은 디젤기관에 윤활유를 공급하는 방식 가운데 크랭크가 회전하면서 크랭크실 바닥의 유면을 쳐서 기름을 튀어오르게 하여 윤활이 필요한 곳에 기름이 뿌려지도록 하여 윤활하는 방식은?
① 비산식 급유 방식
② 압력 급유 방식
③ 중력 급유 방식
④ 강제 순환식

> HINT ① 비산식 급유 장치는 윤활유가 움직이는 부위에 직접 튀기게 하여 윤활하는 방식이다.
> ② 압력 급유 방식은 주유기에서 오일에 압력을 가하여 디젤기관의 각 마찰부위에 압송하는 방식을 하는 방식이다.
> ③ 중력 급유 방식은 연료나 윤활유 등을 기계에 급유하는 데 있어서, 탱크를 기계보다 높은 곳에 설치하여 액체의 중력에 의해 자연 낙하시켜 급유하는 방식이다.
> ④ 강제 순환식은 윤활유 펌프를 이용하여 윤활이 필요한 모든 마찰부위에 윤활유를 공급하고, 윤활이 끝난 윤활유는 재사용하기 위하여 펌프로 별도의 저장조로 회수해 여과 및 냉각 과정을 거친 후 반복 사용하는 방식이다.

5 다음 중 실린더 라이너의 윤활 시 실린더 내의 가스 압력에 의해 윤활유가 역류하는 것을 방지하기 위해 부착하는 것은?
① 오일 쿨러 ② 스테이터
③ 체크 밸브 ④ 오일 스트레이너

> HINT ③ 체크 밸브(check valve)는 유체를 한쪽 방향으로만 흐르게 하고 반대편으로 흐르지 못하도록 제어하는 방향제어밸브이다. 실린더 내의 가스 압력에 의해 윤활유가 역류하는 것을 방지하기 위한 체크 밸브(check valve)를 설치한다. 실린더 라이너의 윤활유(실린더유)는 소모되어 없어지는 윤활유이며, 윤활이 종료되면 산도와 점도가 상승되어 일반 윤활유처럼 회수하여 사용할 수 없다.

1.④ 2.③ 3.② 4.① 5.③

(2) 윤활유

① 윤활유 : 윤활유는 사용되는 부분에 따라 엔진에 사용되는 엔진오일, 유압기기에 사용하는 작동유, 변속기나 기어에 사용되는 기어오일 등으로 구분한다.

② 윤활유의 조건
  ㉠ 고온과 고압의 환경에도 양호한 성능을 보여야 한다.
  ㉡ 온도 변화에 따른 점도 변화가 적어야 한다.
  ㉢ 열에 의한 산화가 적어야 한다.
  ㉣ 금속에 대한 부식성이 없어야 한다.

③ 윤활유의 작용

구분	내용
냉각작용	마찰 시 발생하는 열을 운반을 통해 감소하는 작용을 한다.
감마작용	마찰 부분에 유막을 형성시켜 마모의 최소화 시킨다.
밀봉작용	오일이 부품 사이로 들어가 유막을 형성시킨다.
방청작용	금속 표면에 유막을 형성하여 부식을 방지한다.
응력분산	집중적으로 압력을 받는 부분의 면적을 확대시켜 하중을 경감시키기도 한다.
청정작용	마찰 시 발생한 불순물 등을 운반하여 제거하는 역할을 한다.

④ 윤활유 첨가제 종류와 역할

종류	구분
산화방지제	윤활유가 공기 중의 산소에 의해 산화되는 것을 막기 위한 것이며, 산화에 의한 부식성의 산이나 슬러지가 생성되는 것을 방지하는 첨가제이다.
유성향상제	금속의 표면에 첨가제가 흡착된 막을 이루어 경계윤활유 유막이 끊어지지 않게 하고 마찰계수를 적게 해주는 역할을 한다.
방청제	금속표면에 피막을 만들어 공기나 수분을 접촉하지 못하게 하고 표면에 녹이 생기는 것을 방지하는 역할을 한다.
극압제	중하중이 걸릴 때 유막이 끊어져 금속접촉이 생기는 경우 금속과 반응하여 표면에 극압막을 만들어 타버리거나 마모되는 것을 방지하는 첨가제이다.
점도지수향상제	점도지수를 높여서 온도에 따는 점도변화를 적게 해주는 첨가제이다.
착색제	윤활유의 누설을 알기 쉽게 하기 위해 기름에 색을 넣어 사용한다.

오일레벨 측정 게이지

오일량 측정 게이지에는 '풀(상한)'과 '로우(하한)' 두 가지가 표시되어 오일량이 충분한지 부족한지를 알 수 있다. 오일량은 기관이 정지한 상태에서 상한과 하한 사이에 있으면 적정한 것으로 볼 수 있다.

오일 색

본래 오일의 색깔은 투명한 연갈색으로, 다른 색상을 보인다면 문제가 있는 것으로 판단할 수 있다.

구분	내용
우유색	냉각수가 섞여 있다.
검은색	매우 심하게 사용되어 오염이 심각하다.
노란색	연료가 주입되었다.

디젤기관 윤활유가 가져야 할 조건
- 고온에서의 열안정성
- 높은 청정분산성
- 적정한 전 알칼리가

점도지수

점도지수란 온도에 따라 오일의 점도가 변화하는 정도를 나타낸 값을 말한다.

윤활유 소비가 심한 원인
- 실린더나 피스톤 마모된 경우
- 윤활유가 누수되는 경우

확인학습

1 윤활유의 작용으로 보기 어려운 것은?

① 냉각 작용
② 밀봉 작용
③ 부식 방지 작용
④ 배기 작용

> HINT ④ 윤활유는 상대적으로 움직이고 있는 두 물체 사이에 기체, 액체, 고체 또는 반고체상의 물질을 넣어 마찰과 마모를 감소시키는 것을 말한다. 윤활유는 기계의 마찰부분에 유막을 형성시켜 마찰을 적게 하며 부품이 타버리거나 마모되는 것을 방지 하고 동력의 소비를 줄여 기계의 효율을 증대시키는 역할을 한다.

2 윤활유가 갖추어야 할 성질로 보기 어려운 것은?

① 점도(Viscosity)가 높을 것
② 금속에 대한 부식성이 없을 것
③ 화학적으로 안정할 것
④ 고온과 고압에 잘 견딜 것

> HINT ① 움직이는 두 물체가 서로 상대운동을 할 경우 접촉면에는 마찰이 발생하는데, 이러한 마찰부에 마찰저항을 줄여 기계적인 마모를 최소화하려는 것을 윤활이라 한다. 윤활유는 충분한 점도(Viscosity)를 가져야 한다.

3 점도지수에 대한 설명 중 잘못 언급된 것은?

> ㉠ 액체의 점도는 온도변화에 따라 변화한다.
> ㉡ 온도가 올라가면 점도는 강해진다.
> ㉢ 점도지수가 높은 오일은 온도변화에 따른 점도변화가 작음을 의미한다.
> ㉣ 광범위온도 영역에서 운전되는 기계의 윤활시에 필수적으로 고려해야할 사항이다.

① ㉠   ② ㉡
③ ㉢   ④ ㉣

> HINT ② 점도지수(viscosity index)란 온도에 따라 오일의 점도가 변화하는 정도를 나타낸 값으로, 0에서 100까지로 표시하며, 점도 지수가 높으면 온도에 따른 점도의 변화가 작은 것이다. 점도 지수는 온도가 올라가면 점도는 낮아진다(묽어진다).

4 윤활유에 첨가되는 첨가제 중에 사용시 심한 교반작용으로 인해 기포가 생기는 것을 방지하고자 사용되는 첨가제는?

① 산화방지제   ② 방청제
③ 소포제   ④ 유성향상제

> HINT ③ 소포제(anti-form agents)는 거품이 일어나는 것을 방지하는 첨가제이다.

5 기름이 마찰면에 강하게 흡착하여 비록 엷더라도 유막을 완전히 형성하려는 성질을 무엇이라 하는가?

① 두성   ② 열화성
③ 반성   ④ 유성

> HINT ④ 유성(Oiliness)이란 접촉하는 고체면의 마찰을 줄이려는 윤활유의 상태를 나타내는 것으로 마찰면에 강하게 흡착하여 비록 엷더라도 유막을 완전히 형성하려는 성질이다.

6 엔진오일이 많이 소비되는 원인이 아닌 것은?

① 피스톤링의 마모가 심할 때
② 실린더의 마모가 심할 때
③ 기관의 압축 압력이 높을 때
④ 밸브가이드의 마모가 심할 때

> HINT ③ 엔진오일이 많이 소비되는 원인으로는 실린더나 피스톤이 마모된 경우 또는 윤활유가 계통에서 누수되는 경우, 밸브가이드의 마모가 심할 경우를 의심할 수 있다.

1.④ 2.① 3.② 4.③ 5.④ 6.③

5 흡·배기 장치

(1) 흡·배기 장치

① **흡기장치** : 흡기장치는 기관의 연소실 안으로 순수한 공기를 공급하는 장치로서 에어 클리너와 매니폴드, 에어 필터 지시기 등으로 구성되어 있다.

구분	내용
에어 클리너	디젤기관이 동력을 발생시키기 위해서는 공기가 필요하다. 그러나 공기에 먼지와 같은 이물질이 함유되어 있으면 실린더 안에서 왕복운동을 하는 피스톤에 끼어서 미세한 상처를 입히게 되며, 이는 결국 기관이 고장이 나는 원인이 될 수 있다. 따라서 연소될 공기 속에 불순물의 유입을 막기 위해 에어 클리너(공기 청정기)를 설치한다.
흡기 매니폴드	흡기 매니폴드(흡기 다기관)는 공기가 실린더로 유입될 때 균일하게 분배하는 역할과 저항을 적게 받도록 하는 역할을 하는 장치이다.
에어 필터 지시기	필터는 반영구적인 것이 아니라 교체를 해야 하는 소모품이다. 따라서 적정 교환 시기를 알아야 하는데 이 역할을 하는 것이 바로 에어 필터 지시기이다.

② **배기장치**

㉠ **배기장치의 종류** : 기관으로부터 연소된 가스를 대기 중으로 배출하는 장치를 말한다.

구분	내용
배기 매니폴드	배기가스로부터 나오는 연소 가스를 모으고 소음기로 배출하는 역할을 하는 장치이다. 또한 과급기를 구동시키는 역할도 한다.
소음기	연소된 배기가스는 온도와 기압이 매우 높다. 이런 고온고압의 가스가 갑작스럽게 공기 중으로 배출하게 될 경우 대기 중에서 팽창하여 공기를 진동시키기 때문에 매우 큰 소음이 발생한다. 이 발생되는 소음을 줄이기 위해서는 배출되는 가스가 압력과 온도가 낮아야 한다. 이러한 역할을 하는 것이 소음기로서 배기가스의 온도와 압력을 낮추는 역할을 한다.

(2) 과급기

① **과급기** : 터보차저로도 불리는 과급기는 내연기관의 출력을 증가시키기 위해 외부 공기를 실린더에 강제적으로 밀어 넣는 압축기를 가리킨다. 다량의 공기를 연소실로 보내게 되어 본래 연소할 때 보다 많은 공기가 들어가 더 많은 연료를 연소하게 되어, 기관의 출력을 증가시킨다.

② **과급기 종류** : 과급기는 배기가스로 구동되는 배기식 터보차저와 크랭크축에 의해 구동되는 기계식 슈퍼차저 등이 있다.

배기가스의 색

색상	내용
흑색	불완전 연소
무색	완전 연소
백색	오일의 연소
엷은 적색	희박한 혼합비

공기 청정기가 막히면 기관에서 불완전 연소를 하게 되어 검은색의 배출가스가 나온다.

배기가스 발생

자동차에서 발생되는 배기가스 중에서 인체에 해로운 가스는 일산화탄소(CO), 탄화수소(HC), 질소산화물(NOx) 등이 있으며, 이러한 유해가스를 저감시킬 수 있도록 제어하는 배기가스 있다.

확인학습

1 디젤기관에서 사용되는 공기청정기에 관한 설명으로 틀린 것은?

① 공기청정기는 실린더 마멸과 관계없다.
② 공기청정기가 막히면 배기색은 흑색이 된다.
③ 공기청정기가 막히면 출력이 감소한다.
④ 공기청정기가 막히면 연소가 나빠진다.

> HINT ① 기관이 동력을 얻기 위해서는 공기가 필요하다. 그러나 공기에 이물질이 불순물이 함유되어 있으면 실린더 안에서 왕복운동을 하는 피스톤에 끼어서 마모를 일으키고, 이는 결국 기관이 고장이 나는 원인이 될 수 있다. 따라서 연소될 공기 속에 불순물의 유입을 막기 위해 공기 청정기(Air Cleaner)를 설치하는 것이다.

2 디젤기관 운전 중 흑색의 배기가스를 배출하는 원인으로 틀린 것은?

① 공기청정기 막힘
② 노즐 불량
③ 압축 불량
④ 오일 팬 내 유량과다

> HINT ④ 흑색의 배기가스는 공기청정기 필터가 막혀 공기가 충분하게 흡입되지 않는 경우처럼 불완전한 연소 상태에서 나타난다.

3 기관의 배기가스 색이 회백색이라면 고장 예측으로 가장 적절한 것은?

① 소음기의 막힘
② 노즐의 막힘
③ 흡기 필터의 막힘
④ 피스톤 링의 마모

> HINT ④ 회백색의 배기가스가 배출된다면 기관 연소 시에 오일이 침투한 것으로 판단할 수 있으며, 피스톤 링 마모나 피스톤 링 또는 실린더 간극이 커진 것이 그 원인일 수 있다. 피스톤 링이 마모되면 연소실로 오일이 유입되는 것을 방지하는 오일 제어 작용을 제대로 할 수 없으며, 피스톤 링 또는 실린더 간극이 커지면 기관오일이 연소실에서 연소한다. 따라서 배기가스 색이 회백색이 된다.

4 터보차저에 대한 설명 중 틀린 것은?

① 흡기관과 배기관 사이에 설치된다.
② 과급기라고도 한다.
③ 배기가스 배출을 위한 일종의 블로워이다.
④ 기관 출력을 증가시킨다.

> HINT ③ 터보차저(과급기)는 내연기관의 출력을 증가시키기 위해 외부 공기를 실린더에 강제적으로 밀어 넣는 압축기를 가리킨다. 다량의 공기를 연소실로 보내게 되어 본래 연소할 때 보다 많은 공기가 들어가 더 많은 연료를 연소하게 되어, 기관의 출력을 증가시킨다.

5 기관에서 배기상태가 불량하여 배압이 높을 때 생기는 현상과 관련 없는 것은?

① 기관이 과열된다.
② 피스톤의 운동을 방해한다.
③ 기관의 출력이 감소한다.
④ 냉각수 온도가 내려간다.

> HINT ④ 배압이란 배기가스의 압력으로 배기상태가 정상적이지 못할 경우 배기가스가 외부로 나가지 못해 배압이 높아지게 된다. 밖으로 배출되지 못한 배기가스로 인하여 배압이 높아지면 당연히 기관이 과열되어 기관이 정상적인 출력이 낮아지면서 냉각수의 온도도 낮아지게 된다.

1.① 2.④ 3.④ 4.③ 5.④

핵심 CHECK! CHECK!   건설기계 기관장치

- 자동차에 사용되는 내연기관은 불꽃점화기관인 가솔린기관과 압축착화방식의 디젤기관이 있다.
- 디젤기관은 실린더 내부에 공기만을 압축시키면서 발생되는 고온의 열로 자기 착화하는 압축착화기관이다.
- 4행정 사이클 기관은 크랭크축이 2회전하면서 흡입, 압축, 폭발, 배기 순으로 4행정을 1사이클로 하여 동력을 발생시킨다.
- 기관은 실린더, 실린더 헤드, 피스톤, 커넥팅 로드 등 기관 본체와 부속장치인 연료장치, 냉각장치, 윤활장치, 흡·배기 장치로 구성되어 있다.
- 기관은 실린더에서 발생한 연소의 폭발력이 피스톤과 커넥팅 로드로 전달되어 크랭크축과 플라이휠을 회전시켜 동력을 발생시킨다.
- 실린더 블록은 기관의 뼈대를 이루는 구조물로 연소실을 이루는 실린더와 피스톤, 크랭크축 등이 들어있으며, 냉각수 통로(물 재킷)를 비롯하여 오일 통로가 들어 있다.
- 피스톤은 직선 왕복운동을 하며, 연소실의 가스가 누설되지 않도록 압축 링과 오일 제어 작용을 하는 오일 링이 설치되어 있다.
- 커넥팅 로드는 피스톤과 연결되어 있어 피스톤의 왕복운동을 회전운동으로 바꿔 크랭크축에 전달하는 역할을 한다.
- 냉각장치는 기관이 적당한 온도를 유지하기 위한 장치로 워터 펌프(물 펌프), 라디에이터, 냉각수, 수온조절기 등으로 구성되어 있다.
- 라디에이터는 코어의 구조를 통해 방열 면적을 넓게 가지며 냉각수가 가진 열을 대기 중으로 방출하는 일종의 탱크이다.
- 수온 조절기는 냉각수 온도를 적절하게 유지하는 역할을 하는 장치이다.
- 윤활장치는 마찰부분에 유막을 형성하여 마모와 같은 손상을 줄여 주는 역할을 하며 오일펌프, 오일 팬, 오일 필터, 오일 측정 게이지 등으로 되어 있다.
- 기관에 사용되는 윤활유는 마찰을 감소시키고 마멸을 방지하고, 냉각, 세척의 역할을 통해 기계 효율을 향상시킨다.
- 흡기장치는 기관의 연소실 안으로 순수한 공기를 공급하는 장치로서 에어 클리너와 매니폴드, 에어 필터 지시기, 과급기 등으로 구성되어 있다.
- 과급기는 터보 차저라고도 불리며, 배기가스가 배출될 때 압력을 활용하여 기관 연소실에 더 많은 공기를 공급하여 기관의 출력을 증가시키는 일종의 공기 펌프이다.

단원확인문제

1 다음 중 4행정기관에서 흡기 밸브는 열려 있고 배기 밸브는 닫혀 있는 행정은?

① 배기행정　　② 흡입행정
③ 폭발행정　　④ 압축행정

> HINT ② 흡입행정은 피스톤이 내려가면서 실린더 내부에 혼합 기를 흡입하기 위하여 배기밸브는 닫히고 흡기 밸브가 열린다.

2 4행정 디젤기관에서 '동력행정'을 뜻하는 것은?

① 흡기행정　　② 압축행정
③ 폭발행정　　④ 배기행정

> HINT ③ 폭발 행정(Power Stroke)은 실린더 속에서 연료의 폭발력으로 피스톤이 내려가면서 동력이 발생하기 때문에 '동력 행정'이라고도 불린다.

3 피스톤이 실린더 내부의 가장 높은 곳에 위치하고 있는 때를 가리키는 것은?

① 상사점　　② 하사점
③ 행정　　　④ 체적

> HINT ① 피스톤이 실린더 내부 가장 최상부에 위치한 때는 상사점(TDC ; Top Dead Center)이다.

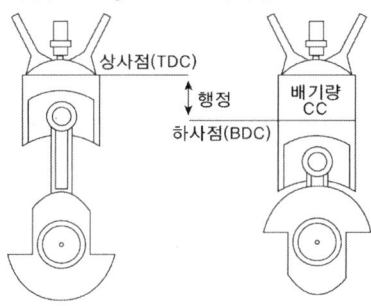

4 디젤기관의 실린더 내 연소와 관련 있는 온도는?

① 인화점　　② 응고점
③ 유동점　　④ 발화점

> HINT ④ 발화점이란 착화점이라고도 하며 공기 중에서 물질을 가열할 때, 점화되지 않아도 발화해서 연소를 계속하는 최저의 온도를 말한다. 디젤기관은 압축착화로 기관으로 연소실 내부에 혼합 기체를 넣고 발화점 이상으로 단열 압축시키면 온도가 올라가서 혼합 기체가 점화가 시작된다.
> ① 시너(thinner)와 같은 인화성 물질이 일정한 조건 하에서 가열되어 화염으로 연소할 수 있을 만큼의 가스를 발생하게 되는 온도점을 인화점이라 한다.

5 내연기관의 연료가 갖추어야 할 조건으로 보기 어려운 것은?

① 인화점이 상당할 것
② 발열량이 클 것
③ 비중과 점도가 적당할 것
④ 발화성이 좋을 것

> HINT ① 인화점(flash point)은 연료에 불꽃을 가까이 했을 때 타기 시작하는 최저 온도를 말한다. 엔진에 사용되는 모든 연료의 인화점은 적어도 60℃ 이상이 되어야 한다.

6 피스톤 링이 실린더 내벽에 미치는 단위면적당의 힘을 무엇이라고 하는가?

① 장력　　② 면압
③ 관통력　④ 동력

> HINT ② 두 물체의 접촉면에 압력이 가해질 때 생기는 응력인 면압(surface pressure)에 대한 내용이다. 피스톤 링의 면압(face pressure)은 링을 실린더 내에 넣었을 때 실린더 내벽에 미치는 단위 면적당 압력이라 할 수 있다.

ANSWER　1.②　2.③　3.①　4.④　5.①　6.②

7 디젤기관에서 커넥팅 로드의 대단부와 연결되는 부품의 명칭은?

① 피스톤 핀
② 플라이휠
③ 피스톤
④ 크랭크 핀

④ 커넥팅 로드 대단부는 커넥팅로드가 크랭크 핀을 통해 피스톤에서 크랭크 샤프트로 압력을 전달되는 동안 회전되는 크랭크 핀에 의해 가이드 된다.
※ 커넥팅 로드

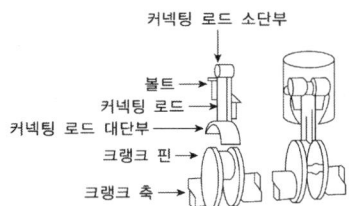

8 다음 중 크랭크축이 변형되거나 휘게 되어, 회전할 때 암 사이의 거리가 넓어지거나 좁아지는 현상을 무엇이라 하는가?

① 크랭크 암의 개폐작용
② 크랭크 암의 유압작용
③ 크랭크 암의 완충작용
④ 크랭크 암의 소멸작용

① 크랭크축이 변형되거나 휘게 되어, 회전할 때 암 사이의 거리가 넓어지거나 좁아지는 것을 크랭크 '암의 개폐 작용(deflection)'이라 한다. 크랭크 암의 개폐작용 원인으로는 기관 베드의 변형 또는 메인 베어링 및 크랭크 핀 베어링의 틈새가 크게 벌어진 경우나 크랭크축 중심의 부정 및 과부하 운전 등이 있다.
※ 크랭크 암(crank arm)의 개폐 작용

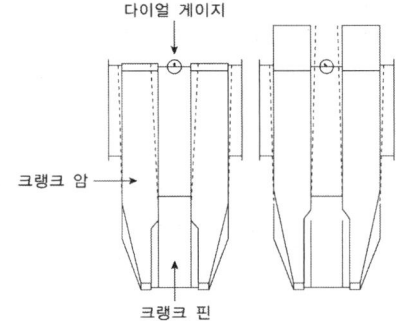

9 크랭크축의 절손을 방지하기 위한 대책으로 옳지 않은 것은?

① 과부하 운전을 피한다.
② 위험 회전수를 피한다.
③ 양질의 윤활유를 사용한다.
④ 정속 운전을 한다.

③ 크랭크축(crank shaft)은 동력 행정에서 얻은 직선운동을 회전력으로 변환하여 외부로 전달하는 장치이다. 흡입 행정 및 압축 행정이나 배기 행정을 이루도록 피스톤에 운동을 전달하는 역할을 하기도 한다. 크랭크축은 큰 하중과 고속 회전을 하고 있기 때문에 정속 운전을 해야 하며 과부하 운전 등을 삼가는 운전 습관을 길러야 한다.

10 다음 중 디젤기관의 왕복운동부만으로 짝지어진 것은?

| ㉠ 피스톤 | ㉡ 크랭크축 |
| ㉢ 플라이휠 | ㉣ 커넥팅 로드 |

① ㉠, ㉢
② ㉢, ㉣
③ ㉠, ㉡
④ ㉠, ㉣

④ 디젤기관의 왕복 운동부는 피스톤, 피스톤 링, 커넥팅 로드가 있다. 크랭크축과 플라이휠은 회전 운동부에 속한다.
※ 디젤기관의 회전운동부와 왕복운동부

구분	종류
왕복운동부	피스톤, 피스톤 링, 커넥팅 로드, 크로스헤드형 기관의 피스톤 로드와 크로스헤드
회전운동부	크랭크축, 플라이휠

11 기관에서 크랭크축의 역할은?

① 원활한 직선운동을 하는 장치이다.
② 기관의 진동을 줄이는 장치이다.
③ 직선운동을 회전운동으로 변환시키는 장치이다.
④ 원운동을 직선운동으로 변환시키는 장치이다.

ANSWER 7.④ 8.① 9.③ 10.④ 11.③

🎯 HINT ③ 크랭크축(Crankshaft)은 피스톤의 왕복운동을 회전운동으로 바꾸는 기능을 하는 부품이다. 폭발행정에서 피스톤은 직선(왕복)운동을 하면서 하부에 연결된 크랭크축을 회전운동을 시키고, 크랭크축 후미에 설치된 플라이휠(Flywheel)이 전달받은 에너지를 다른 장치로 전달시킨다.

12 밸브 개폐 형식 종류 중 캠축과 밸브가 모두 실린더 헤드에 설치된 형태는?

① 오버헤드 밸브식 ② 오버헤드 캠축식
③ 사이드 밸브식 ④ 체인식

🎯 HINT ② 오버헤드 캠축식(overhead camshaft type)은 캠축과 밸브 장치가 모두 실린더 헤드에 부착된 형태로 형태에 따라 다시 직동식과 피봇식, 로커암식으로 나뉜다. 밸브 기구는 실린더의 흡입 밸브, 배기 밸브를 점화 순서대로 설계된 시기에 개폐작용을 하도록 고안된 장치이다. 밸브 배치와 연소실 형상에 따라 사이드 밸브식, 오버헤드 밸브식(Over Head Valve Type), 오버헤드 캠축식(Over Head Cam Shaft Type) 등이 있다.
① 오버헤드 밸브식(OHV)은 흡기 밸브와 배기 밸브가 실린더 헤드에 장착되고, 캠축은 실린더 블록에 설치되는 형태이다.

13 다음 중 캠축의 구성 요소가 아닌 것은?

① 크랭크축 스프로킷 ② 타이밍 벨트
③ 타이로드 ④ 캠축 스프로킷

🎯 HINT ③ 캠축은 4사이클 기관에서 흡기와 배기 밸브를 개폐하기 위해 설치한 불규칙한 모양의 캠에 부착된 회전축으로 캠축 구동기구는 크랭크축 스프로킷, 체인 또는 타이밍 벨트, 캠축 스프로킷 등이 있다. 캠축은 크랭크축에서 전달되는 동력을 이용하여 밸브를 개폐하고 오일 펌프나 오일 펌프 등을 구동하는 역할을 한다.

14 내연기관에서 연료소비율이 가장 적고 시동이 비교적 쉬운 연소실은?

① 직접 분사식 ② 예비 연소실식
③ 와류실식 ④ 공기실식

🎯 HINT ① 직접분사식은 가장 간단한 구조로 실린더헤드와 피스톤헤드 사이에 마련된 연소실 내부에 연료를 분사하여 연소하게 되어 있다. 다른 연료 분사 방식에 비해 구조가 간단하고 열손실이 작아 많이 이용을 한다.

15 직접분사식 연소실의 이점은 어느 것인가?

① 연소실의 형상이 간단하다.
② 소용돌이를 따라 공기와 잘 혼합해 연소가 일어난다.
③ 소형고속기관에서도 연료와 공기의 혼합이 잘된다.
④ 노즐에 카본이 잘 끼지 않는다.

🎯 HINT ① 직접분사식(Direct Injection Type)은 가장 간단한 구조로 실린더헤드와 피스톤헤드 사이에 마련된 연소실 내부에 연료를 분사하여 연소하게 되어 있다.

16 흡·배기 밸브의 누설 시 기관에 미치는 영향이 아닌 것은?

① 압축 압력 감소 ② 출력의 감소
③ 불완전 연소 ④ 윤활유 압력의 상승

🎯 HINT ④ 밸브(valve)는 연소실에 마련된 흡기와 배기 구멍을 각각 개폐하여 혼합기 또는 공기의 유입 작용과 연소 가스를 외부로 배출하고, 압축이나 동력 행정에서는 기밀을 유지하는 작용을 한다. 밸브 밀착이 좋지 않으면 압축이 잘 되지 않아 불완전 연소가 발생하며, 출력이 떨어지게 된다.

17 고온과 고압에 노출된 실린더 헤드의 냉각 방식은?

① 대류식 ② 수냉식
③ 공냉식 ④ 와류식

🎯 HINT ② 실린더 헤드는 고온에 견딜 수 있도록 실린더 라이너의 상부로부터 워터 재킷 냉각수가 들어와 냉각하는 방식을 취한다.

ANSWER 12.② 13.③ 14.① 15.① 16.④ 17.②

18 다음 중 밸브(valve)가 가져야할 특성이 아닌 것은?

① 부식과 마멸에 잘 견딜 것
② 열전도가 좋을 것
③ 열팽창 계수가 클 것
④ 경도가 높고 충격에 견딜 것

> HINT ③ 밸브는 고온에서 작동하고 큰 가속도로 밸브 시트(seat)에 강하게 부딪히기 때문에 열을 다른 곳으로 빠르게 이동하는 열전도성이 높아야 함과 동시에 온도가 상승함에 따라 물체가 팽창하는 성질인 열팽창계수가 낮아야 한다.

19 밸브 틈새(tappet clearance)가 너무 클 경우 나타나는 현상은?

① 밸브 및 밸브 스핀들이 열팽창을 하여 틈이 없어진다.
② 밸브가 완전히 닫히지 않게 된다.
③ 충격음이 발생하는 현상이 나타난다.
④ 발전기 베어링이 파손된다.

> HINT ③ 밸브가 닫혀 있을 때 밸브 스핀들과 밸브 레버 사이에는 0.1~0.5mm 정도의 틈새가 있는데, 이것을 밸브 틈새(valve clearance 또는 tappet clearance)라 한다. 밸브 틈새(tappet clearance)가 너무 클 경우에는 밸브 스핀들과 밸브 시트의 접촉 충격이 커져서 밸브가 손상되거나 운전 중 충격음이 발생하는 현상이 나타난다. 반대로 밸브 틈새가 너무 작으면 연소 시 열팽창으로 인하여 밸브 및 밸브 스핀들 틈새가 없어져 밸브가 완전히 닫히지 않게 된다.

20 연료에 수분이 혼입 되었을 때 기관의 배기색은?

① 백색
② 황색
③ 갈색
④ 흑색

> HINT ① 연료에 수분이 다량 혼입되면 배기가스 색은 백색을 띄게 된다.
> ※ 배기가스 색으로 알아보는 기관의 현상
>
> | 구분 | 색 |
> |---|---|
> | 연료에 수분이 다량 혼입 | 백색 |
> | 윤활유가 연소되는 경우 | 청색 |
> | 과부하 운전을 하는 경우 | 검은색 |

21 내연 기관의 작동 유체는 무엇인가?

① 탄산가스
② 질소가스
③ 할로겐가스
④ 연소가스

> HINT ④ 내연 기관은 휘발유, 경유, 중유 등의 연료를 기관 내부에서 연소시킬 때 발생하는 고온·고압의 연소 가스를 이용하여 동력을 얻는 기관이다.
> 내연 기관에는 실린더 내에서 발생한 연소 가스를 피스톤에 작용시켜 동력을 얻는 가솔린기관, 디젤기관 등의 왕복형 기관과 연소실에서 발생한 연소 가스를 회전체의 날개에 작용시켜 동력을 얻는 가스 터빈과 같은 회전형 기관이 있다. 내연 기관은 선박 기관, 자동차 기관, 산업용 기계 등 많은 분야에 사용된다.

22 디젤기관에서 착화지연의 원인이 아닌 것은?

① 흡기 온도가 낮을 때
② 압축비가 낮을 때
③ 냉각수 온도가 높을 때
④ 흡기 압력이 낮을 때

> HINT ③ 디젤기관은 압축착화기관으로 폭발적인 연소로 압력이 급격히 상승하여 실린더나 피스톤 등이 충격을 받아 강한 금속음이 나는 노킹 현상이 발생하는데 그 원인은 착화 시간이 길어지는 것이라 볼 수 있다. 즉 착화가 늦어지는 것은 착화를 할 만큼 압력이 높아지지 않아서 온도가 낮아진 상태라 진단할 수 있다.

23 디젤 연료가 가져야할 성질이 아닌 것은?

① 온도에 따른 점도의 변화가 커야 한다.
② 낮은 온도에서도 성질이 변하지 않아야 한다.
③ 인화점은 높고 발화점은 낮아야 한다.
④ 착화성이 좋아야 한다.

> HINT ① 디젤 연료는 온도에 따른 점성의 변화가 적고 적정한 점도를 유지하여야 한다. 또한 자연 착화를 위해 미립화(atomization)가 뛰어난 것이 좋은 연료라 할 수 있다.

24 다음 중 디젤기관의 연소과정에 해당되지 않는 것은?

① 후연소 기간 ② 간접 연소기간
③ 직접 연소기간 ④ 화염 연소기간

> **HINT** 디젤엔진의 연소과정
>
> | 구분 | 내용 |
> |---|---|
> | 제1기 | 착화 지연기간(연소 준비기간) |
> | 제2기 | 화염 전파기간(정적 연소기간) |
> | 제3기 | 직접 연소기간(정압 연소기간) |
> | 제4기 | 후연소 기간(후기 연소기간) |

25 디젤 엔진의 연소 과정 중에서 연료 노즐이나 인젝터에서 연료가 분사되지만 실제로는 착화되지 않는 기간은?

① 착화지연기간(A-B)
② 화염전파기간(B-C)
③ 직접연소기간(C-D)
④ 후기연소기간(D-E)

> **HINT** ① 디젤기관은 착화 지연기간→화염전파기간→직접 연소기간→후기 연소 기간의 순서로 연소된다. 착화지연기간은 연료가 분사된 이후 착화될 때까지의 기간을 말한다.

26 디젤기관의 연소과정 중 후기연소기간이 길어지는 경우가 아닌 것은?

① 연료유의 착화성이 불량할 경우
② 연료분사시기가 부적당할 경우
③ 분무상태가 불량할 경우
④ 착화늦음이 짧을 경우

> **HINT** ④ 후기연소기간은 분사 종료 후 연소가 끝날 때까지의 구간을 말한다. 이 기간이 길면 배기온도가 높아지고 열효율이 저하되므로 짧아야 한다. 연료입자의 크기, 분포 및 공기와의 접촉이 이 기간의 연소에 큰 영향을 준다. 연료유의 착화성이 불량하거나 연료분사시기가 부적당한다든지 분무상태가 불량할 경우에는 후연소기간이 길어지게 된다.

27 디젤 엔진의 연료 장치 중 고압의 연료를 이용해 커먼 레일(common rail)에 축척하여 ECU제어에 따라 인젝터에서 연소실로 연료를 분사하는 방식은?

① 인젝션 펌프식(injection pump)
② 커먼 레일식(common rail)
③ 저크식 분사장치(jerk type)
④ 캠샤프트리스식(camshaft type)

> **HINT** ② 디젤엔진의 연료 분사장치는 형식에 따라 인젝션 펌프식과 커먼 레일식으로 구분한다. 이 가운데 커먼레일식은 고압의 연료를 이용해 커먼 레일(common rail)에 축척하여 ECU제어에 따라 인젝터에서 연소실로 연료를 분사를 하는 방식이다.

28 연료 분사 밸브에서 분사 압력의 조정을 하는 것은?

① 노즐 ② 분사압력 조정 나사
③ 연료유관 ④ 스핀들

> **HINT** ② 연료 분사 밸브에서 분사 압력의 조정은 상부에 있는 분사압력 조정 나사로 한다. 연료 분사 펌프를 통해 고압의 상태인 연료유는 연료유관을 통해 밸브 내로 이동되며 연료유는 니들 밸브(needle valve) 아래쪽에 작용하여 밸브 스핀들(valve spindle) 상부에서 장력으로 잡고 있는 노즐 스프링의 힘을 이겨서 니들 밸브가 들어올려지면 노즐을 통하여 연료가 분사된다. 연료 분사 펌프로부터 송출되는 연료의 압력이 낮아지면, 다시 스프링의 힘에 의해 니들 밸브가 닫히게 되고 연료의 분사는 종료된다.

29 기관의 냉각팬이 회전할 때 공기가 불어가는 방향은?

① 방열기 방향 ② 엔진 방향
③ 상부 방향 ④ 하부 방향

> **HINT** ① 냉각팬(Cooling Fan)은 라디에이터 주위로 공기를 송출시켜 냉각수가 가지고 있는 흡수열을 대기 중으로 방출시켜 냉각수의 온도를 내려가게 하는 역할을 한다. 냉각팬이 작동 시 공기는 방열기(라디에이터) 방향으로 불어와 냉각을 시킨다.

ANSWER 24.② 25.① 26.④ 27.② 28.② 29.①

30 다음 중 디젤기관에서 보통 사용되는 노즐의 형태가 아닌 것은?

① 스로틀형 ② 홀형
③ 핀틀형 ④ 판형

> ④ 연료 밸브의 끝에 위치한 노즐은 실린더 헤드에 설치가 되며 홀형, 핀틀형, 스로틀형, 유냉각형 등이 있으며, 연소실의 형식에 따라 선택하여 사용한다.
>
> ※ 노즐의 종류
>
> | 구분 | 종류 |
> |---|---|
> | 홀형 | 단공형 |
> | | 다공형 |
> | 핀틀형 | |
> | 스로틀형 | |
> | 유냉각형 | |

31 수냉식 기관이 과열되는 원인이 아닌 것은?

① 규정보다 적게 냉각수를 넣었을 때
② 방열기의 코어가 20%이상 막혔을 때
③ 수온 조절기가 열린 채로 고정되었을 때
④ 규정보다 높은 온도에서 수온 조절기가 열릴 때

> ③ 수온 조절기는 냉각수 온도를 자동으로 조절하는 온도 조절 밸브이다. 수온 조절기는 겨울처럼 기관의 온도가 낮은 경우에는 냉각수를 라디에이터로 이동시키지 않고 곧바로 기관으로 가도록하여 기관이 예열하는데 시간을 절약시킨다. 즉, 냉각수의 온도에 따라 열리고 닫히는 역할을 하며, 기관의 온도가 적정 수준보다 과열되면 수온조절기는 개방되어 냉각수는 라디에이터로 들어가 냉각 작용을 한다.

32 압력식 라디에이터 캡을 사용함으로써 얻어지는 이점은?

① 냉각수의 비등점을 올릴 수 있다.
② 냉각 팬의 크기를 작게 할 수 있다.
③ 물 펌프의 성능을 향상시킬 수 있다.
④ 라디에이터의 구조를 간단하게 할 수 있다.

> ① 냉각수를 담고 있는 라디에이터 내부가 대기와 통하고 있다면, 기관의 열에 의해 100℃ 이상으로 올라가게 되면 냉각수가 끓으면서 냉각기능을 제대로 발휘할 수 없게 된다. 따라서 냉각수 온도를 100℃ 이하로 만들어 냉각 기능을 강화해야 할 필요가 있는데, 이는 냉각수 캡으로 가능해진다. 냉각수 캡(라디에이터 캡)은 라디에이터 내부 밀폐된 냉각수에 압력을 가해 냉각수가 100℃가 되어도 끓지 않게 해준다. 따라서 액체 물질의 증기압이 외부 압력과 같아져 끓기 시작하는 온도인 비등점이 낮아져 냉각수가 100℃가 넘어도 끓지 않음으로써 그 온도만큼 더 많은 냉각 작용이 가능해진다.

33 방열기에 물이 가득 차 있는데도 기관이 과열될 때 원인으로 옳은 것은?

① 팬벨트의 장력이 세기 때문
② 사계절용 부동액을 사용했기 때문
③ 정온기가 열린 상태로 고장 났기 때문
④ 라디에이터의 팬이 고장 났기 때문

> ④ 라디에이터의 팬은 뜨거워진 라디에이터 주위로 외부 공기를 보내 냉각수가 가진 열을 대기 중으로 방출하는 역할을 하는데, 방열기에 물이 가득 차 있는데도 기관이 과열이 된다면 라디에이터 팬이 정상적인 작동이 어렵기 때문이라고 볼 수 있다.

34 기관에서 수온 조절기의 설치 위치로 옳은 것은?

① 실린더 헤드 물 재킷 출구 부분
② 실린더 블록 물 재킷 출구 부분
③ 라디에이터 위 탱크 입구 부분
④ 라디에이터 아래 탱크 출구 부분

> ① 수온조절기는 실린더 헤드 위 물 재킷의 출구 부분에 위치하고 있다.

35 양질의 윤활유라 할지라도 사용이 계속됨에 따라 변질되어 그 성능이 저하되는 현상은?

① 기화 ② 열화
③ 방화 ④ 절화

ANSWER 30.④ 31.③ 32.① 33.④ 34.① 35.②

② 양질의 윤활유라 할지라도 사용이 계속됨에 따라 변질되어 그 성능이 저하하게 되는데 이것을 윤활유의 열화(deterioration)라고 한다. 윤활유의 열화는 윤활유 자신이 일으키는 내부변화(화학적 변화)와 외부적 요인에 의한 물리적 변화 두 가지가 있다.

※ 기관 윤활유 열화(deterioration)의 원인
- 블로바이가스의 혼입
- 첨가제의 소모
- 수분의 혼입
- 윤활유 자신의 열화
- 금속마모분, 먼지의 혼입

36 부동액에 대한 설명으로 옳은 것은?

① 에틸렌 글리콜과 글리셀린은 단맛이 있다.
② 부동액 100%인 원액 사용을 원칙으로 한다.
③ 온도가 낮아지면 화학적 변화를 일으킨다.
④ 부동액은 냉각 계통에 부식을 일으키는 특징이 있다.

① 부동액은 차가운 겨울철에 냉각수가 얼지 않도록 냉각수에 첨가하는 액체로 메탄올, 글리세린, 에틸렌글리콜 등이 사용된다. 에틸렌글리콜과 글리세린은 단맛을 가진 액체이다.

37 다음 중 디젤기관의 윤활유가 가져야 할 조건이라 보기 어려운 것은?

① 전 알칼리가(total base number)는 없어야 한다.
② 디젤기관의 경우 블로바이 가스로 인하여 검댕이나 그을음이 혼입될 가능성이 매우 높아 불순물 침적을 막는 성질이 필요하다.
③ 높은 고온에서도 안정적인 특성을 가져야 한다.
④ 윤활유 온도가 상대적으로 높기 때문에 산화를 방지할 수 있는 성분이 포함되어야 한다.

① 디젤기관은 공기를 압축하여 약 500℃의 고온으로 만든 후 연료를 직접 분사함으로써 착화하는 방식으로 연소시 카본(찌꺼기)이 윤활유에 혼입되어 윤활유를 열화할 가능성이 높다. 게다가 디젤기관은 윤활유 온도가 상대적으로 높기 때문에 산화가 많이 일어나고 이에 따른 슬러지도 많이 생기는 특성이 있어 이를 예방하거나 막는 성분이 필요하다.
전알칼리가란 윤활유에 포함되어 있는 전체 알칼리 성분의 양을 의미하며, 디젤연료에 포함되어 있는 유황 등의 불순물은 연소시 각종 부식성 가스를 만들어 윤활유의 산화를 촉진시킬 뿐만 아니라, 엔진 각부 특히 실린더 벽면의 조기마모의 원인이 되므로 이를 중화시킬 수 있는 적정한 전 알칼리가를 갖추어져야 한다.

38 다음 중 실린더 내부로 유입되는 공기를 순간적으로 압축해 보다 큰 폭발력을 만들어 큰 출력을 얻도록 고안된 장치는?

① 소기구 ② 과급기
③ 블레이드 ④ 조속기

② 디젤기관 연소실 내에 공기의 양이 많으면 정해진 용량보다 더 많은 연료가 연소되면서 출력이 높아지기 때문에 압축기를 이용해 연소실 내부로 다량의 공기를 넣어 주는데 이를 과급이라 한다. 과급은 보통 중형 또는 대형의 고성능 디젤기관에서는 많이 이용하고 있으며, 과급에 의해 약 20~40%의 출력 향상을 나타낸다. 과급기(super charger)는 흡입 공기를 대기압 이상의 압력으로 압축해 밀도가 높은 공기를 실린더 내로 공급하여 평균 유효 압력을 높임으로써 기관 출력을 증대시키는 역할을 한다.

39 일반적으로 연료가 연소할 때 공기의 공급 부족으로 발생하며, 디젤기관에서는 거의 발생되지 않는 가스는?

① 일산화탄소 ② 탄화수소
③ 질소산화물 ④ 황산화합물

① 일산화탄소(CO)는 연료가 연소할 때 공기의 공급 부족으로 발생한다. 디젤기관에서는 공연비(공급한 공기와 연료의 비)가 크기 때문에 항상 공기가 충분하여 CO_2까지 연소가 진행되기 때문에 CO의 발생량은 매우 적다.

ANSWER 36.① 37.① 38.② 39.①

40 터보식 과급기의 작동상태에 대한 설명으로 틀린 것은?

① 디퓨저에서는 공기의 압력 에너지가 속도 에너지로 바뀌게 된다.
② 배기가스가 임펠러를 회전시키면 공기가 흡입되어 디퓨저에 들어간다.
③ 디퓨저에서는 공기의 속도 에너지가 압력 에너지로 바뀌게 된다.
④ 압축공기가 각 실린더의 밸브가 열릴 때마다 들어가 충전 효율이 증대된다.

> HINT ① 디퓨저는 과급기 날개 부분에 설치되어 공기의 속도 에너지를 압력에너지로 변환시켜 실린더에 공급하는 장치이다.

41 과급기를 부착하였을 때의 이점으로 틀린 것은?

① 고지대에서도 출력의 감소가 적다.
② 회전력이 증가한다.
③ 기관 출력이 향상된다.
④ 압축온도의 상승으로 착화지연 시간이 길어진다.

> HINT ④ 과급기는 내연기관의 출력을 증가시키기 위해 외부 공기를 실린더에 강제적으로 밀어 넣는 압축기를 가리킨다. 다량의 공기를 연소실로 보내게 되어 본래 연소할 때 보다 많은 공기가 들어가 더 많은 연료를 연소하게 되어, 기관의 출력을 증가시킨다.

42 기관의 연소실에서 발생하는 스퀴시(Squish)의 설명으로 옳은 것은?

① 연소 가스가 크랭크 케이스로 누출되는 현상
② 흡입밸브에 의한 와류현상
③ 압축행정 말기에 발생한 와류 현상
④ 압축공기가 피스톤 링 사이로 누출되는 현상

> HINT ③ 스퀴시 현상이란 압축행정 말기에 연소실 중앙으로 집중하는 와류 현상을 가리킨다.
> ※ 연소실 내부 와류 형태

구분	내용
스퀴시 (squish)	압축행정 말기에 연소실 중앙으로 집중하는 와류
텀블 (tumble)	피스톤의 축방향으로 유동하는 와류
스월 (swirl)	흡기행정시 흡입공기가 피스톤의 반경방향으로 유동하는 와류

43 다음 중 플런저 스프링이 약해졌을 때 일어나는 현상은?

① 캠 작용이 끝난 후 플런저의 복귀가 나빠진다.
② 연료 분사량이 감소한다.
③ 연료 분사시 압력이 높아진다.
④ 연료 분사속도가 빨라진다.

> HINT ① 플런저 스프링은 캠의 작용에 따라 플런저가 작동하는데 캠의 작동이 끝난 후에 플런저를 복귀시키는 장치이다.

44 피스톤링 표면에 크롬 도금을 하는 가장 큰 이유는?

① 윤활 작용을 보조한다.
② 가스의 누설을 방지한다.
③ 마멸되는 것을 최소화한다.
④ 윤활유를 잘 긁어내린다.

> HINT ③ 연소하는 부분과 맞닿아 있는 최상부의 링은 높은 온도와 높은 가스 압력을 받기 때문에 다른 링보다 마멸되기 쉽다. 따라서 이를 막기 위해서 링 표면에 아주 얇은 크롬 도금을 입힌다.

45 피스톤의 간극이 너무 클 때 피스톤이 왕복운동을 하면서 실린더 벽면을 때리는 현상은?

① 피스톤 슬랩   ② 크랭킹히트
③ 스탠딩 웨이브 현상 ④ 맥동 현상

🔔 ① 피스톤 슬랩은 피스톤의 간극이 너무 클 때 피스톤이 왕복운동을 하면서 실린더 벽면을 때리는 현상을 말한다. 계속적인 피스톤 슬랩이 발생하게 되면 실린더 벽면과 피스톤의 접촉으로 인하여 피스톤과 실린더 벽면에 마모가 발생하게 되며, 이러한 상태로 계속적인 운전이 되면 하중을 골고루 분산하지 못하게 되어 메인베어링, 커넥팅로드, 베어링에도 손상을 일으킬 수 있다.

46 블로바이 현상(Blow-by)이란?

① 실린더와 피스톤 간격이 너무 좁아 마찰이 일어나는 현상을 말한다.
② 앞바퀴를 위에서 보았을 때 앞쪽이 뒤쪽보다 좁게 되어 있는 상태를 말한다.
③ 피스톤과 실린더 사이의 간극 사이로 압축 가스나 폭발 가스가 새는 현상을 말한다.
④ 디젤기관의 압축행정에서 연료가 분사되고 점화시기까지 시간이 길어지는 경우 증가된 연료가 한꺼번에 점화되는 현상을 말한다.

🔔 ③ 내연기관 엔진은 압축행정 시 실린더벽과 피스톤 사이의 틈새로 미량의 혼합기(가스)가 새어나오게 되는데 이 현상을 가리켜 블로바이 현상이라 한다. 블로바이는 압축 압력 저하, 오일 소비 증대, 출력 저하와 같은 현상이 나타난다. 이러한 실린더벽과 피스톤 사이의 틈새를 밀봉하고자 피스톤링과 엔진오일이 밀봉이 역할을 하는 것이다.
④는 노킹 현상에 대한 내용이다. 노킹은 적절하지 않은 연료로 인해서 엔진 점화가 적절하지 않은 시점에서 일어나는 현상이다.

47 다음 중 밸브 구동 장치로만 짝지어진 것은?

㉠ 밸브 스프링	㉡ 캠축
㉢ 타이밍 벨트	㉣ 인젝터
㉤ 카커스	㉥ 피스톤 핀

① ㉠, ㉣
② ㉠, ㉡, ㉢
③ ㉠, ㉢, ㉤
④ ㉠, ㉡, ㉢, ㉥

🔔 ② 밸브 스프링, 캠축, 타이밍 벨트가 밸브 장치에 속한다. 밸브 구동 장치는 연소실에 혼합기를 흡입하고 연소된 배기가스를 배출하는 장치들을 가리킨다.

48 밸브가 닫혀진 상태일 때 밸브와 이것을 움직이는 로커 암 사이에 약간의 틈새를 두는 것은?

① 밸브 스프링
② 밸브 유입
③ 밸브 간극
④ 밸브 시트

🔔 ③ 밸브 간극(Valve Clearance)이란 밸브와 밸브를 움직이는 로커 암과의 사이에 벌어진 간극을 말한다. 밸브 간극이 없다면 밸브가 연소 시 받는 열로 팽창했을 때 밸브가 밀착하지 않아 가스가 새는 등의 현상이 나타날 수 있기 때문에 이를 막고자 흡입 및 배기 밸브와 밸브 개폐 기구 사이에는 적절한 간극을 둔다. 간극이 크면 엔진의 소음의 원인이 되고, 간극이 너무 작으면 밸브가 치밀어 올라 압축압력이 저하되어 출력 저하의 원인이 된다.

49 다음 중 밸브를 구동하는 장치는?

① 캠
② 타이밍 벨트
③ 킹핀
④ 아이들러

🔔 ① 밸브의 구동은 캠(cam)에 의한다. 4행정 사이클 기관에서는 흡기 밸브와 배기 밸브를 구동하기 위한 캠이 각각 필요하다. 캠축이 회전하여 캠의 돌기부가 푸시 로드(push rod)를 밀어 올린다. 푸시 로드가 올라가면 밸브 레버(rocker arm)를 거쳐 밸브가 내려가면서 열리게 된다.

50 디젤기관의 압축비를 증가시킬 경우 나타나는 현상은?

① 압축압력이 높아진다.
② 연료 소비율이 증가한다.
③ 평균 유효 압력이 감소한다.
④ 진동과 소음이 작아진다.

🔔 ① 피스톤이 하사점에 있을 때의 실린더 부피를 피스톤이 상사점에 있을 때의 압축 부피로 나눈값을 압축비라 한다. 디젤엔진은 큰 압축비를 내어 폭발시키는 방식으로 압축비가 높으면 엔진의 효율이 올라간다. 다만, 디젤기관은 가솔린기관에 비해 압축 압력과 연소시의 압력이 크므로 구조가 견고하여야 한다.

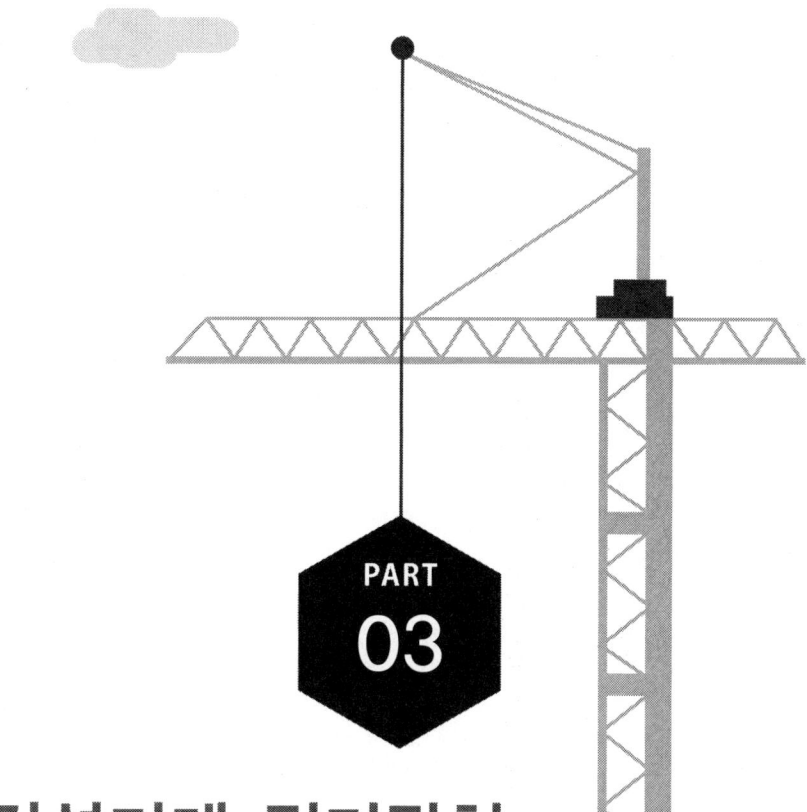

건설기계 전기장치

03 건설기계 전기장치

1 시동장치

(1) 시동장치

① **시동장치** : 내연기관은 스스로 시동을 걸 수 없으므로 외부에서 기관이 작동을 할 수 있도록 동력이 필요하다. 이러한 최초의 동력을 바로 시동장치가 하는데, 시동장치는 기동전동기(시동모터)를 통해 내연기관이 작동할 수 있는 최소한의 크랭킹(시동 전동기에 의해 플라이휠이 회전하는 상태)을 시켜 기관이 작동을 하는 역할을 한다.

② **시동장치의 구성** : 시동장치는 축전지, 기동 전동기, 스위치, 배전 등으로 이루어져 있다.

구분	내용
시동 전동기	내연기관의 최초의 시동은 축전지의 전기 에너지를 이용해 시동 전동기를 회전시켜 기관의 플라이휠이 작동할 수 있는 최소한의 크랭킹이 되어야 한다.
축전지	축전지는 전기적 에너지를 화학적 에너지로 변화시켜 저장하였다가 필요할 때에는 전기적 에너지로 다시 변화시켜 사용하는 전기장치이다. 축전지는 자동차의 점화장치, 시동 장치 외에 등화장치, 계기류 등의 전원으로 사용하며, 충전(Charge)과 방전(Discharge)을 반복하게 된다.

③ **시동의 순서** : 차량의 시동을 걸면 축전지로부터 전기가 공급되어 시동 전동기가 기관의 플라이휠(Flywheel)을 돌리게 되는데, 이때 플라이휠에 연결된 크랭크축이 회전하면서 피스톤, 밸브가 같이 작동을 시작하면서 연료의 연소를 시작한다.

시동의 원리

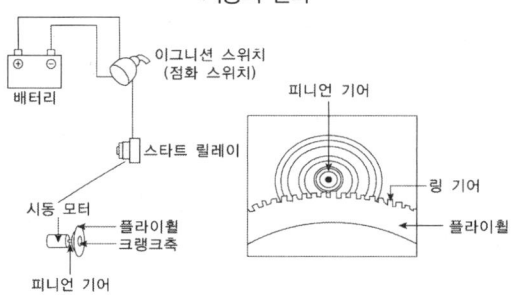

크랭킹 속도
기관이 연소하기 위한 최소한 크랭킹은 속도가 100 rpm 이상이 되어야 한다. 그러나 확실한 시동을 걸리려면 220 rpm 이상이다.

회로에서 접촉저항을 제일 적게 받는 곳은 배선의 중간 부분이다.

시동전동기의 종류
- 직권식 전동기
- 분권식 전동기
- 복권식 전동기

스타트 릴레이
시동모터가 전기를 가장 많이 소모하기 때문에 다른 곳으로 전기가 가는 것을 막아 시동모터로만 전기를 보내서 시동이 용이하게 걸리게 해주는 장치를 말한다.

플레밍의 왼손법칙
자기장 속에 전류를 통한 도선을 둘 때 도선이 받는 힘의 방향을 나타내는 법칙으로, 전동기는 이 원리를 이용한 것이다.

전동기 원리
전류는 그 둘레에 자계를 만들며 전류와 그 자계 내에 있는 자석 사이에는 힘이 작용하는데 이를 전자력이라 한다. 전동기 내부에 전류가 흐르면 전동기 속 고정자(스테이터)는 전자석으로 N극과 S극을 만들어 자기장을 형성하며 전자력이 회전자(로터)를 회전시키게 된다.

확인학습

1 기동전동기는 회전되나 엔진은 크랭킹이 되지 않는 원인으로 옳은 것은?

① 축전지 방전
② 기동전동기의 전기자 코일 단선
③ 플라이휠 링기어의 소손
④ 발전기 브러시 장력 과다

> **HINT** ③ 디젤기관의 시동 시에 기관을 회전시키기 위한 장치를 시동전동기(기동전동기)라 한다. 내연기관은 스스로 시동을 걸 수 없으므로 시동전동기를 이용하여 기관 작동할 수 있는 최소한의 크랭킹(엔진이 그 자체 작동에 의해 회전하지 않고 단순히 시동전동기에 의해 회전하는 상태)을 해주어야 움직이게 된다.
> 소손(燒損)이란 '불에 타서 부서진 상태'를 말한다. 문제에서 기동전동기가 회전되지만 엔진이 반응이 없다는 것은 기동전동기에서 발생한 회전력을 플라이휠이 전달하지 못한다는 것으로 유추해 볼 수 있다. 따라서 ③처럼 플라이휠 기어의 마모 등을 의심할 수 있다.

2 건설기계 엔진에 사용되는 시동모터가 회전이 안되거나 회전력이 약한 원인이 아닌 것은?

① 시동스위치 접촉 불량이다.
② 배터리 단자와 터미널의 접촉이 나쁘다.
③ 브러시가 정류자에 잘 밀착되어 있다.
④ 배터리 전압이 낮다.

> **HINT** ③ 차량의 시동을 걸면 축전지로부터 전기가 공급되어 시동모터가 기관의 플라이휠(Flywheel)을 돌리면서 기관이 작동을 하는데, 이 경우 배터리 전압이 낮거나 시동스위치 접촉이 불량하다면 시동이 걸리지 않거나 시동모터의 회전력이 약할 수 있다.

3 기동전동기의 피니언과 기관의 플라이휠 링기어가 치합되는 방식 중 피니언의 관성과 직류 직권 전동기가 무부하에서 고속 회전하는 특성을 이용한 방식은?

① 피니언 섭동식
② 벤딕스식
③ 전기자 섭동식
④ 전자식

> **HINT** ② 벤딕스식은 기동전동기가 무부하에서 피니언의 관성을 고속으로 회전하는 성질을 이용한 방식이다. 기관의 시동을 거는 방법은 플라이휠에 동력을 어떻게 전달하는지에 따라 피니언 섭동식, 벤딕스식, 전기자 섭동식 등으로 구분되며, 일반적으로는 피니언 섭동식이 사용된다.

4 스타트 릴레이 설치 목적과 관계없는 것은?

① 축전지 충전을 용이하게 한다.
② 엔진 시동을 용이하게 한다.
③ 키 스위치를 보호한다.
④ 기동 전동기로 많은 전류를 보내어 충분한 크랭킹 속도를 유지한다.

> **HINT** ① 스타트 모터는 가장 전력을 많이 소모하는 곳이기 때문에 시동을 걸 경우 전력이 모자라면 다른 전기 장치에 불이 들어와도 시동모터가 작동하지 않을 수 있다. 따라서 스타트 릴레이를 설치하면 다른 곳으로 전기가 가서 전력이 모자라는 것을 막아주어 엔진 시동을 용이하게 만든다.

5 엔진이 가동 되었는데도 시동스위치를 계속 ON 위치로 할 때 미치는 영향으로 가장 옳은 것은?

① 캠이 마멸된다.
② 클러치 디스크가 마멸된다.
③ 크랭크축 저널이 마멸된다.
④ 시동전동기의 수명이 단축된다.

> **HINT** ④ 시동 전동기(시동 모터)는 기관의 크랭크축을 회전시키기 위해 회전력을 발생시키는 역할을 한다. 시동 모터의 작동은 시동 시에만 모터의 피니온 기어(pinion gear)가 엔진의 링 기어와 연결되어 회전하고, 시동 후에는 원래의 자리로 돌아가 정지하도록 되어 있다.
> 가끔 시동이 걸려있는 상태에서 모르고 시동 키를 돌리면 드르륵 하고 기어가 부딪히는 소리가 나는데, 이는 링 기어는 1000rpm 정도로 고속으로 회전하는데 반해 시동모터의 피니언 기어는 50rpm 정도의 저속으로 회전하고 있어 서로 물리지 않아 발생하는 소리이다. 이 경우 시동 모터 부분이 손상될 수 있으므로 주의하여야 한다.

1.③ 2.③ 3.② 4.① 5.④

(2) 축전지

① **축전지** : 축전지는 충전 상태에서 화학적 에너지로 축적된 것을 양극에 부하를 걸어 전기 에너지가 발생하도록 하는 에너지원이다.

② **축전지의 원리** : 축전지는 서로 다른 종류의 금속 전극을 전해액이 들어 있는 용기에 넣은 것으로, 두 전극에 부하를 걸면 전극과 전해액 사이에 화학반응이 일어나면서 생긴 전위차에 의하여 전류가 흐르는 전지이다.

③ **충전과 방전** : 양극 사이에 부하를 걸어 전류가 흐르게 하는 것을 방전(Discharge)이라 하고, 전류가 흘러들어가는 상태를 충전(Charge)이라 하며, 축전지 내부에서는 방전과 충전을 하게 된다. 방전이 되는 동안에는 양극과 음극이 모두 황산납으로 변하고, 전해액은 물로 바뀌고, 충전되는 동안에는 양극은 과산화납으로, 음극은 해면상납으로, 전해액은 묽은 황산으로 다시 환원의 과정을 거친다.

④ **축전지 화학반응** : 납산 축전지의 충전된 상태의 양극(+)은 과산화납(pbO_2)으로, 음극(-)은 납(Pb)으로 되어 있으며 미세한 구멍이 수없이 뚫린 해면 상태를 이루고 있다. 또한 두 전극은 증류수로 희석시킨 묽은 황산에 담겨 있다. 두 전극 사이에 부하를 걸면 전극과 전해액 사이에 화학 반응이 일어나고, 두 전극 사이에 생긴 전위차에 의해 전위가 높은 양극에서 전위가 낮은 음극으로 흘러들어 전류가 발생하게 된다.

⑤ **배터리의 방치** : 배터리가 방전된 상태에서 오랜 시간이 지나게 되면, 두 극의 황산납이 영구 황산납으로 변하게 되고, 영구 황산납이 된 부분은 충전을 하더라도 과산화납이나 해면상납으로 돌아오지 않는다. 즉, 납산축전지의 전체 극판 면적 중에서 영구 황산납으로 변한 부분만큼 더 이상 충전이 되지 않는다.

⑥ **축전지 구조**

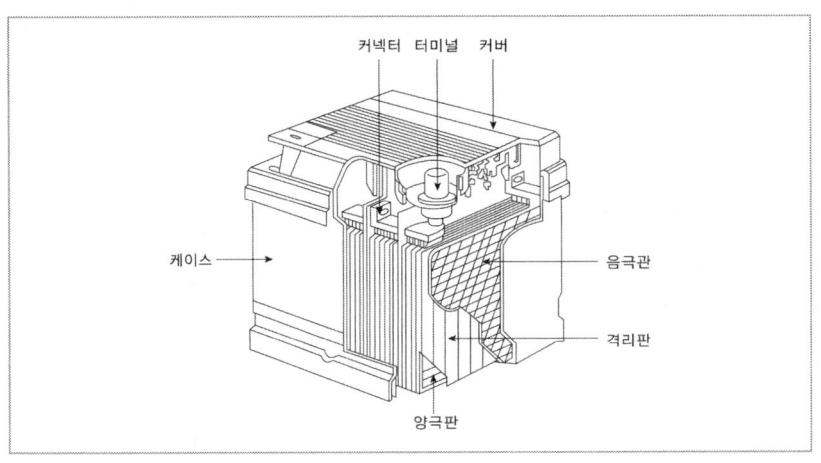

축전지 구성

구분	내용
(+)극	과산화납(pbO_2)
(-)극	납(Pb)
전해액	묽은 황산(H_2SO_4)

축전지의 화학 반응식

$$pbO_2 + 2H_2SO_4 + pb \underset{충전}{\overset{방전}{\rightleftarrows}} pbSO_4 + 2H_2O + pbSO_4$$

축전지의 용량

축전지의 용량이란 완충된 축전지를 일정한 전류로 방전시킨 후 방전 중의 단자 전압이 방전 끝 전압에 도달할 때까지 사용할 수 있는 총 전기량을 말한다.

축전지 충전

납산 축전지(Battery)는 '정전류 충전' 방식을 사용하며, 축전지의 용량은 극판의 수와 두께, 크기, 전해액량이 많을수록 커지게 된다.

MF 축전지

MF 축전지(Maintenance Free Battery)는 유지와 보수가 별도로 필요하지 않는 축전지이다. 납산 축전지는 전해액이 묽은 황산으로 되어 있어 시간이 지나면 증발로 주기적인 유지와 보충이 필요하지만, MF 축전지는 칼슘 성분이 첨가된 특수한 극판을 사용해서 배터리액이 증발하지 않는다. 따라서 증류수를 보충할 필요가 없다.

확인학습

1. 축전지(battery) 내부에 들어가는 것이 아닌 것은?
   ① 단자기둥 ② 음극판
   ③ 양극판   ④ 격리판

   > HINT ① 축전지의 내부는 음극판, 양극판, 격리판이 들어있다.

2. 축전지의 용량을 나타내는 단위는 무엇인가?
   ① Amp   ② Ah
   ③ V   ④ Ω

   > HINT ② 축전지의 용량은 극판의 수와 두께, 크기, 전해액량이 많을수록 커지게 된다. 축전지 용량(Ah)은 방전 전류(A)×방전 시간(h)로 구할 수 있다.

3. 축전지의 용량(전류)에 영향을 주는 요소로 틀린 것은?
   ① 극판의 수   ② 극판의 크기
   ③ 전해액의 양   ④ 냉각율

   > HINT ④ 축전지의 용량은 극판의 수와 두께, 크기, 전해액량이 많을수록 커지게 된다.

4. 축전지가 방전될 때 일어나는 현상이 아닌 것은?
   ① 양극판은 과산화납이 황산납으로 변함
   ② 전해액은 황산이 물로 변함
   ③ 음극판은 황산납이 해면상납으로 변함
   ④ 전압과 비중은 점점 낮아짐

   > HINT ③ 양극 사이에 부하를 걸어 전류가 흐르게 하는 것을 방전(Discharge), 전류가 흘러들어가는 상태를 충전(Charge)이라 하며, 축전지 내부에서는 방전과 충전을 하게 된다. 방전이 되는 동안에는 양극과 음극이 모두 황산납으로 변하고, 전해액은 물로 바뀌고, 충전되는 동안에는 양극은 과산화납으로, 음극은 해면상납으로, 전해액은 묽은 황산으로 다시 환원의 과정을 거친다.

5. 황산과 증류수를 이용하여 전해액을 만들 때의 설명으로 옳은 것은?
   ① 황산을 증류수에 부어야 한다.
   ② 증류수를 황산에 부어야 한다.
   ③ 황산과 증류수를 동시에 부어야 한다.
   ④ 철제용기를 사용한다.

   > HINT ① 전해액은 증류수를 부어 희석된 묽은 황산이 사용된다.

6. 납산축전지를 오랫동안 방전상태로 두면 사용하지 못하게 되는 원인은?
   ① 극판이 영구 황산납이 되기 때문이다.
   ② 극판에 산화납이 형성되기 때문이다.
   ③ 극판에 수소가 형성되기 때문이다.
   ④ 극판에 녹이 슬기 때문이다.

   > HINT ① 배터리가 방전된 상태에서 오랜 시간이 지나게 되면, 두 극의 황산납이 영구 황산납으로 변하게 되고, 영구 황산납이 된 부분은 충전을 하더라도 과산화납이나 해면상납으로 돌아오지 않는다.

7. 방전된 납산 축전지에 충전기를 접속하여 완전 충전하였을 때 화학작용으로 옳은 것은?
   ① 양극판(황산납) + 전해액(물) + 음극판(황산납)
   ② 양극판(과산화납) + 전해액(물) + 음극판(황산납)
   ③ 양극판(황산납) + 전해액(묽은 황산) + 음극판(해면상납)
   ④ 양극판(과산화납) + 전해액(묽은 황산) + 음극판(해면상납)

   > HINT ④ 충전되는 동안에는 양극판은 과산화납으로, 음극판은 해면상납으로, 전해액은 묽은 황산으로 다시 환원의 과정을 거친다. 반대로 방전이 되는 동안에는 양극과 음극이 모두 황산납으로 변하고, 전해액은 물로 바꾼다.

1.① 2.② 3.④ 4.③ 5.① 6.① 7.④

2 충전장치

(1) 반도체와 회로

① **반도체(semiconductor)** : 전기가 잘 통하는 도체와 통하지 않는 절연체의 중간적인 성질을 나타내는 물질로 반도체는 자동차의 전자 회로 구성 부품으로 사용된다. 반도체는 N, P형 반도체로 구분된다.

② **반도체의 종류**
  ㉠ **N형 반도체(Negative type)** : 4가의 실리콘 반도체 속에 5가의 원자를 첨가하면 4개만 실리콘 원자와 결합하고 1개의 전자가 남아 자유롭게 결정 속을 움직이면서 전기를 나르는 일을 하는데 이를 N형 반도체라 부른다.
  ㉡ **P형 반도체(Positive type)** : 4가의 실리콘 반도체 속에 3가의 원자를 첨가하면 3개만이 결합되고 나머지 1개는 남게 되어 구멍(정공)이 발생하는데 이 구멍을 통해 전기를 전달하는 것을 P형 반도체라 한다.
  ㉢ **PN형 반도체** : N형 반도체와 P형 반도체를 접합한 형태로 반도체 다이오드는 전류, 무선신호의 검출, 발광을 지시하는 교류 전류와 광선을 검출하는 정류 등 다양한 용도로 사용된다.

③ **반도체 이용 소자**
  ㉠ **다이오드(Diode)** : 전류를 한 방향으로만 흐르게 하고, 그 역방향으로 흐르지 못하게 하는 성질을 가진 반도체 소자이다. 다이오드는 이러한 특성을 이용해 교류를 직류로 변환시키는 정류 회로에 사용되기도 한다.

구분	내용
정류용 다이오드	순방향으로만 전류가 흐른다.
정전압 다이오드 (제너 다이오드)	어떤 전압값에서 전류가 급격히 증가하고 그 후에는 일정한 전압을 유지한다.
포토 다이오드	반도체의 접합부에 빛이 닿으면 전류가 발생하는 성질을 가진 다이오드이다.

  ㉡ **트랜지스터(transistor)** : 반도체를 세 겹으로 접합하여 만든 전자회로 구성요소로 전류나 전압흐름을 조절하여 트랜지스터는 증폭작용과 스위칭 작용을 한다.

트랜지스터의 형태

pnp형 트랜지스터   npn형 트랜지스터

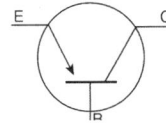 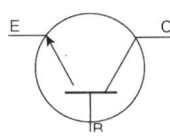

④ **집적 회로(Integrated Circuit)** : 실리콘 칩 내부에 다이오드, 트랜지스터, 저항 등을 하나의 실리콘 결정 기판에 회로를 집적한 형태를 말한다. 소형이면서 가볍고, 내구성과 내진성, 경제성이 뛰어나다.

사이리스터(thyristor)
가장 잘 알려진 4층 반도체 소자로 흔히 실리콘 제어 정류기(SCR; silicon controlled rectifier)라고도 하며 직류 가변 전압 회로, 인버터, 교류 위상 제어 등 특수 반도체 소자이다.

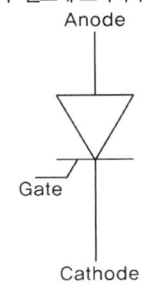

스위칭과 증폭 작용
- 스위칭 작용 – 전류가 흐르는지 흐르지 않는지와 같은 주로 연결 또는 끊김을 의미 한다.
- 증폭작용 – 전압이나 전류가 몇 배로 변환되는 것을 말한다.

확인학습

1. 반도체 소자 중 사이리스터(SCR)으로 단자 명칭으로 옳은 것은?

   ① 컬렉터
   ② 게이트
   ③ 이미터
   ④ 베이스

   > HINT ② 사이리스터는 애노드(anode), 케소드(cathode), 게이트(gate)의 전극으로 이루어져 있으며, 게이트에 전류를 흘려보내면 애노드가 케소드에 대하여 (+)인 경우 애노드와 케소드 사이에는 전류가 흐르면서 게이트는 제어 능력이 없어진다.

2. 빛을 받으면 전류가 흐르지만 빛이 없을 경우 전류가 흐르지 않는 전기 소자는?

   ① 제너 다이오드
   ② 트랜지스터
   ③ 포토 다이오드
   ④ 이미터

   > HINT ③ 포토 다이오드는 반도체의 접합부에 빛이 닿으면 전류가 발생하는 성질을 가진 다이오드이다.

3. NPN형 트랜지스터에서 접지되는 단자는?

   ① 이미터
   ② 컬렉터
   ③ 케소드
   ④ 애노드

   > HINT ① 트랜지스터는 PNP형과 NPN형으로 구분되며, NPN형의 경우 접지는 이미터(E)가 PNP형은 컬렉터가 접지로 활용된다.

4. 정전압 회로에서 일정한 전압을 유지하기 위해 사용되는 반도체는?

   ① 발광 다이오드
   ② 트랜지스터
   ③ 포토 다이오드
   ④ 제너 다이오드

   > HINT ④ 제너 다이오드는 어떤 전압 값에서 전류가 급격히 증가하고 그 후에는 일정한 전압을 유지시키는 작용을 한다.

1.② 2.③ 3.① 4.④

(2) 전기의 기초와 이해

① 전류
㉠ 1초 동안 이동한 전자의 수를 말한다. 액체로 비유한다면 1초 동안 흐른 양이라 할 수 있다.

㉡ 단위 : 전류는 I로 표시하고 단위는 A(암페어)로 나타낸다. $I = \dfrac{Q}{t}$ (t : 시간)

㉢ 전류의 3대 작용

구분	내용
화학작용	전류에 의해 물질의 화학반응이 일어난다는 것으로 축전지의 화학반응이 대표적이다.
발열작용	전류가 흐름에서 마찰과 같은 방해요소로 인하여 열이 발생하는 것으로 전기 다리미와 전기 히터 등이 이 작용을 응용한 것이다.
자기작용	도체에 전류가 흐르면 자기장이 생기는 현상으로 전동기가 대표적인 예라 할 수 있다.

② 전압(Voltage)
㉠ 전기장이나 도체 안에 있는 두 점 사이의 전기적인 위치 에너지 차이로 액체로 비유하자면 수압과도 같다.

㉡ 전압은 E로 표시하며, 단위는 V(볼트)로 나타낸다.

③ 저항(Ω) : 전자의 이동을 방해하는 요소로 R로 표시한다.

④ 전력
㉠ 전기가 1초 동안 얼마나 일을 한지를 나타낸 것을 말한다. 전력은 P로 나타내며, 단위는 W(와트)가 된다.

㉡ $P(W) = E \times I = I^2 \times R = \dfrac{E^2}{R}$

⑤ 직류와 교류
㉠ 직류(DC ; direct current) : 전압이나 전류의 크기와 방향이 일정한 것을 말한다. 건전지, 축전지, 수은전지, 직류발전기 등이 직류를 발생시킨다.

㉡ 교류(AC ; alternating current) : 전류와 전압의 방향 및 크기가 시간에 따라 변화하는 것으로 주로 발전소에서 생산되어 진다. 교류는 단상교류와 3상 교류로 구분할 수 있다.

구분	내용
단상 교류	일반적인 가정 등에서 사용하는 전기로 하나의 전원과 부하 사이를 2개의 선으로 연결한 가장 간단한 회로이다.
3상 교류	공장이나 엘리베이터 등에서 사용하며 발전소에서 생산하는 전기는 대부분이 3상 교류로 큰 동력이 필요한 곳에 보내진다.

옴의 법칙
전압과 전류, 저항 사이의 관계를 나타낸 식이다.
$I = \dfrac{E}{R}$
(I : 전류, E : 전압, R : 저항)

전하
어떤 물질이 전기적 성질을 갖도록 하는 것을 말하며, 전하에는 + 성질이 있는 양전하와 − 성질이 있는 음전하가 있다. 음전하를 전자라고도 하며, 전자가 한 방향으로 이동하면 전기가 흐른다고 한다. 전자가 이동하는 방향은 전류의 방향과 반대이다.

확인학습

1 전류의 크기를 측정하는 단위로 맞는 것은?

① V ② A
③ R ④ K

> HINT ② 전류의 세기를 나타내는 국제 기준 단위는 암페어(A)이다.

2 도체에서 전기가 흐른다는 것은 전자의 움직임을 뜻한다. 다음 중 전자의 움직임을 방해하는 요소는 무엇인가?

① 전력
② 전압
③ 방전
④ 저항

> HINT ④ 저항이란 전자의 이동을 방해하는 요소를 말한다.

3 전류의 3대 작용이 아닌 것은?

① 발열작용
② 화학작용
③ 자기작용
④ 열섬작용

> HINT ④ 전류의 3대 작용은 발열, 화학, 자기작용이다.

4 전압이 36V, 저항이 3Ω일 경우 전류는?

① 12A
② 14A
③ 16A
④ 20A

> HINT ① 전압과 전류, 저항 사이의 관계를 나타낸 옴의 법칙을 이용하면 된다.
> $I = \dfrac{E}{R}$ (I: 전류, E: 전압, R: 저항)이므로
> $\dfrac{36}{3} = 12A$이다.

5 20V의 축전지 5개를 병렬로 연결할 경우 전압은?

① 15V
② 20V
③ 40V
④ 100V

> HINT ② 병렬연결은 둘 이상의 회로소자의 양단이 공통으로 연결된 것으로 병렬로 연결하는 전지의 개수가 늘어날수록 전체 전압은 변하지 않지만, 그만큼 오래도록 사용할 수 있다.
> ※ **직렬과 병렬**
> ㉠ **직렬** : 전기가 흐르는 길이 나누어지지 않고 하나의 길을 따라 흐르는 것을 말한다. 전지를 직렬로 연결하면 연결한 전지의 개수만큼 전체 전압은 높아진다.
> ㉡ **병렬** : 둘 이상의 회로소자의 양단이 공통으로 연결된 것으로 1.5V의 전지를 병렬로 연결하면 전체 전압은 변하지 않는 대신 전지 2개를 병렬로 연결하면 전지 1개를 사용할 때보나 2배 더 오랫동안 사용할 수 있다.

1.② 2.④ 3.④ 4.① 5.②

(3) 충전장치

① **충전장치**: 축전지는 전기적 에너지를 화학적 에너지로 변화시켜 저장하였다가 필요할 때에는 전기적 에너지로 다시 변화시켜 사용하는 전기 장치이다. 축전지는 사용하게 되면 축전량이 계속 감소하기 때문에 지속적으로 충전을 하여야 사용할 수 있다. 충전 장치는 축전지의 축전량을 유지할 수 있도록 주행 중에 축전지를 충전시키고, 충전지 이외의 전기장치에 전기를 보내는 역할을 한다.

② **충전장치의 구성**: 충전 장치는 시동 후 엔진 동력에 의하여 구동하는 발전기(Generator)와 발전기에서 생성된 전압을 일정한 전압으로 제어하는 레귤레이터(조정기)로 구성되어 있다.

③ **직류발전기**: 고정된 계자에 대하여 전기자를 회전시키고 정류자로부터 직류를 얻는 방식의 발전기이다.

　㉠ 구성: 전기자, 정류자, 계자철심, 계자코일

구분	내용
전기자	계자 내에서 회전하며 교류전류를 발생시킨다.
정류자	교류전류를 직류전류로 변환시키는 역할을 한다.
계자철심/코일	자계를 형성시킨다.

　㉡ 직류식 전압조정기

구분	내용
컷아웃 릴레이	축전지에서 발전기로 전류가 역류하는 것을 방지한다.
전압조정기	발전기에서 나오는 전압을 일정하게 유지시킨다.
전류조정기	발전기의 발생전류를 조정하여 발전기가 고장나는 것을 방지한다.

④ **교류발전기(AC 제너레이터)**

　㉠ 3상 교류 발전기의 출력을 실리콘 다이오드를 통해 직류로 전환시켜 진기를 공급하는 발전기이다.

　㉡ 구성: 로터, 브러시, 브래킷(Bracket), 정류기, 전압조정기 등

구성	내용
로터	자속을 발생시키는 부분으로 직류발전기의 계자에 해당한다.
정류기(다이오드)	스테이터(고정자)에 유도된 교류를 직류로 변환시킨다. 직류발전기의 정류자에 해당한다.
전압조정기	발전기의 전압을 입력 전압의 변동 혹은 부하 변동에 상관없이 요구된 한도 내로 유지시킨다.
브러시(Brush)	슬립링과 접촉하여 전류를 공급하는 역할을 한다.

렌츠의 법칙

렌츠의 법칙은 전자기 유도의 방향에 관한 법칙으로 코일을 관통하는 자기장의 변화로 인해 유도 전류가 흐를 때, 이 유도 전류의 방향은 자기장의 변화를 방해하는 방향으로 흐른다.

발전기의 역할

발전기는 기관 운행 중에 축전지(Battery)를 충전한다. 따라서 발전기가 고장이 나면 충전 경고등 계기판에 불이 들어온다. 발전기를 회전시키는 벨트가 끊어지거나 발전기가 고장이 나면 충전기능이 되지 않으므로 얼마간의 운행은 가능하지만 얼마 못가서 라이트 불빛이 약해지고 경적음이 약해지다가 시동이 꺼지게 된다.

정전 유도

물체에 (+)나 (−)전기를 띤 대전체를 가까이 하면 대전체와 가까운 쪽에는 대전체와 반대 종류의 전하가 모이고 먼 쪽에는 대전체와 같은 종류의 전하가 모이는 현상이 나타나는데 이를 정전 유도라 한다.

발전기 원리

발전기는 자기 작용을 이용한 장치이다. 자기 작용이란 자석에서 같은 극끼리는 밀어내고(척력) 다른 사이에는 붙는 성질(인력)을 말한다. 자기 작용은 자석에만 나타나는 것이 아니라 전류가 흐르는 도선 위에서도 나타난다. 즉 전류가 흐르는 도선 주위에는 자기장이 형성되며, 이는 전류가 흐르는 도선 위에 나침반을 가져다 놓았을 때, 자침이 움직이는 것을 보고 알 수 있다. 이와 같이 전기장과 자기장은 상호작용하며 발전기나 전동기 등에 널리 이용된다.

교류발전기의 장점

- 작고 가볍다.
- 조정기의 구조가 간단하다.
- 브러시의 수명이 길다.
- 내구성이 좋으며 불꽃의 발생이 적다.

확인학습

1. 전류의 자기작용을 응용한 것은?

   ① 전구　　　② 축전지
   ③ 예열플러그　④ 발전기

   > HINT ④ 발전기(generator)는 자기 작용을 이용한 장치이다.

2. 교류발전기의 특징 중 틀린 것은?

   ① 다이오드를 사용하기 때문에 정류 특성이 좋다.
   ② 전류조정기를 사용한다.
   ③ 저속에서도 충전이 가능하다.
   ④ 속도변화에 따른 적용 범위가 넓고 소형, 경량이다.

   > HINT ② 교류 발전기는 전류조정기를 사용하지 않는다.

3. 교류 발전기의 다이오드 역할로 맞는 것은?

   ① 전압 조정　② 자장 형성
   ③ 전류 생성　④ 정류 작용

   > HINT ④ 다이오드(Diode)는 전류를 한쪽 방향으로 흐르게 하여 교류를 직류로 전환시켜 역류를 방지한다.

4. 다음 중 교류발전기를 설명한 내용으로 맞지 않는 것은?

   ① 정류기로 실리콘 다이오드를 사용한다.
   ② 스테이터 코일은 주로 3상 결선으로 되어 있다.
   ③ 발전 조정은 전류조정기를 이용한다.
   ④ 로터 전류를 변화시켜 출력이 조정된다.

   > HINT ③ 전류 조정기는 직류발전에 사용된다.

5. AC발전기에서 전류가 흐를 때 전자석이 되는 것은?

   ① 계자 철심
   ② 로터
   ③ 스테이터 철심
   ④ 아마추어

   > HINT ② 로터(회전자)는 자장을 형성하여 발전기에서 회전하는 부분으로 전자석의 역할을 한다.

6. "유도 기전력의 방향은 코일 내의 자속의 변화를 방해하려는 방향으로 발생한다."는 법칙은?

   ① 플레밍의 왼손 법칙
   ② 플레밍의 오른손 법칙
   ③ 렌쯔의 법칙
   ④ 자기유도 법칙

   > HINT ③ 렌츠의 법칙은 전자기 유도의 방향에 관한 법칙으로 코일을 관통하는 자기장의 변화로 인해 유도 전류가 흐를 때, 이 유도 전류의 방향은 자기장의 변화를 방해하는 방향으로 흐른다는 것이 렌츠의 법칙이다.

7. 교류 발전기가 작동하는 경우 소음이 발생하는 원인이 아닌 것은?

   ① 베어링이 손상되었다.
   ② 벨트 장력이 약하다.
   ③ 고정 볼트가 풀렸다.
   ④ 축전지가 방전되었다.

   > HINT ④ 발전기는 고속으로 회전을 하는 기계로 고정시키기 위한 볼트가 풀리거나 벨트가 느슨해지면서 장력이 약해진 경우 또는 베어링이 손상되면 소음이 발생할 수 있다.

1.④　2.②　3.④　4.③　5.②　6.③　7.④

3 조명장치

(1) 등화장치

① **등화장치** : 「도로교통법」에 따르면 자동차에 설치되는 조명(등화)장치는 전조등, 차폭등, 미등과 그 밖의 등화가 있다.

② 조명등의 종류

구분	내용
전조등	전조등은 조명등의 한 종류로서 야간의 안전 주행을 위한 등화장치이다. 전조등은 조명과 신호를 위해 차량 앞쪽에 부착되어 있으며, 전조등을 통해 다른 운전자에게 자신의 상태와 차량의 진행방향을 알려주는 기능 등을 한다.
차폭등	차폭등은 야간에 자신의 차량 존재와 너비를 표시하는 램프이다.
방향지시등	운전자가 자신의 진로 방향을 다른 운전자나 보행자에게 알려주어 사고를 미연에 방지하는 역할을 하는 등화이다.
번호등	야간에 차량의 번호판을 확인할 수 있도록 밝히는 등화이다.
비상등	갑작스러운 차량의 고장 등 비상사태를 다른 운전자들에게 알려주는 역할을 한다.
후진등	기어를 후진으로 놓고 후진할 때 등화가 된다.
미등	차량의 뒷부분에 설치하는 표지등이다.

③ **전조등** : 전조등은 전조등 전구, 렌즈, 반사경 등으로 이루어져 있으며, 문제가 생겼을 경우 전체로 교환해야 하는 '실드 빔(Sealed Beam) 형식'과 전구만을 교환할 수 있는 '세미 실드 빔(Semi-sealed Beam) 형식'이 있다. 세미 실드 빔 형태의 전조등의 불이 점등되지 않는다면, 전구만을 따로 교체하여 이상 유무를 확인할 수 있다.

(2) 등화의 조작

① 등화를 해야 하는 경우
  ㉠ 어두운 밤에 도로에서 차를 운행하거나 고장이나 그 밖의 부득이한 사유로 도로에서 차를 정차 또는 주차하는 경우
  ㉡ 안개가 끼거나 비 또는 눈이 올 때에 도로에서 차를 운행하거나 고장이나 그 밖의 부득이한 사유로 도로에서 차를 정차 또는 주차하는 경우
  ㉢ 터널 안을 운행하거나 고장 또는 그 밖의 부득이한 사유로 터널 안 도로에서 차를 정차 또는 주차하는 경우

광도
광원에서 나오는 빛의 발기를 말한다.

조명의 접지
복선식은 큰 전류가 흐르는 회로에 사용하며 전선으로 접지하는 방식으로, 건설기계에 사용되는 전조등은 복선식을 사용하는 것이 적절하다. 단선식은 부하의 한 쪽을 차체에 접지하는 방식으로 주로 작은 전류가 흐르는 회로에 사용된다.

※ 방향지시 및 비상경고등의 점멸 회수가 이상하게 빠르거나 늦을 때는 전구의 단선이나 접지 불량일 수 있다.

전조등 형태
• 세미실드빔형 – 전구교환식
• 실드빔형 – 일체형
• 분할형 – 렌즈, 전구, 반사경이 각각 분리
• 매탈백 실드빔형

실드빔형 전조등
램프 유닛 전체를 하나로 한 것을 말하며 렌즈, 반사경, 필라멘트가 일체로 되어 있기 때문에 각각 분리가 불가능하다.

방향지시등이나 제동등은 운행 전에 확인하여야 하는 사항이다.

확인학습

1 다음 중 광속의 단위는?

① 칸델라
② 럭스
③ 루멘
④ 와트

> **HINT** ③ 루멘(Lumen)은 '빛으로 느끼는 크기'를 나타내는 단위이다.
> ① 칸델라(Candela)란 광도의 단위이다. 광도란 광원에서 나오는 빛의 세기(밝기)를 말한다.
> ② 조도(Illuminance)란 조명이 밝은 정도를 말하는 조명도의 단위를 말하며, 기호로는 Lux로 나타낸다.
> ④ 와트(W)는 전력의 단위이다.

2 헤드라이트에서 세미 실드빔 형은?

① 렌즈, 반사경 및 전구를 분리하여 교환이 가능한 것
② 렌즈, 반사경 및 전구가 일체인 것
③ 렌즈와 반사경은 일체이고, 전구는 교환이 가능한 것
④ 렌즈와 반사경을 분리하여 제작한 것

> **HINT** ③ 전조등은 조명과 신호를 위해 차량 앞쪽에 부착된 등화 장치를 말한다. 전조등을 통해 다른 운전자에게 자신의 상태와 차량의 진행방향을 알려주는 기능을 한다. 전조등은 전조등 전구, 렌즈, 반사경 등으로 이루어져 있으며, 문제가 생겼을 경우 전체로 교환해야 하는 실드 빔(Sealed Beam) 형식과 전구만을 교환할 수 있는 세미 실드 빔(Semi-sealed Beam) 형식이 있다. 세미실드 빔 형태의 전조등의 불이 점등되지 않는다면, 전구만을 따로 교체하여 이상 유무를 확인할 수 있다.

3 한쪽 방향지시등만 점멸 속도가 빠른 원인으로 옳은 것은?

① 전조등 배선 접촉 불량
② 플래셔 유닛 고장
③ 한쪽 램프의 단선
④ 비상등 스위치 고장

> **HINT** ③ 방향지시 및 비상경고등의 점멸회수가 이상하게 빠르거나 늦을 때는 전구의 단선이나 접지 불량일 수 있다. 방향지시등의 좌우측 전구 중 하나가 평상시보다 빠르게 점멸되고 있는 증상은 전구 연결이 끊어지면서 흐르는 전류의 차이에 의해 작동시키는 방향의 램프 점멸주기가 빨라지는 것이다. 따라서 방향지시등 전구 점검 및 교환을 해야 한다.

4 야간 작업시 헤드라이트가 한쪽만 점등되었다. 고장 원인으로 가장 거리가 먼 것은?

① 전구 불량
② 전구 접지불량
③ 한 쪽 회로의 퓨즈 단선
④ 헤드라이트 스위치 불량

> **HINT** ④ 헤드라이트가 한쪽만 점멸되는 원인으로는 전구를 용량에 맞지 않는 것을 사용하거나 단선처럼 접촉이 불량한 것이 원인이 될 수 있다.

5 세미실드빔 형식의 전조등을 사용하는 건설기계 장비에서 전조등이 점등되지 않을 때 가장 올바른 조치 방법은?

① 렌즈를 교환한다.
② 반사경을 교환한다.
③ 전조등을 교환한다.
④ 전구를 교환한다.

> **HINT** ④ 세미실드빔 형은 전구만을 교체할 수 있으며, 실드빔 형식은 램프 유닛 전체를 교환하여야 한다.

1.③ 2.③ 3.③ 4.④ 5.④

4 계기장치

(1) 계기판

① 계기판(Instrument Panel) : 계기판은 운행 중 차량의 작동 상태와 이상 유무를 확인하는 곳으로 쉽게 알아볼 수 있어야 한다. 표시방법은 바늘을 이용한 지침식이나 형광식이 사용된다.

② 계기판의 구성

구분	내용
속도계	차량의 운전 속도를 표시해주는 계기이다.
연료계	잔존 연료의 양을 표시하는 계기이다. 연료 탱크 속에 들어 있는 기름의 높이를 측정하는 방식으로 직접지시와 원격지시 방식이 있다.
적산 거리계	속도계 내부에 있는 것으로 현재까지의 주행 거리의 합계를 표시하는 거리계이다.
수온계	냉각수의 온도를 체크하는 계기이다.
엔진 회전계	1분당 엔진 회전수(rpm)를 나타는 것으로 적정한 변속시기를 선택하고 엔진의 과회전 또는 과부하를 방지하는 역할을 한다.

발전기가 축전지를 정상적인 범위 내에서 충전중이라면 전류계의 바늘은 (+)를 가리키며, 지침이 (-)라면 충전계통에 이상이 발생한 경우이다.

오일 경고등이 들어오는 경우
- 오일압력이 규정치 이하인 경우
- 오일량이 부족한 경우
- 엔진오일 통로에 슬러지가 과다한 경우
- 오일 필터가 막힌 경우

(2) 경고등

① 경고등 : 계기판의 경고등 색상 중 초록색은 안전, 붉은색은 위험을 나타내는 신호등과 같은 의미로 붉은색 경고등은 운전에 관해 매우 위험한 요소가 있을 경우 들어온다.

② 경고등의 종류

구분	내용
엔진오일 압력 경고등	엔진 오일의 압력이 낮은 경우에 들어온다.
예열 표시등	'돼지 꼬리'처럼 표시되는 예열 표시등은 예열 플러그의 상태를 표시해 준다. 시동이 'On' 상태가 되면 점등되고 예열이 완료되면 소등된다.
브레이크 경고등	주차 브레이크가 작동되어 있거나 브레이크액이 부족한 상태에서 점등이 된다.
엔진 경고등	엔진을 제어하는 장치의 이상이 생긴 경우 점등되는 표시등이다.
충전 경고등	배터리가 방전되거나 팬 벨트가 끊어진 경우, 또는 충전장치가 고장난 상태에서 점등되는 표시등이다.
연료 필터 수분 경고등	디젤 차량에 있는 표시등으로 연료 필터에 물이 규정량 이상으로 포함되어 있으면 점등된다.
저압 타이어 경고등	타이어의 공기압이 현저하게 낮은 경우 점등된다.

운전석 계기판의 모습

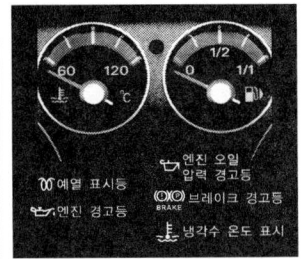

노란색 경고등은 운전자에게 주의하라는 의미를 가지며 안전에 관한 위험을 알려주는 신호이다. 초록색은 위험과는 직접적인 관련은 없고 차량 보조 기기들의 작동 상태를 나타낸다. 그래서 대부분 경고등이라고 하면 노란색과 빨간색 경고등을 의미한다.

확인학습

1 장비 기동 시에 충전계기의 확인 점검은 언제 하는가?

① 기관을 가동 중
② 주간 및 월간 점검 시
③ 현장관리자 입회 시
④ 램프에 경고등이 착등 되었을 때

HINT ① 발전기는 기관 운행 중에 축전지(Battery)를 충전하므로 기관을 가동되는 기간에 충전계기를 확인하여야 한다.

2 건설기계에서 사용되는 전기장치에서 과전류에 의한 화재예방을 위해 사용하는 부품으로 가장 적절한 것은?

① 콘덴서
② 저항기
③ 퓨즈
④ 전파방지기

HINT ③ 퓨즈(Fuse)는 전선이 합선 등에 의해 갑자기 높은 전류의 전기가 흘러 들어왔을 경우 규정 값 이상의 과도한 전류가 계속 흐르지 못하게 자동적으로 차단하는 장치이다.

3 퓨즈의 접촉이 나쁠 때 나타나는 현상으로 옳은 것은?

① 연결부의 저항이 떨어진다.
② 전류의 흐름이 높아진다.
③ 연결부가 끊어진다.
④ 연결부가 튼튼해진다.

HINT ③ 퓨즈가 자주 끊어지는 것은 과부하 또는 결함이 있는 장비의 단락표시이다. 사용하는 제품의 수를 줄이고 결함이 있는 장비를 교체하도록 조치한다.

4 전조등 회로의 구성품으로 틀린 것은?

① 전조등 릴레이
② 전조등 스위치
③ 디머 스위치
④ 플래셔 유닛

HINT ④ 전조등 회로에는 디머 스위치, 전조등 스위치, 퓨즈, 전조등 릴레이 등으로 구성되어 있다.

5 운전 중 배터리 충전 표시등이 점등되면 무엇을 점검하여야 하는가?(단, 정상인 경우 작동 중에는 점등 되지 않는 형식임)

① 충전계통 점검
② 엔진오일 점검
③ 연료수준 표시등 점검
④ 에어클리너 점검

HINT ① 충전표시등이 불이 들어온 것은 충전이 잘 되고 있지 않다는 표시이다.

6 다음 그림이 가리키는 것은?

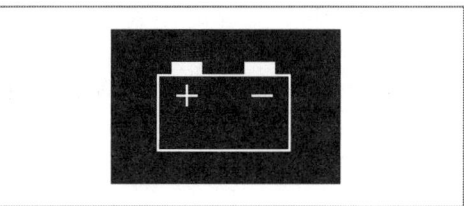

① 충전 경고등
② 예열 표시등
③ 브레이크 경고등
④ 오일 압력 경고등

HINT ① 그림은 충전 경고등이다.

1.① 2.③ 3.③ 4.④ 5.① 6.①

5 예열장치

(1) 디젤기관의 예열장치

① **예열 장치**(preheating system) : 디젤기관은 압축착화기관으로 겨울이나 추운 지역에서는 공기가 차갑기 때문에 흡입되는 공기가 착화되기 쉬운 적정 온도로 미리 가열하여야 시동이 잘 걸리게 된다. 예열장치는 차가운 환경에서 디젤기관이 쉽게 착화를 할 수 있게 만드는 장치로, 실린더 내에 공기를 가열하여 공기 온도를 높이기 위해서 연소실에 예열 플러그를 설치한다. 예열장치는 디젤기관에만 설치되어 있는 장치이다.

② **종류** : 예열장치에는 '예열 플러그형'과 '흡기 가열형'이 있다.

구분	대상
예열 플러그형	실린더 내에 압축공기를 직접 예열하는 방식
흡기 가열형	실린더에 흡입되는 공기를 미리 예열하는 방식

③ 예열 플러그형은 코일형과 실드형이 존재한다.
  ㉠ **코일형** : 히트 코일이 노출되어 있어 기계적 강도와 내부식성이 커야 한다. 적열시간이 짧고 전압 값이 낮은 것이 특징이다.
  ㉡ **실드형** : 실드형은 히트 코일을 보호 금속 튜브에 넣은 형식으로 전류가 흐르면 금속 튜브 전체가 열을 발산하는 구조이다.

④ **흡기 가열 방식** : 흡기가열방식은 실린더 내로 흡입되는 공기를 흡입 다기관에서 가열 하는 방식이며 흡기 히터와 히트 레인지가 있다.
  ㉠ **흡기 히트** : 연료 탱크와 흡기 히터로 구성되어 있으며 흡입 다기관 내에 설치된다.
  ㉡ **히트 레인지** : 히트 레인지는 흡입다기관에 설치된 열선에 전원을 공급하여 발생되는 열에 의해 흡입되는 공기를 가열하는 예열 장치이다.

예열 플러그 파일럿
적열 상태를 운전석에서 확인이 가능한 표시장치를 말한다. 표시등은 예열 플러그의 적열이 완료되면 소등된다.

히트 릴레이
예열 회로를 흐르는 전류가 크기 때문에 시동전동기 스위치의 손상을 방지하기 위해 설치한 부속이다.

기관 온도계의 눈금은 냉각수의 온도를 나타낸다.

확인학습

1. 기관에서 예열 플러그의 사용 시기는?
   ① 축전지가 방전되었을 때
   ② 축전지가 과다 충전되었을 때
   ③ 기온이 낮을 때
   ④ 냉각수의 양이 많을 때

   > HINT ③ 디젤기관은 압축착화기관으로 겨울이나 추운 지역에서는 공기가 차갑기 때문에 흡입되는 공기가 착화되기 쉬운 적정 온도로 미리 가열하여야 시동이 잘 걸리게 된다. 예열장치는 차가운 환경에서 디젤기관이 쉽게 착화를 할 수 있게 만드는 장치로, 실린더 내에 공기를 가열하여 공기 온도를 높이기 위해서 연소실에 예열 플러그를 설치한다. 예열장치는 디젤기관에만 설치되어 있는 장치이다.

2. 겨울철 디젤기관 시동이 잘 안 되는 원인에 해당하는 것은?
   ① 엔진오일의 점도가 낮은 것을 사용
   ② 4계절용 부동액을 사용
   ③ 예열장치 고장
   ④ 점화코일 고장

   > HINT ③ 디젤기관은 압축착화기관으로 겨울이나 추운 지역에서는 공기가 차갑기 때문에 흡입되는 공기가 착화되기 쉬운 적정 온도로 미리 가열하여야 시동이 잘 걸리게 된다. 예열장치는 차가운 환경에서 디젤기관이 쉽게 착화를 할 수 있게 만드는 장치로, 실린더 내에 공기를 가열하여 공기 온도를 높이기 위해서 연소실에 예열 플러그를 설치한다.
   > 따라서 예열 장치가 고장이 나면 겨울철에 시동이 잘 안 될 수 있다.

3. 디젤기관에서 시동을 돕기 위해 설치된 부품으로 맞는 것은?
   ① 과급 장치   ② 발전기
   ③ 디퓨저   ④ 히트레인지

   > HINT ④ 직접 분사실식에서 예열 플러그를 적당히 설치할 곳이 마땅치 않아 흡입 다기관에 히터를 설치하는데, 히트 레인지는 흡입다기관에 설치된 열선에 전원을 공급하여 발생되는 열에 의해 흡입되는 공기를 가열하는 예열 장치이다.

4. 예열플러그가 15~20초에서 완전히 가열되었을 경우의 설명으로 옳은 것은?
   ① 정상상태이다.
   ② 접지 되었다.
   ③ 단락 되었다.
   ④ 다른 플러그가 모두 단선되었다.

   > HINT ① 예열 플러그가 15~20초에 완전히 가열되는 것은 정상이다.

5. 연소실 내의 공기를 직접 가열하는 방식은?
   ① 흡기가열식
   ② 예열 플러그식
   ③ 공기식
   ④ 분사식

   > HINT ② 예열 플러그식은 연소실 내의 압축된 공기를 직접 예열하는 방식이다.

1.③ 2.③ 3.④ 4.① 5.②

핵심 CHECK! CHECK! **건설기계 전기장치**

- 차량의 시동을 걸면 축전지로부터 전기가 공급되어 시동 전동기가 기관의 플라이휠(Flywheel)을 돌리게 되는데, 이때 플라이휠에 연결된 크랭크축이 회전하면서 피스톤, 밸브가 같이 작동을 시작하면서 연료의 연소를 시작한다.
- 시동 모터(기동 전동기)는 축전지를 동력원으로 사용되는 시동장치로, 기어 감속식과 전자 피니언 섭동식이 있다.
- 축전지는 전기적 에너지를 화학적 에너지로 변화시켜 저장하였다가 필요할 때에는 전기적 에너지로 다시 변화시켜 사용하며, 점화장치, 시동 장치 외에도 등화장치, 계기류 등의 전원으로 사용한다.
- 납산 축전지는 (+)극에 과산화납(PbO_2)이, (−)극에는 납(Pb)을 사용하며, 전해액은 묽은 황산(H_2SO_4)이 쓰인다.
- 축전지는 충전과 방전을 반복하면서 축전량이 감소되는데, 충전장치는 축전지의 축전량을 유지할 수 있도록 주행 중에 축전지를 충전시키고, 축전지 이외의 전기장치에 전기를 보내는 역할을 한다.
- 납산 축전지(Battery)는 '정전류 충전' 방식을 사용하며, 축전지의 용량은 극판의 수와 두께, 크기, 전해액량이 많을수록 커지게 된다.
- 납산축전지를 장시간 방치하면 극판이 영구황산납으로 변화돼 사용이 불가능해진다.
- 축전지의 온도가 내려가면 반대로 비중이 올라가는 반비례 관계를 갖는다.
- 등화장치는 용도에 따라 신호용, 조명용, 경고용, 지시용으로 구분하며, 전조등은 조명등의 한 종류로서 야간의 안전 주행을 위한 등화장치이다.
- 계기판(Instrument Panel)은 운행 중 차량의 작동 상태와 이상 유무를 확인하는 곳으로 쉽게 알아볼 수 있어야 한다. 표시방법은 바늘을 이용한 지침식이나 형광식이 사용된다.
- 계기판의 경고등 색상 중 초록색은 안전, 붉은색은 위험을 나타내는 신호등과 같은 의미로 붉은색 경고등은 운전에 관해 매우 위험한 요소가 있을 경우 점등된다.
- 예열장치는 차가운 환경에서 디젤기관이 쉽게 착화를 할 수 있게 만드는 장치로, 디젤기관에만 설치되어 있는 장치이다.
- 방향 지시등의 한쪽만 점멸되거나 점멸속도가 빠르다면 전구 불량이거나 반대편으로 전류가 과도하게 흐르는 것이 원인이다.
- 발전기(제네레이터)에서 정상적인 충전이 되고 있다면 전류계의 지침은 (+)를 가리킨다.

건설기계 전기장치

단원확인문제

1 기관에서 크랭크축의 회전과 관계없이 작동되는 기구는?

① 발전기 ② 캠 샤프트
③ 워터 펌프 ④ 스타트 모터

> **HINT** ④ 내연기관은 스스로 시동을 걸 수 없으므로 시동전동기를 이용하게 된다. 스타트 모터(기동전동기)는 디젤기관을 최초 회전할 수 있게 하는 장치이다. 축전지의 전기에너지를 받아 작동하는 스타트 모터는 내부의 모터를 회전시켜 플라이휠을 돌려 기관이 스스로 작동할 수 있게 한다.
> ① ③ 크랭크축 앞 끝에는 캠축 구동용의 타이밍 기어, 타이밍 체인(벨트), 구동용 스프로킷과 워터 펌프 및 발전기 구동을 위한 크랭크축 풀리가 설치되어 있어 크랭크축의 운동에 따라 함께 작동한다.
> ② 캠 샤프트(Cam Shaft)는 크랭크축의 회전운동을 로커 암(Locker Arm)의 상하운동으로 변환시켜 흡기밸브와 배기밸브의 개폐를 조절하는 부품으로, 이 역시 크랭크 축과 함께 운동하는 장치이다.
> ※ 크랭크축(Crankshaft)은 피스톤의 왕복운동을 회전운동으로 바꾸는 기능을 하는 부품이다. 폭발행정에서 피스톤은 직선(왕복)운동을 하면서 하부에 연결된 크랭크축을 회전운동을 시키고, 크랭크축 후미에 설치된 플라이휠(Flywheel)이 전달받은 에너지를 다른 장치로 전달시킨다. 폭발행정 이외에서 크랭크축은 반대로 피스톤에 운동을 전달하며 밸브, 워터 펌프(Water Pump), 발전기 등을 구동시키는 역할을 한다.

2 기동 전동기의 전기자 코일에 항상 일정한 방향으로 전류가 흐르도록 하기 위해 설치한 것은?

① 다이오드 ② 로터
③ 정류자 ④ 슬립링

> **HINT** ③ 기동 전동기(Starting Motor)는 기관의 플라이휠을 충분한 속도로 돌리는데 사용하는 장비이다. 이 기동전동기 가운데 정류자(Commutator)는 브러시(Brush)에서 공급되는 전류를 한 방향으로만 흐르도록 설치되는 부품이다.

> ① 다이오드(Diode)는 교류 발전기에서 교류를 직류로 전환시키는 장치이다.
> ② 로터(Rotor)는 슬립링에 접촉된 브러시를 통해 회전자 코일에 전류를 흐르게 하여 전압을 발생시킨다.
> ④ 슬립 링(Slip Ring)은 전선으로 연결된 고정체와 회전체의 전기적 신호와 데이터, 전원 등을 공급하는 장치를 말한다.

3 기동 전동기의 시험 항목으로 맞지 않는 것은?

① 무부하 시험
② 회전력 시험
③ 저항 시험
④ 중부하 시험

> **HINT** ④ 기동 전동기(Start Motor)의 시험 항목은 무부하 시험, 회전력 시험, 저항 시험이 있으며 시험 목적은 기동전동기의 불량 유무를 판별하기 위한 것이다.
> ① 무부하 시험은 무부하 운전에 의한 시험으로 기동 전동기 단품을 돌려서 하는 시험법이다.
> ② 회전력 시험이란 규정 전압을 조정하여 기동 전동기의 정지 회전력을 측정하는 시험이다.
> ③ 저항 시험이란 정지 회전력의 부하상태에서 전류의 크기로 저항을 판정하는 시험이다.

4 다음 중 엔진이 기동되었을 때 스위치를 계속 돌릴 경우 나타나는 현상은?

① 점화코일의 소손
② 피니언 기어의 소손
③ 캠의 마멸
④ 클러치 디스크의 마멸

> **HINT** ② 엔진이 기동되었는데도 계속 스위치를 돌리면 피니언 기어가 소손된다.

ANSWER 1.④ 2.③ 3.④ 4.②

5 다음 중 축전지의 역할은?

① 전기를 축전한다.
② 저압을 고압으로 유도한다.
③ 전기를 배전시킨다.
④ 교류를 직류로 바꾸어준다.

> HINT ① 축전지는 발전기로부터 전기를 비축하였다가 자동차가 전기를 필요로 하는 경우 전류를 각 전기장치에 공급하는 역할을 한다.

6 교류발전기에서 전류가 발생되는 것은?

① 스테이터
② 전기자
③ 로터
④ 정류자

> HINT ① 교류발전기는 고정자(Stator), 로터(Rotor), 다이오드(Diode), 콘덴서(Condenser) 등으로 구성되어 있다. 교류 발전기에서 스테이터(Stator)는 철심과 코일로 구성되어 있으며, 전류가 발생되는 부분으로 3상 교류가 출력된다.

7 교류발전기에서 교류를 직류로 바꾸어 주는 것은?

① 계자
② 슬립링
③ 브러시
④ 다이오드

> HINT ④ 교류발전기에서 다이오드(Diode)는 교류를 직류로 변환하는 역할을 하며, 전류를 한 방향으로만 흐르게 하여 역류를 방지한다.
> 다이오드의 종류에는 단지 순방향으로 전류가 잘 흐르는 성질을 이용하는 정류 다이오드 이외에도 정전압 다이오드, 발광 다이오드, 가변 용량 다이오드 등 여러 가지로 쓰임새가 다양하다.

8 AC발전기에서 다이오드의 역할로 가장 적합한 것은?

① 교류를 정류하고 역류를 방지한다.
② 전압을 조정한다.
③ 여자 전류를 조정하고 역류를 방지한다.
④ 전류를 조정한다.

> HINT ① 다이오드는 전류를 한쪽으로만 잘 흐르게 하는 정류 특성이 있어 전원 장치에서 교류 전류를 직류 전류로 바꾸는 정류기나 라디오의 검파 회로 등에 사용된다. 정류(Rectification)란 교류를 직류로 변환하는 것을 말한다. 교류발전기(AC generator)에서 다이오드(Diode)는 교류를 직류로 변환하는 역할을 하며, 전류를 한 방향으로만 흐르게 하여 역류를 방지한다.

9 기동전동기 동력전달 기구인 벤딕스식의 설명으로 적합한 것은?

① 전자력을 이용하여 피니언 기어의 이동과 스위치를 개폐시킨다.
② 피니언의 관성과 전동기의 고속회전을 이용하여 전동기의 회전력을 엔진에 전달한다.
③ 오버런닝 클러치가 필요하다.
④ 전기자 중심과 계자 중심을 옵셋시켜 자력선이 가까운 거리를 통과하려는 성질을 이용한다.

> HINT ② 벤딕스식은 기동전동기가 무부하에서 피니언의 관성을 고속으로 회전하는 성질을 이용한 방식이다.

10 회로에서 접촉저항을 제일 적게 받는 곳은?

① 배선의 모든 부분
② 배선의 중간 부분
③ 배선의 스위치 부분
④ 배선의 연결 부분

> HINT ② 배선의 중간 부분이 가장 접촉저항이 적다.

ANSWER　5.①　6.①　7.④　8.①　9.②　10.②

11 전류의 3대작용이 아닌 것은?

① 발열작용
② 자기작용
③ 물리작용
④ 화학작용

> HINT ③ 전류의 3대 작용은 화학작용, 자기작용, 발열작용이다.

12 납산축전지를 오랫동안 방전상태로 두면 사용하지 못하게 되는 원인은?

① 극판이 영구 황산납이 되기 때문이다.
② 극판에 산화납이 형성되기 때문이다.
③ 극판에 수소가 형성되기 때문이다.
④ 극판에 녹이 슬기 때문이다.

> HINT ① 배터리가 방전된 상태에서 오랜 시간이 지나게 되면, 두 극의 황산납이 영구 황산납으로 변하게 되고, 영구 황산납이 된 부분은 충전을 하더라도 충전이 가능한 본래의 과산화납이나 해면상납으로 돌아오지 않는다. 즉, 납산축전지의 전체 극판 면적 중에서 영구 황산납으로 변한 부분만큼 더 이상 충전이 되지 않는다.

13 납산축전지를 충전할 때 화기를 가까이 두면 위험한 이유는?

① 수소가스가 폭발성 가스이기 때문에
② 산소가스가 폭발성 가스이기 때문에
③ 수소가스가 조연성 가스이기 때문에
④ 산소가스가 인화성 가스이기 때문에

> HINT ① 납산충전지는 가격이 싸며 제작이 쉽게 때문에 많이 사용된다. 다만, 무게가 무겁고 수명이 짧은 단점이 있다. 납산 충전지를 충전할 경우 전해액 온도가 45℃를 넘기게 되면 수소가스가 발생하여 폭발의 위험성이 있다. 따라서 통풍이 잘되는 곳에서 충전을 하여야 하며, 충전 중에는 충격을 가해서는 안 된다. 또한 화기 등을 멀리 해야 한다.

14 건설기계장비의 축전지 케이블 탈거(분리)에 대한 설명으로 적합한 것은?

① 절연되어 있는 케이블을 먼저 탈거한다.
② 아무 케이블이나 먼저 탈거한다.
③ (+)케이블을 먼저 탈거한다.
④ 접지되어 있는 케이블을 먼저 탈거한다.

> HINT ④ 축전지 케이블을 분리하는 경우에는 우선 시동 스위치를 포함하여 차량의 모든 스위치를 OFF시켜 놓아야 하며, 축전지에서는 폭발성이 강한 수소가스가 발생하므로 담배나 불꽃 등의 화기를 멀리 해야 한다.
> 축전지를 분리하는 경우 가장 먼저 엔진을 정지시킨다. 케이블을 분리하는 경우 접지되어 있는 '(-)단자'부터 떼어 내어야 하는데, '(+)단자'부터 먼저 분리하다 차체에 접촉되면 합선으로 전기/전자장치에 손상을 줄 수 있기 때문이다. 부착시키는 경우에는 반대로 '(+)단자'부터 접속하며, 나중에 '(-)단자'를 나중에 접속한다.

15 축전지의 용량이 영향을 미치는 것이 아닌 것은?

① 극판의 크기
② 셀 기둥단자의 +, - 표시
③ 전해액의 비중
④ 극판의 수

> HINT ② 축전지의 용량은 극판의 수와 두께, 크기, 전해액량이 많을수록 커지게 된다.

16 축전지의 충·방전 작용으로 맞는 것은?

① 화학작용   ② 전기작용
③ 물리작용   ④ 환원작용

> HINT ① 축전지는 서로 다른 종류의 금속 전극을 전해액이 들어 있는 용기에 넣은 것으로, 두 전극에 부하를 걸면 전극과 전해액 사이에 화학작용이 일어나면서 생긴 전위차에 의하여 전류가 흐르게 된다.

ANSWER   11.③ 12.① 13.① 14.④ 15.② 16.①

17 축전지의 전해액을 보충하기 적합한 것은?

① 황산 ② 증류수
③ 알칼리수 ④ 비타민

> HINT ② 전해액은 증류수를 부어 사용한다.

18 납산축전지에 증류수를 자주 보충시켜야 한다면 그 원인에 해당될 수 있는 것은?

① 충전 부족이다.
② 극판의 황산화가 진행되었다.
③ 과충전 되고 있다.
④ 과방전 되고 있다

> HINT ③ 충전(Charge)이란 전기에너지를 화학에너지로 변환하는 과정을 말한다. 배터리 충전은 엔진이 시동이 걸린 후 발전기(Generator)에 의해 진행된다.
> 납산 축전지는 매 충전 시마다 증류수를 사용하여 전기분해를 하며, 전기분해 시마다 증류수가 소비되기 때문에 증류수를 조금씩 보충해주어야 한다. 문제처럼 너무 자주 보충해주어야 한다면 충전지가 과충전이 되어 증류수의 사용이 많다고 유추할 수 있다.

19 다음 램프 중 조명용인 것은?

① 제동등
② 번호판등
③ 전조등
④ 후미등

> HINT ③ 전조등은 야간에 자동차가 안전하게 주행을 할 수 있도록 전방을 시야 확보를 위한 조명등이다.
> 등화 램프는 조명용과 신호용으로 구분된다. 조명용은 어두운 한경에서 주행 시 시야를 확보하기 위한 것으로 전조등과 안개등이 있다.
> 신호용은 차량의 움직임을 다른 사람이나 자동차에게 알기 위한 것으로 후미등, 제동등, 방향지시등, 번호등, 차폭등이 있다.

20 건설기계의 전조등 성능을 유지하기 위하여 가장 좋은 방법은?

① 단선으로 한다.
② 복선식으로 한다.
③ 축전지와 직결시킨다.
④ 굵은 선으로 갈아 끼운다.

> HINT ② 자동차의 등화장치는 복선식과 단선식을 사용한다. 복선식은 큰 전류가 흐르는 회로에 사용하며 전선으로 접지하는 방식으로, 건설기계에 사용되는 전조등은 복선식을 사용하는 것이 적절하다.
> ① 단선식은 부하의 한 쪽을 차체에 접지하는 방식으로 주로 작은 전류가 흐르는 회로에 사용된다.

21 운전 중 계기판에 충전 경고등이 들어온 경우 그 원인은?

① 정상적으로 충전이 되고 있다는 뜻이다.
② 충전이 되지 않고 있음을 나타낸다.
③ 충전계통에 이상이 없음을 나타낸다.
④ 주기적으로 점등되었다가 소등되는 것이다.

> HINT ② 배터리가 방전되었거나 팬 벨트가 끊어지거나 충전장치가 고장 났을 때 충전 경고등에 불이 들어온다.

22 운전석 계기판에 아래 그림과 같은 경고등이 점등되었다면 가장 관련이 있는 경고등은?

① 엔진오일 압력 경고등
② 엔진오일 온도 경고등
③ 냉각수 배출 경고등
④ 냉각수 온도 경고등

ANSWER 17.② 18.③ 19.③ 20.② 21.② 22.①

🔸 HINT ① 그림은 '엔진오일 압력 경고등'이다. 엔진오일 압력경 고등은 엔진 오일의 압력이 낮은 경우로 계속 주행 시 엔진에 치명적인 손상을 일으킬 수 있다. 따라서 엔진오일 압력경고등이 점등되면 더 이상 주행을 하지 말고 안전한 장소에 정차 후 시동을 끄고 오일 양이 정상인지 확인 후 부족 시 보충 후에도 경고등이 점등된다고 하면 가까운 정비업소에 들러 점검을 받아야 한다.

23 일반적인 축전지 터미널의 식별법으로 적합하지 않은 것은?

① (+), (−)의 표시로 구분한다.
② 터미널의 요철로 구분한다.
③ 굵고 가는 것으로 구분한다.
④ 적색과 흑색 등 색으로 구분한다.

🔸 HINT ② 축전지(Battery)의 터미널(Terminal)이란 배터리 (+), (−)극을 연결하는 단자를 가리킨다. 배터리 터미널은 장착 시 움직임이 없도록 견고하게 설치되어야 하며, 배터리 단자에 하얀색의 백태가 발생하지 않도록 관리를 해야 한다. 백태가 발생했으면 깨끗이 청소하여 그리스를 약간 바른 후 단단히 체결하도록 한다. 배터리를 교체하는 경우 케이블을 분리할 때에는 (−)부터 탈착하고, 설치하는 경우에는 (+)를 먼저 부착하도록 한다.
① 축전지(Battery)의 터미널(Terminal)이란 배터리 (+), (−)극을 연결하는 단자를 가리킨다. 납 합금으로 되어 있으며 일반적으로 (−)극이 (+)극보다 더 많은 부식이 되어 있다.
③ (+)극이 (−)극보다 직경이 더 크다.
④ (+)극은 적색으로 표시되어 있으며 (−)극은 회색이다.

24 MF(Maintenance Free) 축전지에 대한 설명으로 적합하지 않는 것은?

① 격자의 재질은 납과 칼슘합금이다.
② 무보수용 배터리이다.
③ 밀봉 촉매 마개를 사용한다.
④ 증류수는 매 15일마다 보충한다.

🔸 HINT ④ MF 충전지(Maintenance Free Battery)는 유지와 보수가 별도로 필요하지 않는 충전지이다. 납산 충전지는 전해액이 묽은 황산으로 되어 있어 시간이 지나면 증발로 주기적인 유지와 보충이 필요하지만, MF 축전지는 칼슘 성분이 첨가된 특수한 극판을 사용해서 배터리액이 증발하지 않는다. 따라서 증류수를 보충할 필요가 없다.

25 축전지의 자기방전량 설명으로 적합하지 않은 것은?

① 전해액의 온도가 높을수록 자기방전량은 작아진다.
② 전해액의 비중이 높을수록 자기방전량은 크다.
③ 날짜가 경과할수록 자기방전량은 많아진다.
④ 충전 후 시간의 경과에 따라 자기방전량의 비율은 점차 낮아진다.

🔸 HINT ① 자기방전이란 축전지에 부하가 없어도 방전을 일으키는 상태를 말한다. 축전지의 온도가 높을수록 자기방전량은 증가한다.
전해액은 비중은 전해액의 온도에 따라 달라진다. 온도가 높으면 비중은 낮아지고, 온도가 낮으면 비중은 높아진다. 또한 전해액의 비중은 방전량이 많을수록 낮아진다.

26 빛을 받으면 전류가 흐르지만 빛이 없으면 전류가 흐르지 않는 전기 소자는?

① 발광 다이오드
② 포토 다이오드
③ 제너 다이오드
④ PN 접합 다이오드

🔸 HINT ② 포토 다이오드는 빛에너지를 전기에너지로 변환하는 반도체 다이오드의 일종으로 빛을 받으면 전류가 흐르지만 빛이 없으면 전류가 흐르지 않기 때문에 광다이오드라고도 불린다.

ANSWER 23.② 24.④ 25.① 26.②

27 디젤엔진의 예열장치에서 연소실 내의 압축공기를 직접 예열하는 형식은?

① 히트릴레이식
② 예열플러그식
③ 흡기히터식
④ 히트레인지식

> HINT ② 예열장치에는 '예열 플러그식'과 '흡기 가열식'이 있다. 이 가운데 예열 플러그식은 실린더 내에 압축공기를 직접 예열하는 방식이며, 흡기 가열식은 실린더에 흡입되는 공기를 미리 예열하는 방식이다.

28 축전지의 케이스와 커버를 청소할 때 사용하는 용액으로 가장 옳은 것은?

① 비누와 물
② 소금과 물
③ 소다와 물
④ 오일과 가솔린

> HINT ③ 축전지 외부는 대부분 플라스틱으로 되어 있고 커버와 케이스는 접착제로 붙어 있다. 축전지 케이스와 커버 세척은 소다(탄산나트륨)와 물 또는 암모니아수(NH_3)로 한다. 소다는 탄산나트륨(Na_2CO_3)을 부르는 명칭으로, 물에 잘 녹으며 습기를 흡수하는 성질이 있다.

29 시동키를 뽑은 상태로 주차했음에도 배터리에서 방전되는 전류를 뜻하는 것은?

① 충전전류
② 암전류
③ 시동전류
④ 발전전류

> HINT ② 암전류(Background current)란 자동차의 시동을 끄거나 전원을 차단했을 때에도 작동이 멈추지 않도록 계속 공급되는 전류를 말한다.

30 AC 발전기에서 전류가 흐를 때 전자석이 되는 것은?

① 계자 철심
② 로터
③ 스테이터 철심
④ 아마추어

> HINT ② 교류발전기(AC 제너레이터)에서 로터는 자속을 발생시키는 부분으로 직류발전기의 계자에 해당한다.
>
> ※ 교류발전기의 구성
>
> | 구성 | 내용 |
> |---|---|
> | 로터 | 자속을 발생시키는 부분으로 직류발전기의 계자에 해당한다. |
> | 정류기 (다이오드) | 스테이터(고정자)에 유도된 교류를 직류로 변환시킨다. 직류발전기의 정류자에 해당한다. |
> | 전압조정기 | 발전기의 전압을 입력 전압의 변동 혹은 부하 변동에 상관없이 요구된 한도 내로 유지시킨다. |
> | 브러시 (Brush) | 슬립링과 접촉하여 전류를 공급하는 역할을 한다. |

31 건설기계용 납산 축전지에 대한 설명으로 틀린 것은?

① 화학에너지를 전기에너지로 변환하는 것이다.
② 완전 방전 시에만 재충전한다.
③ 전압은 셀의 수에 의해 결정된다.
④ 전해액 면이 낮아지면 증류수를 보충하여야 한다.

> HINT ② 납산 축전지는 매 충전시마다 증류수를 사용하여 전기분해를 하며 전기분해시마다 증류수가 소비되기 때문에 증류수를 보충해주어야 한다. 건설기계용 납산 축전지는 발전기(generator)에 의해 충전이 된다. 납산 축전지는 내부에 6개의 납으로 된 셀(cell)이 있으며, 내부에는 전해액인 황산이 들어 있다.

ANSWER 27.② 28.③ 29.② 30.② 31.②

32 방향지시등의 한쪽 등 점멸이 빠르게 작동하고 있을 때, 운전자가 가장 먼저 점검하여야 할 곳은?

① 플래셔 유닛
② 전구(램프)
③ 콤비네이션 스위치
④ 배터리

> HINT ② 방향지시등의 한쪽만 점멸되고 있는 상태라면 전구의 접촉이 불량하거나 점멸되지 않는 쪽의 전구부분의 전류가 흐르지 못하는 것이라 볼 수 있다.

33 다음 그림이 가리키는 것은?

① 충전 경고등
② 브레이크 경고등
③ 냉각수 수온 경고등
④ 오일 압력 경고등

> HINT ③ 그림은 냉각수 수온 경고등이다.

ANSWER 32.② 33.③

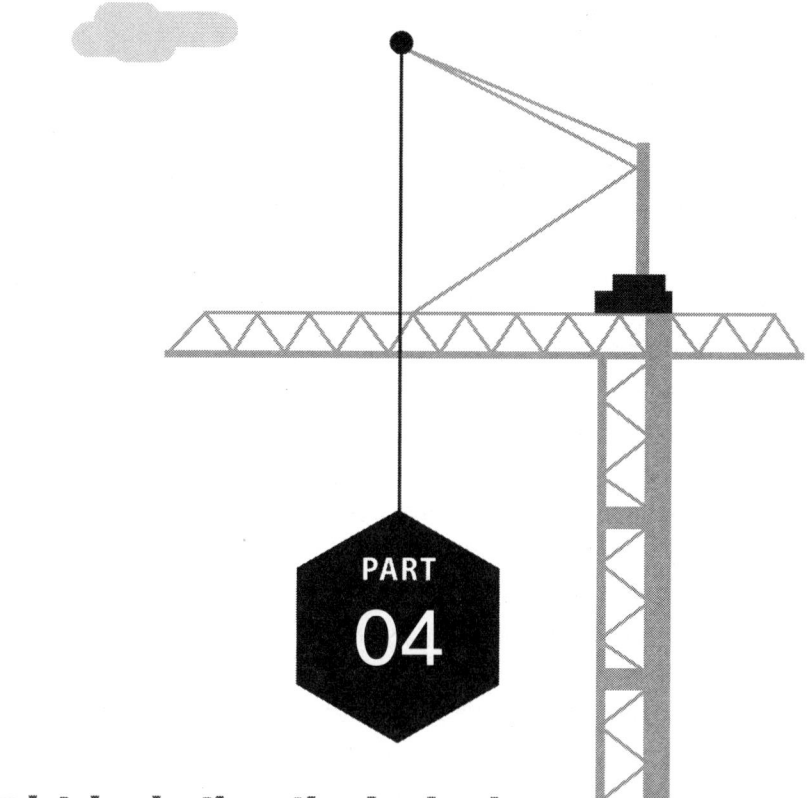

PART 04

건설기계 섀시장치

04 건설기계 섀시장치

1 동력전달장치

(1) 동력전달장치

① **동력전달장치** : 동력전달장치란 기관에서 발생한 출력을 자동차의 주행 상태에 알맞게 변화시켜 구동바퀴까지 전달하는 것을 말한다.

② **동력전달장치의 구성** : 동력전달장치는 전륜구동(FF Type)과 후륜구동(RR Type) 그리고 사륜구동(4WD)처럼 동력 전달 방식에 따라 약간의 차이점은 보이지만 기본 구성은 변속기, 구동축, 종감속장치, 차동장치, 바퀴 등으로 구성되어 있다.

   ㉠ **변속기**(Transmission) : 변속기는 엔진의 동력을 자동차 주행 상태에 맞도록 기어의 물림을 변경시켜 속도를 바꾸어 구동바퀴에 전달하는 장치이다. 즉 주행 상황에 맞도록 속도의 가감을 조정하는 장치로서 자동변속기와 수동변속기, 무단변속기(CVT)가 있다.

   ㉡ **구동축** : 구동축은 동력을 바퀴에 전달하는 장치로서 추진축과 차축으로 구성되어 있다.

구분	내용
추진축	프로펠러 샤프트(Propeller Shaft)라고도 불리는 추진축은 변속기로부터 최종감속기어까지 동력을 전달하는 축이다.
차축	차축(Driver Shaft)이란 바퀴를 사이에 두고 차량의 중량을 지지하는 부분을 말한다.

   ㉢ **종감속장치** : 종감속기어는 추진축에 전달되는 동력을 직각이나 또는 직각에 가까운 각도로 바꾸어 뒤 차축에 전달하며 기관의 출력, 구동 바퀴의 지름 등에 따라 적합한 감속비로 감속하여 토크(회전력)를 증대시키는 역할을 한다.

   ㉣ **차동장치**(Differential Gear) : 차동장치는 바퀴(Wheel) 형식에 자동차가 회전하고 있을 때, 좌우 바퀴 회전수를 변화시켜 안정적인 주행을 가능케 하는 장치를 말한다.

추진축의 구성
추진축은 유니버설 조인트, 토크 전달기능을 하는 스플라인(Spline) 및 추진축에 가해지는 진동을 지지하는 센터 서포트 베어링 등으로 구성되어 있다. 축 가운데는 유니버설 조인트(Universal Joint)로 연결되어 프로펠러 샤프트 앞부분과 뒷부분을 유연하게 연결해준다.

차축의 구성
종감속기로부터 바퀴로 구동력을 전달하는 회전축으로 앞바퀴 쪽에 위치한 앞 구동차축과 뒷바퀴에 위치한 뒤 구동차축으로 나뉜다. 앞 차축은 차량이 방향을 원활하게 주행할 수 있도록 굴곡각도가 40° 이상이 될 수 있도록 고정형 등속 조인트가 주로 사용된다.

동력전달순서
피스톤 → 커넥팅로드 → 크랭크축 → 클러치

자동차의 구동방식에 의한 구분

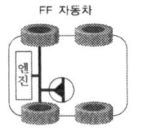
FF 자동차

FR 자동차

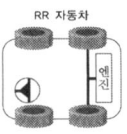
RR 자동차

4WD 자동차

확인학습

1. 엔진에서 발생한 동력을 자동차의 주행 상태에 알맞게 변화시켜 구동 바퀴에 전달하는 역할을 하는 것은?

① 동력전달장치
② 조향장치
③ 현가장치
④ 전기장치

> HINT ① 동력전달장치란 기관에서 발생한 출력을 자동차의 주행 상태에 알맞게 변화시켜 구동바퀴까지 전달하는 것을 말한다.

2. 동력을 전달하는 계통의 순서를 바르게 나타낸 것은?

① 피스톤→커넥팅로드→클러치→크랭크축
② 피스톤→클러치→크랭크축→커넥팅로드
③ 피스톤→크랭크축→커넥팅로드→클러치
④ 피스톤→커넥팅로드→크랭크축→클러치

> HINT ④ 기관 실린더 내에서 연소에 의해 만들어진 동력은 피스톤과 커넥팅 로드를 차례로 전달되면서 크랭크축과 플라이휠을 회전시키고, 기관에서 발생한 동력을 연결하고 차단하는 클러치로 전달되어 엔진의 회전력을 구동바퀴에 전달 및 차단하게 된다.
> ※ 동력전달장치의 구성

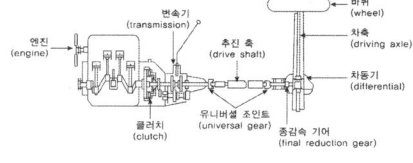

3. 주행 중에 선회하거나 각 바퀴의 회전수의 차이가 나도록 하여 원활하게 주행을 하게 하는 장치는?

① 현가장치
② 조향장치
③ 기어장치
④ 차동장치

> HINT ④ 차동장치에 대한 설명이다.
> 자동차가 회전을 하는 경우, 안쪽 바퀴와 바깥쪽 바퀴를 비교해보면 바깥쪽 바퀴는 안쪽 바퀴보다 더 많이 회전을 해야 미끄러지지 않게 된다. 또한 요철(오목함과 볼록함)이 심한 도로를 주행하는 경우에도 좌우 바퀴 회전 수가 변화하지 않으면 안정적인 주행이 될 수 없다. 차동장치는 차량이 선회하거나 표면이 거친 도로를 주행할 때 자동으로 좌우 바퀴 회전을 조절하는 역할을 하여 안정적인 주행을 가능케 한다.

4. 엔진의 플라이휠과 수동 변속기 입력축 사이에 설치되며, 엔진의 동력을 변속기에 전달하거나 끊는 역할을 하는 부품은 무엇인가?

① 유성기어
② 댐퍼 풀리
③ 클러치
④ 토크 컨버터

> HINT ③ 클러치에 대한 내용이다. 클러치는 엔진의 플라이휠과 변속기 사이에 설치되어 엔진의 회전력을 구동바퀴에 전달 및 차단하는 역할을 한다.

5. 타이어식 건설기계장비에서 동력전달 장치에 속하지 않는 것은?

① 클러치
② 종감속 장치
③ 트랙
④ 타이어

> HINT ③ 트랙은 트랙형식 건설기계에 사용된다. 트랙형식의 건설기계장치는 바퀴 대신 트랙이 장착되어 있다.

1.① 2.④ 3.④ 4.③ 5.③

2 변속기와 기타 장치

(1) 변속기

① 변속기(Transmission)

㉠ 변속기는 엔진의 동력을 자동차 주행 상태에 맞도록 기어의 물림을 변경시켜 속도를 바꾸어 구동바퀴에 전달하는 장치이다. 즉 주행 상황에 맞도록 속도의 가감을 조정하는 장치로서 자동변속기와 수동변속기, 무단변속기(CVT)가 있다.

구분	내용
자동변속기	자동변속기는 클러치 페달이 없어 주행 중 변속조작이 필요 없으므로 편리한 운전으로 피곤함을 줄여준다. 그러나 수동 변속기에 비해 구조가 매우 복잡하여 제작비가 많이 소요되며 아울러 가격이 고가이다. 자동변속기는 토크 변환기(Torque Converter)를 비롯하여 유성기어, 변속제어 장치, 전자제어기구 장치 등으로 구성되어 있다.
수동변속기	클러치 페달을 이용하여 운전자 조작에 의해 수동으로 변속비(Gear Ratio)를 변화시키는 장치이다. 즉 수동 조작에 의해 바퀴를 역회전(Reverse)시키고 동력전달을 끊는 등의 기능을 한다.
무단변속기	변속비를 자동으로 제어하여 무단계로 변속할 수 있는 장치이다.

㉡ 변속기의 구분

구분	내용
점진 기어식	운전 중에 변속이 제1속에서 제2속, 제3속 등 순서대로 이루어지는 방식이다. 주로 오토바이에 사용된다.
상시 물림식	주축의 스플라인에 끼워진 슬라이딩 기어를 미끄럼 이동시켜 부축 기어에 물리게 하는 방식이다.
슬라이딩식	주축 기어와 부축 기어가 항상 물려 있는 상태로 작동하는 방식이다. 주로 버스와 같은 대형차량에 사용된다.
동기물림식	주축 기어와 부축 기어가 항상 물려 있으며, 변속할 때 변속을 원활하게 하기 위하여 동기물림기구를 사용한다.

② 토크 컨버터(토크 변환기)

구분	내용
토크 컨버터의 역할	자동변속기의 구성요소인 토크 컨버터는 기관의 동력을 주행체(바퀴)에 전달하고, 회전 속도에 따라 토크(회전력)의 변화를 자동적으로 변환하는 역할을 한다. 토크 컨버터는 엔진의 토크(회전력)을 증대시켜 자동변속기에 전달함으로써 차량이 출발할 때 발진능력을 향상시킨다.
토크 컨버터의 구성	토크 컨버터는 크게 스테이터(Stator)와 터빈(Turbine), 펌프(Pump)로 구성되어 있다. 펌프(임펠러)를 통과한 오일은 터빈으로 들어가 회전하며 다시 스테이터로 흘러들어 토크가 변환된다. 즉, 펌프가 회전하며 오일이 터빈에 부딪히고, 다시 스테이터로 돌아와 오일 방향이 펌프 회전 방향으로 변하면서 회전력을 증대시킨다.

유성기어장치
유성기어장치는 자동변속기를 이루는 부속으로 자동변속기는 유성기어장치를 조합하여 토크변환기, 유압 제어장치와 함께 변속기로 사용된다. 유성기어는 선 기어(Sun Gear), 유성 기어(Planetary Gear), 유성 기어 캐리어(Planetary Gear Carrier), 링 기어(Ring Gear)로 구성되어 있다. 이들 기어 중에서 1개를 고정시키고 나머지를 구동시키면 감속, 역전, 또는 증속이 되면서 변속기능을 하게 된다.

스테이터
토크 컨버터의 스테이터는 오일의 방향을 바꾸어 회전력을 증대시키는 역할을 한다.

토크컨버터 작동원리
토크 컨버터는 오일의 원심력에 의한 순환작용을 이용하여 동력을 전달시킨다.

변속기 기어가 빠지는 원인
• 기어의 물림이 덜 물렸을 때
• 변속기 록 장치가 불량할 때
• 기어의 마모가 심할 때

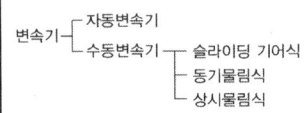

확인학습

1. 변속기의 구비조건이 아닌 것은?
   ① 회전수를 증가시킨다.
   ② 기관을 무부하 상태로 한다.
   ③ 역전이 가능하게 한다.
   ④ 회전력을 증대시킨다.

   > HINT ① 변속기는 주행 상태에 맞도록 기어의 물림을 변경시켜 전진과 후진을 위한 장치로 회전 수 증가와는 관련이 없다.

2. 변속기어에서 기어 빠짐을 방지하는 것은?
   ① 셀렉터   ② 인터록 볼
   ③ 로킹 볼   ④ 싱크로나이저 링

   > HINT ③ 로킹 볼은 기어변속을 하고서 빠지는 것을 방지하는 역할을 하며, 인터록 장치는 기어가 두 개 이상 물리는 것을 방지하는 역할을 한다.

3. 수동변속기가 장착된 건설기계에서 기어의 이중 물림을 방지하는 장치는?
   ① 인젝션 장치   ② 인터쿨러 장치
   ③ 인터록 장치   ④ 인터널 기어 장치

   > HINT ③ 인터록 장치는 기어가 두 개 이상 물리는 것을 방지하는 역할을 한다.

4. 엔진과 직결되어 같은 회전수로 회전하는 토크 컨버터의 구성품은?
   ① 터빈   ② 펌프
   ③ 스테이터   ④ 변속기 출력축

   > HINT ② 토크 컨버터는 크게 스테이터(Stator)와 터빈(Turbine), 펌프(Pump)로 구성되어 있다.
   > 토크 컨버터의 펌프는 드라이브 플레이트를 통해 크랭크샤프트와 연결되어 엔진이 작동하면 같이 회전하게 한다.

5. 자동변속기에서 토크 컨버터의 설명으로 틀린 것은?
   ① 토크 컨버터의 회전력 변화율은 3~5:1 이다.
   ② 오일의 충돌에 의한 효율 저하 방지를 위한 가이드 링이 있다.
   ③ 마찰클러치에 비해 연료소비율이 더 높다.
   ④ 펌프, 터빈, 스테이터로 구성되어 있다.

   > HINT ① 토크 컨버터의 토크 변환율은 1:1~2.5:1 정도이다.

6. 유성기어 장치의 구성요소가 바르게 된 것은?
   ① 평기어, 유성기어, 후진기어, 링기어
   ② 선기어, 유성기어, 랙크기어, 링기어
   ③ 링기어, 스퍼기어, 유성기어 캐리어, 선기어
   ④ 선기어, 유성기어, 유성기어 캐리어, 링기어

   > HINT ④ 자동차에 사용되는 유성기어장치는 자동변속기를 이루는 부속으로 자동변속기는 유성기어장치를 조합하여 토크변환기, 유압 제어장치와 함께 변속기로 사용된다. 유성기어는 선 기어, 유성 기어, 유성 기어 캐리어, 링 기어로 구성되어 있다.

7. 수동변속기가 장착된 건설기계장비에서 주행 중 기어가 빠지는 원인이 아닌 것은?
   ① 기어의 물림이 덜 물렸을 때
   ② 클러치의 마모가 심할 때
   ③ 기어의 마모가 심할 때
   ④ 변속기 록 장치가 불량할 때

   > HINT ② 클러치가 마모되면 클러치의 미끄럼 현상이 나타난다.

1.① 2.③ 3.③ 4.② 5.① 6.④ 7.②

(2) 클러치

① **클러치(Clutch)** : 수동 변속기를 사용하는 차량에서 출발 및 변속할 경우 기관에서 발생한 동력을 연결하고 차단하는 장치를 가리킨다. 클러치는 마찰 클러치와 전자클러치, 유압식 클러치가 있으며, 수동 변속기를 사용하는 차량에서는 유압식 마찰 클러치가 주로 사용된다.

② **클러치 역할** : 클러치는 엔진의 플라이휠과 변속기 사이에 설치되어 엔진의 회전력을 구동바퀴에 전달 및 차단하는 역할을 한다. 자동차의 경우 수동 변속 장치에서 기어를 변속할 때 클러치 페달을 밟아 동력을 차단한 뒤 속도와 힘을 변화시키기 위해 기어를 바꾼다.

③ **구비 요건** : 클러치는 구조가 간단하면서 열에 강한 것이 좋다. 또한 클러치는 동력의 전달이 완료 되었을 때에는 미끄러짐이 없이 동력을 신속 정확하게 차단해야 한다.

④ **클러치의 구조**

구분	내용
클러치 디스크 (클러치판)	플라이휠과 압력판 사이에 끼워져 마찰력에 의해 동력을 변속기에 전달하는 판을 말한다.
압력판	클러치 스프링 장력으로 클러치판을 플라이휠에 압착하여 그 마찰력으로 동력을 전달하는 부품이다. 압력판은 기관의 플라이휠과 항상 같이 회전을 한다.
클러치 축	클러치 축은 클러치판이 받은 동력을 변속기에 전달하는 축을 말한다.
릴리스 레버	클러치를 차단할 경우 한쪽 끝 부분이 눌리면 반대쪽은 클러치판을 누르고 있는 압력판을 분리시키는 역할을 하는 장치이다.
클러치 스프링	클러치 커버와 압력판 사이에 위치하여 압력판에 압력을 발생시키는 부품이다.
릴리스 베어링	릴리스 포크에 의해 클러치 축 방향으로 움직여 회전 중인 릴리스 레버를 눌러 클러치를 끊는 역할을 한다.
릴리스 포크	릴리스 베어링 칼라에 끼워져 릴리스 베어링에 페달의 조작력을 전달하는 작동을 한다.

⑤ **클러치의 원리** : 크랭크축의 회전은 플라이휠에 그 회전력을 전달하고 다시 변속기로 전달된다. 운전자가 클러치를 밟고 있거나 기어가 중립상태로 있을 경우에는 회전력이 변속기를 통해 바퀴로 전달되지 않는다. 클러치 페달을 밟게 되면 유압이 마스트 실린더로 전달되고 클러치 디스크가 분리되어 동력전달이 끊어진다. 반대로 기어를 중립상태에서 1단으로 바꾼 후 클러치 페달을 천천히 떼면 클러치 디스크가 플라이휠과 결합이 되면서 동력이 전달된다.

클러치 라이닝

클러치 라이닝(Clutch Lining)이란 클러치 디스크 양면에 붙어 있는 원판 모양의 마찰재를 말한다. 클러치 라이닝은 동력을 전달하는 부품으로서 마찰로 생기는 열의 영향을 받지 않고 내마모성이 뛰어난 재료로 만들어져야 한다.

클러치 용량

클러치 용량이란 클러치가 전달할 수 있는 토크 용량을 말하며 엔진의 최대 토크보다 1.5~2.5배의 용량으로 설계하도록 되어 있다.

클러치 기능
- 주행시 엔진의 동력을 구동 바퀴에 전달한다.
- 주행 중 동력을 차단시켜 변속을 가능케 한다.
- 엔진 시동시 동력을 차단한다.

클러치 미끄러짐 원인
- 플라이휠이나 압력판의 손상된 경우
- 반클러치를 과도하게 사용한 경우
- 클러치 스프링의 장력이 저하된 경우
- 디스크 라이닝이 약화된 경우

클러치 소음의 원인
- 릴리스 베어링의 마멸된 경우
- 비틀림 스프링의 파손된 경우
- 디스크 허브 스플라인이 마멸된 경우

확인학습

1. 수동변속기에서 클러치의 필요성으로 틀린 것은?

   ① 속도를 빠르게 하기 위해
   ② 변속을 위해
   ③ 기동의 동력을 전달 또는 차단하기 위해
   ④ 엔진 기동시 무부하 상태로 놓기 위해

   > HINT ① 클러치는 수동 변속기를 사용하는 차량에서 출발 및 변속할 경우 기관에서 발생한 동력을 연결하고 차단하는 장치로 엔진 가동시 무부하 상태로 만들고 변속시 동력을 차단한다.

2. 수동변속기에서 클러치의 구성품에 해당 되지 않는 것은?

   ① 클러치 디스크   ② 릴리스 레버
   ③ 어저스팅 암   ④ 릴리스 베어링

   > HINT ③ 어저스팅 암(Adjusting Arm)은 휠(Wheel)의 구성요소이다. ①②④는 모두 클러치의 구성품에 해당한다.

3. 기관의 플라이휠과 항상 같이 회전하는 부품은?

   ① 압력판   ② 릴리스 베어링
   ③ 클러치 축   ④ 디스크

   > HINT ① 압력판은 클러치 스프링 장력으로 클러치판을 플라이휠에 압착하여 그 마찰력으로 동력을 전달하는 부품이다.

4. 유체 클러치(fluid coupling)에서 가이드 링의 역할은?

   ① 와류를 감소시킨다.
   ② 터빈(turbine)의 손상을 줄이는 역할을 한다.
   ③ 마찰을 증대시킨다.
   ④ 플라이휠의 마모를 방지시킨다.

   > HINT ① 유체 클러치는 크랭크축에 펌프를 변속기 입력축에 터빈을 설치하고 오일의 와류를 방지하고자 가이드 링을 설치한다.

5. 클러치의 역할이 아닌 것은?

   ① 엔진의 시동을 걸 때 동력을 전달한다.
   ② 출발 시 엔진의 동력을 천천히 연결한다.
   ③ 주행 중 동력을 차단시켜 변속을 가능케 한다.
   ④ 주행 시 엔진의 동력을 구동 바퀴에 전달한다.

   > HINT ① 클러치는 엔진 시동 시 동력을 차단하는 역할을 한다.

6. 기계식 변속기가 장착된 건설기계장비에서 클러치가 미끄러지는 원인으로 맞는 것은?

   ① 클러치페달의 유격이 크다.
   ② 클러치 압력판 스프링이 약해졌다.
   ③ 릴리스 레버가 마멸되었다.
   ④ 파일럿 베어링이 마멸되었다.

   > HINT ② 클러치 압력판 스프링은 압력판에 압력을 가하는 역할을 하는데, 스프링의 장력이 약해져 느슨해지면 클러치가 미끄러지는 현상이 나타난다.

7. 클러치에서 압력판의 역할은?

   ① 엔진의 동력을 받아 속도를 조절한다.
   ② 제동 역할을 위해 설치한다.
   ③ 릴리스 베어링의 회전을 용이하게 한다.
   ④ 클러치판을 밀어서 플라이휠에 압착시키는 역할을 한다.

   > HINT ④ 압력판은 클러치 스프링 장력으로 클러치판을 플라이휠에 압착하여 그 마찰력으로 동력을 전달하는 부품이다.

1.① 2.③ 3.① 4.① 5.① 6.② 7.④

3 제동장치

(1) 제동장치

① **제동장치** : 자동차가 주행하고 있을 때 동력의 전달을 차단하여도 자동차는 정지하지 않고 관성에 의하여 어느 정도 주행을 계속하게 된다. 따라서 움직이는 자동차를 정지 또는 감속을 하려면 자동차가 지닌 속도에너지를 흡수하는 장치가 필요한데 이것이 바로 제동장치이다.

② **제동장치의 구성** : 제동장치는 주행 시 사용되는 주 브레이크와 주차 시 사용되는 주차 브레이크, 보조 브레이크 세 가지로 구분된다.

③ **브레이크(Brake)**
　㉠ 브레이크는 마찰 작용에 의하여 운동 에너지를 열에너지로 바꾸어 그 마찰력으로 제동하는 마찰식 브레이크가 사용된다. 브레이크는 작동하는 방식에 따라 공기식, 유압식, 배력식 등으로 구분된다.
　㉡ 브레이크 종류

구분	내용
공기식 브레이크	공기 압축기를 엔진의 힘으로 돌려 발생한 압축된 공기로 제동을 하는 방식이다.
유압식 브레이크	유압을 이용하여 브레이크를 작동시키는 방식이다. 가장 널리 사용되는 방식이다.
배력식 브레이크	자동차의 엔진에서 나오는 압축공기를 이용하여 강력한 제동력을 작동하는 방식이다.

(2) 주행 시 나타나는 현상

① **페이드(Fade) 현상** : 언덕길을 내려갈 경우 브레이크를 반복하여 사용하면 브레이크가 잘 작동하지 않는 상태가 나타나는데 이를 페이드 현상이라 한다. 이러한 현상이 발생하게 되는 이유는 브레이크 드럼의 온도가 상승하여 라이닝(브레이크 패드)의 마찰계수가 저하되어 제동력이 감소하기 때문이다. 페이드 현상을 방지하기 위해서는 엔진 브레이크를 사용하는 것이 적절하다.

② **베이퍼 록(Vapor Lock) 현상** : 브레이크액에 기포가 발생하여 브레이크가 제대로 작동하지 않는 현상이다. 유압식 브레이크의 휠 실린더나 브레이크 파이프 속에서 브레이크 오일이 기화하면 공기가 발생되어 페달을 밟아도 푹신푹신하고 유압이 전달되지 않아 브레이크가 작용되지 않는 현상을 말한다. 베이퍼 록 현상을 방지하기 위해서는 페이드 현상과 마찬가지로 엔진 브레이크를 사용한다.

관성
움직이는 물체는 계속 움직이려는 성질을 말한다.

제동장치의 요건
- 최고 속도에 대하여 충분한 제동력을 갖출 것
- 조작이 간편할 것
- 제동력이 우수할 것
- 브레이크가 작동하지 않을 경우 각 바퀴에 회전 저항이 없을 것

워터 페이드(Water Fade) 현상
브레이크 패드(라이닝)의 마찰재가 물에 젖어 마찰계수가 작아져 브레이크의 제동력이 저하되는 현상이다. 주로 물이 고인 도로에 자동차를 정차시켰거나 주행하였을 때 이러한 현상이 일어나며 브레이크가 전혀 작용되지 않을 수도 있다. 브레이크를 반복해서 밟으면서 천천히 주행하면 열에 의해서 라이닝의 마찰재가 건조하게 되어 브레이크가 회복된다.

노즈다운(Nose Down) 현상
자동차를 제동할 때 바퀴는 정지하고 차체는 관성에 의해 앞으로 이동하려는 성질 때문에 차체 앞부분이 내려가는 현상을 노즈다운 현상이라 한다.
이와 반대로 자동차가 정지상태에서 출발할 때 구동 바퀴는 이동하려 하지만 차체는 정지하고 있기 때문에 앞 범퍼 부분이 위로 들리는 현상을 노즈 업(Nose Up)이라 말한다.

확인학습

1. 자동차의 엔진에서 나오는 압축공기를 이용하여 강력한 제동력을 작동하는 방식의 브레이크는?

   ① 유압식 브레이크 ② 공기식 브레이크
   ③ 배력식 브레이크 ④ 기계식 브레이크

   > HINT ③ 배력식 브레이크는 자동차의 엔진에서 나오는 압축공기를 이용하여 강력한 제동력을 작동하는 방식이다.

2. 브레이크 파이프 내에 베이퍼 록(Vapor Lock)이 발생하는 원인과 가장 거리가 먼 것은?

   ① 드럼의 과열
   ② 지나친 브레이크 조작
   ③ 잔압의 저하
   ④ 라이닝과 드럼의 간극 과대

   > HINT ④ 베이퍼 록 현상은 브레이크액에 기포가 발생하여 브레이크가 제대로 작동하지 않는 현상이다.

3. 브레이크 작동이 안 되는 원인으로 가장 타당한 것은?

   ① 페달의 유격이 작을 경우
   ② 브레이크 오일 유출될 경우
   ③ 페달을 너무 세게 밟은 경우
   ④ 페달 유격이 적당한 경우

   > HINT ② 브레이크 오일이 누출될 경우 제동이 불능 상태에 빠진다.

4. 자동변속기가 장착된 건설기계의 주차시 관련사항으로 틀린 것은?

   ① 평탄한 장소에 주차시킨다.
   ② 시동 스위치의 키를 'ON'에 놓는다.
   ③ 변속레버를 'P'위치로 한다.
   ④ 주차 브레이크를 작동하여 장비가 움직이지 않게 한다.

   > HINT ② 시동 스위치의 키를 'OFF'로 둔다.

5. 긴 내리막을 내려갈 때 베이퍼록을 방지하기 위한 좋은 운전방법은?

   ① 변속 레버를 중립으로 놓고 브레이크 페달을 밟고 내려간다.
   ② 클러치를 끊고 브레이크 페달을 밟고 속도를 조절하며 내려간다.
   ③ 시동을 끄고 브레이크 페달을 밟고 내려간다.
   ④ 엔진 브레이크를 사용한다.

   > HINT ④ 베이퍼 록은 브레이크액에 기포가 발생하여 브레이크가 제대로 작동하지 않는 현상이다. 유압식 브레이크의 휠 실린더나 브레이크 파이프 속에서 브레이크 오일이 기화하여 페달을 밟아도 푹신푹신하고 유압이 전달되지 않아 브레이크가 작용되지 않는 현상을 말한다.
   > 베이퍼 록 현상을 방지하기 위해서는 페이드 현상과 마찬가지로 엔진 브레이크를 사용한다.

1.③ 2.④ 3.② 4.② 5.④

4 조향장치

(1) 조향장치

① **조향장치** : 조향장치란 자동차의 주행 방향을 운전자 요구대로 조정하는 장치이다. 즉 조향 휠(핸들)을 돌려 좌우의 앞바퀴를 주행하고자 하는 방향으로 바꿀 수 있다.

② **조향장치의 구성** : 조향 장치는 크게 조향 조작 기구, 조향 기어 기구, 조향 링크 기구 세 가지로 구성되어 있다.

③ **조향장치의 요건**
  ㉠ 고속 주행에서도 조향 휠이 안정적일 것
  ㉡ 방향 전환 시 섀시 및 차체에 무리한 힘이 작용하지 않을 것
  ㉢ 선회반지름이 작을 것
  ㉣ 선회 한 이후 복원력이 좋을 것

④ **조향 조작 기구** : 조향 조작 기구는 운전자의 조향 휠 조작력을 조향 기어 기구에 전달하는 부분으로 조향 휠(조향 핸들), 조향축, 조향 칼럼 등으로 구성되어 있다.

구분	내용
조향핸들	차량을 주행하는데 사용하는 장치를 말한다. 운전자가 손으로 잡는 림(Rim)과 내부에 장착된 에어백 등으로 구성되어 있다. 최근에는 운전자의 체형에 따라 핸들의 위치가 앞뒤로 조절할 수 있는 틸트 스티어링 휠이 보편적으로 적용된다.
조향축	조향핸들의 회전을 조향 기어에 전달하는 축으로 조향칼럼 내부에 들어 있다.
조향칼럼	운전대의 회전운동을 조향 기어 기구에 전달하는 장치를 말한다.

⑤ **조향 기어 기구** : 조향 기어 기구는 조향 휠에 의해 전달된 조작력의 방향을 변화시켜 주며, 동시에 조작력을 증대시켜 조향 링크 기구에 전달하는 부분이다. 조향 핸들을 움직이면 회전 운동이 조향축을 거쳐 조향 기어에 전달된다. 즉 핸들의 회전력이 조향 기어에서 감속되면서 조향 토크(회전력)를 변화시키며, 이 힘이 바퀴에 전달되어 자동차의 진행 방향을 변화시키는 것이다. 조향 기어의 종류로는 '웜 섹터 블럭식', '락 앤 피니언식', '볼너식' 등이 있다.

⑥ **조향 링크 기구** : 조향 링크 기구는 조향 휠에서 발생한 회전력을 조향축, 조향 기어를 거쳐 조향 너클 암까지 전달하는 기구이다. 링크 기구는 피트먼 암, 타이로드 엔드, 아이들러 암, 조향 너클 암 등으로 구성되어 있다.

⑦ **동력조향장치** : 동력조향장치(power steering system)는 대형차량의 핸들의 조작력을 가볍게 하도록 고안된 장치로 엔진의 동력으로 오일펌프를 구동하여 발생한 유압을 이용한다.

트랙형식 조향장치
트랙형식 건설기계에 사용되는 조향장치는 조향 클러치식과 주행모터식이 있다.

유압식 조향장치 조향핸들이 무거운 경우
- 작동유체의 오염
- 유압계통에 공기 혼입
- 유압 라인의 막힘
- 유압 라인의 누유

애커먼 장토식
선회시 안쪽과 바깥바퀴가 꺾이는 각도에 따라 차이가 생기어 선회할 때 좌우 앞바퀴의 조향각이 자동적으로 차이가 생기게 되는 것이다. 현재 사용되는 조향방식이다.

조향비
앞바퀴가 1° 회전하는데 필요한 조향핸들의 회전각도의 비를 말한다.

동력조향장치 사용시 장점
- 조작력을 작게 함
- 조향기어를 자유롭게 선택
- 노면의 충격에 의한 앞바퀴의 급속귀환을 방지
- 앞바퀴 시미현상을 감소

시미현상
양쪽 조향 차륜에 작용하는 주행 저항이 같지 않기 때문에 자동차의 앞부분이 좌우로 흔들리는 현상이다.

확인학습

1. 조향장치에서 양 바퀴를 같은 방향으로 움직이게 하는 부분은?

   ① 타이로드　　② 핸들 축
   ③ 피트먼 암　　④ 드래그 링크

   > HINT ① 타이로드는 토인을 조절하여 한 쪽 바퀴에 대한 방향조작이 다른 한 쪽까지 조작될 수 있도록 연결한 부분이다.

2. 조향핸들의 조작이 무거운 원인으로 틀린 것은?

   ① 유압유 부족 시
   ② 타이어 공기압 과다 주입 시
   ③ 앞바퀴 휠 얼라이먼트 조절 불량 시
   ④ 유압 계통 내의 공기 혼입 시

   > HINT ② 공기압이 과도할 경우에는 외부 충격으로부터 타이어가 쉽게 손상되고, 중앙 부분에서 조기 마모가 더 빠르게 진행된다.

3. 조향장치의 구비조건으로 아닌 것은?

   ① 선회 반지름이 커야 한다.
   ② 선회 한 이후 복원력이 좋아야 한다.
   ③ 방향 전환 시 섀시 및 차체에 무리한 힘이 작용하지 않아야 한다.
   ④ 고속 주행에서도 조향 휠이 안정적이어야 한다.

   > HINT ① 조향 장치는 자동차의 진행 방향을 운전자가 원하는 방향으로 바꾸어 주는 장치이다. 조향장치는 선회 반지름이 작아서 좁은 곳에서도 방향 전환을 할 수 있어야 하며, 다음과 같은 요건이 필요하다.
   >
   > | 조향장치 구비조건 |
   > | --- |
   > | 선회 반지름이 작을 것 |
   > | 고속 주행에서도 조향 휠이 안정적일 것 |
   > | 방향 전환 시 섀시 및 차체에 무리한 힘이 작용하지 않을 것 |
   > | 조향 휠의 회전과 바퀴 선회의 차가 크지 않을 것 |
   > | 선회 한 이후 복원력이 좋을 것 |

4. 건설기계에서 스티어링 클러치에 대한 설명으로 틀린 것은?

   ① 조향, 환향 클러치라고도 한다.
   ② 주행 중 진행 방향을 바꾸기 위한 장치이다.
   ③ 전달된 회전력을 좌우 별도로 단속할 수 있다.
   ④ 트랙이 설치된 장비는 동력을 끊은 반대쪽으로 돌게 된다.

   > HINT ④ 트랙 형식에 사용되는 조향장치는 좌우트랙에 전달되는 동력을 차단하는 스티어링 클러치 형식과 좌·우 트랙을 구동하는 유압 모터를 제어하여 방향을 전환하는 주행 모터식으로 구분한다. 스티어링 클러치 형식의 경우 2개의 조향 클러치가 접속 시 장비는 직진을 하며, 그 중 하나라도 접속이 없어지면 종감속 장치로 전달되는 동력이 줄어들거나 없어지면서 장비는 회전을 하게 된다.

5. 기계식 조향 장치에서 조향 기어의 구성품이 아닌 것은?

   ① 웜 기어　　② 실린더 링
   ③ 조정 스크류　　④ 섹터 기어

   > HINT ② 기계식 조향장치의 주요부속품은 조정스크류, 웜 기어, 섹터 기어이다.

6. 조향 핸들의 유격이 커지는 원인이 아닌 것은?

   ① 피트먼 암의 헐거움
   ② 타이로드 엔드 볼 조인트 마모
   ③ 조향바퀴 베어링 마모
   ④ 타이어 마모

   > HINT ④ 조향 핸들과 타이어의 마모는 관련성이 적다.

1.① 2.② 3.① 4.④ 5.② 6.④

(2) 휠 얼라인먼트(wheel Alignment)

① **휠 얼라인먼트** : 얼라인먼트(Alignment)란 '가지런함'을 나타내는 단어로, 휠 얼라인먼트란 자동차에 장착된 바퀴가 방향과 위치가 정위치에 있는 상태를 말한다. 우리나라말로 '차륜정렬', '앞바퀴 정렬' 등으로도 불린다.

② **휠 얼라인먼트의 역할** : 차의 휠(바퀴)과 타이어는 조향성을 좋게 하고 타이어의 마모를 최소화를 위해 특정한 각도를 가지고 있다. 그러나 차량은 주행 중 중력과 마찰, 원심력, 충격, 부품의 마모 등에 의해 각도에 변형이 일어나는데, 이를 바로 잡아주는 것이 휠 얼라인먼트이다. 휠 얼라인먼트 활동을 통해 차량을 최적 주행상태로 만들어주기 때문에 휠 얼라인먼트를 소홀히 할 경우 직진해야 하는 경우 차량의 중심이 비틀어진 상태로 주행되어, 선회가 잘 되지 않는 상황이 발생할 수 있다.

③ **휠 얼라인먼트 구성** : 휠 얼라인먼트는 토인(Toe-in), 캠버(Camber), 캐스터(Caster), 킹핀 경사각(King Pin Angle) 등의 요소로 이루어져 있다

㉠ 캠버
- 앞에서 바라보았을 때 수직선과 앞바퀴 중심선과의 1~2° 정도 기울어진 각도를 말한다.
- 캠버를 할 경우 주행시 앞바퀴에 쏠린 하중으로 인한 바퀴가 탈출하는 것을 방지할 수 있다.
- 조향휠의 조작력이 우수해진다.

㉡ 캠버
- 차량을 옆에서 바라봤을 때 조향축 중심선과 수직선의 각도를 말한다.
- 캐스터는 자동차가 전진할 때 앞바퀴에 자동적으로 직진방향으로 돌리려는 성질을 가지게 한다.
- 캐스터 복원 시 방향에 대한 안전성과 제어가 우수해진다.

㉢ 킹 핀의 경사각
- 바퀴를 앞에서 보았을 때 킹 핀의 중심선과 수직선이 이루는 각도를 말한다.
- 킹핀 경사각을 복원하면 핸들조작이 쉬워지며 핸들의 흔들림을 방지하고 복원성을 주어 직진위치로 쉽게 돌아오게 된다.

㉣ 토인
- 토인(Toe-in)이란 바퀴를 위에서 바라보았을 때 타이어의 중심 거리가 앞쪽이 뒤쪽보다 좁은 상태를 말한다. 반대로 바깥쪽으로 쏠린 것을 토 아웃(Toe Out)이라 한다.
- 토우인에 의해 안쪽으로 구르는 성질을 주어서 직진시의 주행성을 향상시켜 타이어의 마모를 막을 수 있다.

휠 얼라인먼트는 핸들조작과 타이어의 수명을 연장시켜서 차의 안전운행에 큰 도움을 준다.

휠 얼라인먼트의 목적
- 조향핸들의 조작을 가볍게 한다.
- 조향핸들을 보다 안전하게 만든다.
- 조향핸들 복원력을 높인다.

캠버

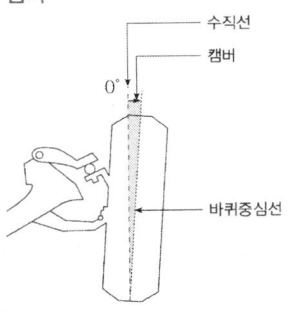

캠버의 상태

구분	상태
+	바퀴의 위쪽이 밖으로 기운 상태
−	바퀴의 위쪽이 안으로 기운 상태

확인학습

1 차량을 앞에서 보았을 때 알 수 있는 앞바퀴 정렬 요소는?

① 캠버, 토인
② 캐스터, 토인
③ 캠버, 킹핀 경사각
④ 토인, 킹핀 경사각

> HINT ③ 캠버는 앞에서 바라보았을 때 타이어의 윗부분이나 아랫부분이 안쪽 또는 바깥쪽으로 변형된 상태를 말하며, 킹핀의 경사각은 바퀴를 앞에서 보았을 때 킹핀의 중심선과 수직선이 이루는 각도를 말한다.

2 다음 중 휠 얼라인먼트의 요소가 아닌 것은?

① 캠버
② 토인
③ 맥동
④ 캐스터

> HINT ③ 휠 얼라인먼트는 토인(Toe-in), 캠버(Camber), 캐스터(Caster), 킹핀 경사각(King Pin Angle)이다.

3 타이어식 건설기계 장비에서 토인에 대한 설명으로 틀린 것은?

① 토인은 좌·우 앞바퀴의 간격이 앞보다 뒤가 좁은 것이다.
② 토인은 직진성을 좋게 하고 조향을 가볍도록 한다.
③ 토인은 반드시 직진상태에서 측정해야 한다.
④ 토인 조정이 잘못되면 타이어가 편마모 된다.

> HINT ① 토는 위에서 바라볼 때 바퀴 중심에서 측정한 앞쪽 간격과 뒤쪽 간격의 차를 말한다. 토인(Toe-in)이란 바퀴를 위에서 바라보았을 때 타이어의 중심 거리가 앞쪽이 뒤쪽보다 좁은 상태를 말한다. 반대로 바깥 쪽으로 쏠린 것을 토 아웃(Toe Out)이라 한다.

4 타이어식 건설기계에서 조향 바퀴의 토인을 조정하는 곳은?

① 핸들
② 타이로드
③ 웜 기어
④ 드래그 링크

> HINT ③ 타이로드 끝 부분에 위치한 타이 로드 앤드(Tie Rod End)는 조향 핸들의 끝에 연결되어 조향 너클과 타이 로드를 연결하여 타이어의 상하좌우 움직임을 가능하게 하는 장치이다. 타이 로드 엔드의 나사를 조정하여 토인을 조정할 수 있다.

5 타이어식 건설기계에서 앞바퀴 정렬의 역할과 거리가 먼 것은?

① 타이어 마모를 줄여준다.
② 방향 안정성을 좋게 한다.
③ 조향핸들 조작을 적은 힘만으로도 가능하게 한다.
④ 브레이크 수명을 길게 한다.

> HINT ① 휠 얼라인먼트는 핸들조작과 타이어 수명을 연장시켜 안전운행에 큰 도움을 준다.

1. ③ **2.** ③ **3.** ① **4.** ③ **5.** ①

(3) 바퀴의 구조

① **휠** : 휠은 노면에서 받는 충격을 타이어와 함께 흡수하며 차량의 중량을 지지한다. 휠은 구조에 따라 스포크 휠, 디스크 휠, 스파이더 휠 등이 있다.

② **타이어** : 타이어는 차량이 도로와 집적 접촉하여 주행하는 부품으로, 외부의 충격으로부터 보호를 위해 외부는 고무층으로 덮여 있으며, 이 고무층은 트레드(Tread)와 솔더(Shoulder), 비드(Bead) 등의 구조로 되어 있다. 카카스(Carcass)는 섬유와 강철로 구성되어 차량의 하중과 외부 충격을 견딜 수 있도록 설계되어 있다.

구분	내용
트레드	노면과 접촉하는 고무층으로 내마멸성이 요구된다. 표면은 가로나 세로 방향의 무늬가 새겨져 있어 미끄럼을 방지한다.
솔더	트레드 가장자리 부분이다.
벨트	섬유나 강철와이어로 구성되어 트레드와 카카스 사이에서 주행 시 충격을 감소시킨다.
캡 플라이	벨트 위에 부착된 특수코드지를 말한다.
비드	코드 끝부분을 감싸 타이어를 차체의 림(Rim)에 장착시키는 역할을 한다.
카카스	몇 겹의 내열성 고무를 밀착시켜 하중이나 충격을 완충하는 타이어의 뼈대를 이루는 부분이다.
브레이커	트레드와 카카스 사이에 있는 층으로 트레드와 카카스가 서로 떨어지는 것을 방지한다.

(4) 주행 시 나타나는 현상

① **히트 세퍼레이션(Heat Separation)현상** : 가끔씩 자동차가 고속으로 주행 중에 타이어가 터져버리는 뉴스를 접할 수 있는데 이것이 바로 히트 세퍼레이션이다.

② **스탠딩 웨이브(Standing Wave) 현상** : 스탠딩 웨이브 현상이란 자동차가 고속 주행할 때 타이어 공기압이 낮은 상태에서 일정 속도 이상이 되면 타이어 접지부에 열이 축적되어 타이어 접지부의 뒷부분이 부풀어 물결처럼 주름이 잡히고 다시 주름이 펴지기 전에 다시 노면과 접지면이 접하는 것을 반복하여 타이어가 찌그러지는 현상이다.

③ **수막현상(Hydro-planing)** : 물에 젖은 노면을 고속으로 달리고 있는 차량의 타이어와 노면 사이에 수막이 생겨 타이어가 노면 접지력을 상실하는 현상을 수막현상이라 한다.

타이어 트레드 점검
- 트레드 양쪽 면 마모: 공기압 부족
- 트레드 중앙부 마모: 공기압 과다
- 타이어 끝면의 톱니바퀴 모양: 휠 얼라인먼트 불량

차량이 평지에서 좌우로 쏠리는 현상이 나타날 경우 휠 얼라인먼트 불량을 의심해 볼 수 있다.

동절기에 기온이 7℃ 미만일 때는 겨울용 타이어 사용하는 것이 바람직하며, 눈 위에서의 견인력을 향상하려면, 남아 있는 트레드 깊이가 3.5mm일 때에 오래된 겨울용 타이어를 교체하는 것이 좋다.

타이어의 역할
- 자동차의 방향을 변환
- 자동차 중량 및 하중을 지탱
- 구동력, 제동력을 노면에 전달
- 노면으로부터 받는 충격을 완화

타이어의 종류
- 레이디얼 타이어
- 바이어스 타이어
- 튜브리스 타이어

타이어 편평비
타이어 단면 폭에 대한 높이의 비율을 말하며 편평비가 높을수록 고성능 타이어라 할 수 있다.

$$편평비 = \frac{타이어\ 단면\ 높이}{타이어\ 단면\ 폭} \times 100$$

타이어 치수 표시

구분	표시
저압 타이어	타이어의 폭×타이어의 내경(림 직경)×플라이 수
고압 타이어	타이어의 바깥지름×타이어의 폭×플라이 수

공기압에 따른 타이어의 종류
- 고압 타이어
- 저압 타이어
- 초저압 타이어

확인학습

1. 타이어에서 고무로 피복된 코드를 여러 겹으로 겹친 층에 해당되며 타이어 골격을 이루는 부분은?

   ① 카커스(carcass)부
   ② 트레드(tread)부
   ③ 숄더(shoulder)부
   ④ 비드(bead)부

   > HINT ① 타이어는 차량이 도로와 직접 접촉하여 주행하는 부품으로, 외부의 충격으로부터 보호를 위해 외부는 고무층으로 덮여 있으며, 이 고무층은 트레드(Tread)와 숄더(Shoulder), 비드(Bead) 등의 구조로 되어 있다. 카카스(Carcass)는 섬유와 강철로 구성되어 차량의 하중과 외부 충격을 견딜 수 있도록 설계되어 있다.

2. 타이어의 구조에서 직접 노면과 접촉되어 마모에 견디고 적은 슬립으로 견인력을 증대시키는 것의 명칭은?

   ① 트레드
   ② 캡 플라이
   ③ 카커스
   ④ 비드

   > HINT ① 트레드는 노면과 접촉하는 부분으로 가로나 세로 형태의 무늬가 새겨져 미끄럼을 방지한다.

3. 타이어의 트레드에 대한 설명으로 틀린 것은?

   ① 트레드가 마모되면 구동력과 선회능력이 저하된다.
   ② 트레드가 마모되면 열의 발산이 불량하게 된다.
   ③ 타이어의 공기압이 높으면 트레드의 양단부보다 중앙부의 마모가 크다.
   ④ 트레드가 마모되면 지면과 접촉 면적이 크게 됨으로써 마찰력이 증대되어 제동성능은 좋아진다.

   > HINT ④ 타이어는 소모품으로 시간이 지날수록 마모되므로 일정 주기마다 교체해 주는 것이 바람직하다. 다양한 상황에서 견인력을 제공하며 마모, 마찰 및 열 저항성을 가지고 있는 트레드가 마모되면 마찰력 감소로 제동력이 떨어지게 된다.

4. 저압 타이어에 10.00-20-14PR이라고 적혀 있다면 20이 뜻하는 것은?

   ① 타이어 폭이 20인치
   ② 타이어 높이가 20인치
   ③ 플라이 수가 20
   ④ 림의 직경이 20인치

   > HINT ④ 저압 타이어의 치수는 타이어의 폭 × 타이어의 내경(림 직경) × 플라이 수로 나타낸다.
   > 10.00은 타이어의 폭이 10인치라는 뜻이며, 20은 림의 직경이 20인치이고, 14PR은 플라이 수가 14임을 의미한다.

1.① 2.① 3.④ 4.④

핵심 CHECK! CHECK! 건설기계 섀시장치

- 동력전달장치란 기관에서 발생한 출력을 자동차의 주행 상태에 알맞게 변화시켜 구동바퀴까지 전달하는 것으로 기본 구성은 변속기, 구동축, 종감속장치, 차동장치, 바퀴 등으로 구성되어 있다.
- 클러치는 수동 변속기를 사용하는 차량에서 출발 및 변속할 경우 기관에서 발생한 동력을 연결하고 차단하는 장치를 가리킨다.
- 클러치는 플라이휠과 변속기 입력축 사이에 위치하여 엔진의 동력을 변속기에 전달하거나 차단하는 역할을 한다.
- 변속기는 엔진의 동력을 자동차 주행 상태에 맞도록 기어의 물림을 변경시켜 속도를 바꾸어 구동바퀴에 전달하는 장치이다. 즉 주행 상황에 맞도록 속도의 가감을 조정하는 장치로서 자동변속기와 수동변속기, 무단변속기(CVT)가 있다.
- 자동 변속기는 수동 변속기에서 클러치의 작용과 변속기의 역할이 자동적으로 이루어지는 구조로 토크 컨버터(토크 변환기), 유성기어장치, 전자 제어장치 등으로 구성되어 있다.
- 토크 컨버터는 엔진의 토크(회전력)을 증대시켜 자동 변속기에 전달함으로써 차량이 출발할 때 발진능력을 향상시키는 장치로, 스테이터와 터빈, 펌프로 구성되어 있다.
- 유성기어장치는 자동변속기를 이루는 부속으로 자동변속기는 유성기어장치를 조합하여 토크변환기, 유압 제어장치와 함께 변속기로 사용된다. 유성기어는 선 기어, 유성 기어, 유성 기어 캐리어, 링 기어로 구성되어 있다.
- 구동축은 동력을 바퀴에 전달하는 장치로서 추진축과 차축으로 구성되어 있다.
- 추진축은 프로펠러 샤프트(Propeller Shaft)라고도 불리며 변속기로부터 최종감속기어까지 동력을 전달하는 축이다. 추진축은 엔진이 앞쪽에 위치하고 있고 뒷바퀴의 힘을 가해 주행하는 앞 기관 뒷바퀴 구동차(FR)에 설치된다.
- 차동장치는 바퀴 형식에 자동차가 회전하고 있을 때, 좌우 바퀴 회전수를 변화시켜 안정적인 주행을 가능케 하는 장치를 말한다.
- 현가장치는 차량이 주행 중 노면에서 받은 충격이나 진동을 완화하여 승차감과 안정성을 향상시키는 장치로 충격을 줄이는 스프링, 스프링의 고유진동을 제어하여 승차감을 향상시키는 완충기, 차체가 좌우로 기우는 것을 줄이기 위한 스태빌라이저로 구성되어 있다.
- 제동장치는 정차중인 자동차가 스스로 움직이지 않도록 제동력을 만들며, 주행 시 사용되는 주 브레이크와 주차 시 사용되는 주차 브레이크, 보조 브레이크 세 가지로 구분된다.
- 브레이크는 마찰 작용에 의하여 운동 에너지를 열에너지로 바꾸어 그 마찰력으로 제동하는 마찰식 브레이크가 사용된다. 브레이크는 작동하는 방식에 따라 공기식, 유압식, 배력식 등으로 구분된다.
- 조향장치는 자동차의 진행 방향을 운전자가 원하는 방향으로 바꾸는 장치로, 조작이 쉽고 방향전환이 확실해야 하며, 조향 조작이 주행 중 충격에 영향을 받지 않아야 한다.
- 조향 조작 기구는 운전자의 조향 휠 조작력을 조향 기어 기구에 전달하는 부분으로 조향 휠(조향 핸들), 조향축, 조향 칼럼 등으로 구성되어 있다.
- 휠 얼라인먼트란 자동차에 장착된 바퀴가 방향과 위치가 정위치에 있는 상태를 말한다. 우리나라말로 '차륜 정렬', '앞바퀴 정렬' 등으로도 불린다.
- 휠 얼라인먼트는 토인(Toe-in), 캠버(Camber), 캐스터(Caster), 킹핀 경사각(King Pin Angle) 등의 요소로 이루어져 있다.
- 휠은 노면에서 받는 충격을 타이어와 함께 흡수하며 차량의 중량을 지지한다.
- 타이어는 차량이 도로와 직접 접촉하여 주행하는 부품으로, 외부의 충격으로부터 보호를 위해 외부는 고무층으로 덮혀 있으며, 이 고무층은 트레드와 숄더, 비드 등의 구조로 되어 있다.

단원확인문제

1 동력을 전달하는 계통의 순서를 바르게 나타낸 것은?

① 피스톤→커넥팅로드→클러치→크랭크축
② 피스톤→클러치→크랭크축→커넥팅로드
③ 피스톤→크랭크축→커넥팅로드→클러치
④ 피스톤→커넥팅로드→크랭크축→클러치

> **HINT** ④ 기관은 가스나 액체 연료를 기관 내부에서 연소하여 발생한 열에너지를 기계적인 에너지(동력)로 바꾸는 장치이다. 기관 실린더 내에서 연소에 의해 만들어진 동력은 피스톤과 커넥팅 로드를 차례로 전달되면서 크랭크축과 플라이휠을 회전시키고, 기관에서 발생한 동력을 연결하고 차단하는 클러치로 전달되어 엔진의 회전력을 구동바퀴에 전달 및 차단하게 된다.
> 피스톤(Piston)은 연소된 가스의 압력을 받아 그 힘을 커넥팅 로드(Connecting Rod)를 거쳐 크랭크축(Crankshaft)을 회전시킨다. 크랭크축은 다른 구성품에 동력을 전달하는 플라이휠(Flywheel)과 기어를 차례로 구동시키게 된다. 플라이휠은 기관 동력을 다른 장치에 전달하는 부품으로, 디젤기관처럼 직접 구동식 장치에서는 클러치가 플라이휠 하우징에 직접 연결되어 있어 기관에서 발생한 동력이 클러치로 전달되어진다.

2 자동변속기의 구성 요소가 아닌 것은?

① 토크 컨버터
② 유성기어장치
③ 변속제어 장치
④ 클러치 페달

> **HINT** ④ 클러치 페달은 수동변속기가 장착된 차량을 출발시킬 때나 변속할 때에 엔진에서 발생한 동력의 전달을 자유롭게 연결 또는 차단할 수 있도록 하는 장치이다.

3 기계의 보수·점검 시 운전 상태에서 해야 하는 작업은?

① 체인의 장착상태 확인
② 베어링의 주유상태 확인
③ 벨트의 장력상태 확인
④ 클러치의 상태 확인

> **HINT** ④ 클러치의 상태는 운전을 하면서 확인할 수 있다.

4 클러치의 수명이 짧아지게 되는 원인은?

① 급브레이크를 자주 사용할 경우
② 클러치 페달의 유격이 적을 경우
③ 반클러치를 너무 자주 사용한 경우
④ 장기간 운행하지 않고 세워 두었을 경우

> **HINT** ③ 반클러치를 장기간 사용할 경우 마찰에 의해 디스크의 마모 현상이 빨라지고 연료의 소비가 증가하게 된다.

5 토크 컨버터의 오일의 흐름 방향을 바꾸어 주는 것은?

① 펌프
② 터빈
③ 변속기축
④ 스테이터

> **HINT** ④ 토크 컨버터는 크게 스테이터(Stator)와 터빈(Turbine), 펌프(Pump)로 구성되어 있다. 펌프(임펠러)를 통과한 오일은 터빈으로 들어가 회전하며 다시 스테이터로 흘러들어 토크가 변환된다. 즉, 펌프가 회전하며 오일이 터빈에 부딪히고, 다시 스테이터로 돌아와 오일 방향이 펌프 회전 방향으로 변하면서 회전력을 증대시킨다.
> 토크 컨버터는 엔진의 토크(회전력)을 증대시켜 자동변속기에 전달함으로써 차량이 출발할 때 발진능력을 향상시킨다.

ANSWER 1.④ 2.④ 3.④ 4.③ 5.④

6 클러치 스프링의 장력이 약하면 일어날 수 있는 현상은?

① 유격이 커진다.
② 클러치판이 변형된다.
③ 클러치가 파손된다.
④ 클러치가 미끄러진다.

> **HINT** ④ 클러치(Clutch)는 기관과 변속기 사이에 설치되어, 운전자 필요에 따라 동력을 전달 및 차단하는 역할을 하는 동력 전달 장치이다. 클러치 스프링(Clutch Spring)은 클러치 커버와 압력판 사이에 위치하여 스프링의 힘(장력)으로 압력판에 압력을 주어 클러치가 접속되도록 하는 역할을 한다. 클러치 스프링의 장력이 약해진다면 클러치에 충분한 압력이 도달하지 못하기 때문에 클러치가 미끄러질 수 있다.
> 이를 방지하기 위해서 반 원심력 클러치(semi-centrifugal clutch)를 설치하기도 한다. 반 원심력 클러치는 릴리스 레버(Release Lever)에 원심 추를 설치하여 회전수와 더불어 증가되는 원심력에 의해 더 큰 압력이 압력판에 작용하도록 하여, 클러치가 고속에서 미끄러지는 슬립(Slip) 현상을 방지하게 된다.

7 유니버설 조인트 중에서 훅형(십자형) 조인트가 가장 많이 사용되는 이유가 아닌 것은?

① 구조가 간단하다.
② 급유가 불필요하다.
③ 큰 동력의 전달이 가능하다.
④ 작동이 확실하다.

> **HINT** ② 훅형 조인트(hook's joint)는 축력측 요크, 입력축 요크와 이들을 연결하는 십자축으로 구성되어 있으며, 롤러 베어링을 끼워 넣고 그리스를 주입해 저항을 줄이는 역할을 한다.

8 다음 중 변속기의 필요성을 가장 잘 나타낸 것은?

① 변속 구동력을 조절 및 역전의 단속
② 차량의 속도 조절
③ 감속 충격 완화
④ 2차 전압을 유도

> **HINT** ① 변속기는 변속기어의 물림을 바꾸어 자동차를 가속 또는 감속하여 구동력을 변하게 하거나 자동차를 후진하는 역할을 한다.

9 장비의 운행 중 변속 레버가 빠질 수 있는 원인에 해당되는 것은?

① 기어가 충분히 물리지 않을 때
② 클러치 조정이 불량할 때
③ 릴리스 베어링이 파손되었을 때
④ 클러치 연결이 분리되었을 때

> **HINT** ① 변속기는 엔진의 동력을 자동차 주행 상태에 맞도록 기어의 물림을 변경시켜 속도를 바꾸어 구동바퀴에 전달하는 장치를 말한다. 변속기에서 기어가 완벽하게 맞물리지 않으면 주행 중 충격에 의해 기어가 풀릴 수 있다. 따라서 기어풀림 방지장치를 설치하여 변속 시나 주행 중의 충격에 기어가 빠지는 것을 방지한다.

10 종감속기어장치에서 서로 물리고 있는 기어 사이의 틈새를 가리키는 용어는?

① 토크
② 하일
③ 백 래시
④ 플랭크

> **HINT** ③ 백 래시(Backlash)란 '톱니바퀴 사이의 틈', '틈으로 인한 헐거움'을 가리키는 용어로 종감속기어장치에서 서로 물리고 있는 기어 사이의 틈새를 말한다.

ANSWER 6.④ 7.② 8.① 9.① 10.③

11 앞에서 바라보았을 때 타이어의 윗부분이나 아랫부분이 안쪽 또는 바깥쪽으로 변형된 상태는?

① 토 아웃
② 킹핀 경사각
③ 캐스터
④ 캠버

> HINT ④ 캠버(Camber)는 앞에서 바라보았을 때 타이어의 윗부분이나 아랫부분이 안쪽 또는 바깥쪽으로 변형된 상태를 말한다. 캠버는 기울어진 방향에 따라 외향캠버와 내향캠버로 구분된다. 캠버를 복원 시 타이어의 마모가 줄어들며, 핸들 조작력이 우수해진다.

12 타이어의 트레드에 대한 설명으로 옳지 못한 것은?

① 트레드가 마모되면 구동력과 선회능력이 저하된다.
② 트레드가 마모되면 지면과 접촉면적이 크게 되어 마찰력이 크게 된다.
③ 타이어의 공기압이 높으면 트레드의 양단부보다 중앙부의 마모가 크다.
④ 트레드가 마모되면 열의 발산이 불량하게 된다.

> HINT ② 트레드(Tread)는 노면과 접촉하는 고무층을 말한다. 타이어 내부의 열을 발산하고 미끄러짐을 방지하기 위해서 표면은 가로나 세로 방향의 무늬가 새겨져 있다. 트레드가 마모되면 지면과의 마찰력이 감소되어 미끄러짐의 위험이 있다.

13 다음 중 핸들이 한 쪽으로 쏠리며 주행되는 원인으로 옳은 것은?

① 차체의 진동을 흡수하지 못하고 있다.
② 앞바퀴 공기압이 적다.
③ 핸들의 유격이 적다.
④ 앞바퀴 공기압이 서로 다르다.

> HINT ④ 앞바퀴 정렬이 불량하거나 앞바퀴 공기압이 서로 다르면 핸들이 한 쪽으로 쏠리게 된다.

14 주행 중 앞 타이어의 벌어짐을 방지하는 것은?

① 캠버
② 토인
③ 킹 핀 각도
④ 캐스터

> HINT ② 토인은 앞바퀴 한쪽이 뒤쪽보다 좁은 상태를 말하며, 토인을 통해 타이어의 마모를 방지한다.

15 브레이크 작동이 안 되는 원인으로 타당한 것은?

① 페달의 유격이 작을 경우
② 브레이크 오일이 샐 경우
③ 드럼과 라이닝의 틈새가 적을 경우
④ 페달의 유격이 클 경우

> HINT ② 브레이크 오일이 샐 경우 제동 불능이 나타날 수 있다.

16 다음 중 '베이퍼 록' 현상을 가장 옳게 설명한 것은?

① 브레이크 오일이 물과 섞여져 제동이 어려워진 현상
② 브레이크 오일이 관속을 통과할 때 불규칙적으로 흐르는 현상
③ 브레이크 오일이 굳어져 관속을 흐르는 것이 어렵게 된 현상
④ 브레이크 오일이 열을 받아 기체화되어 제동이 안 되는 현상

> HINT ④ 베이퍼 록(Vapor Lock) 현상은 브레이크액에 기포가 발생하여 브레이크가 제대로 작동하지 않는 현상이다.

ANSWER 11.④ 12.② 13.④ 14.② 15.② 16.④

17 엔진 브레이크를 사용할 경우 기어물림 상태는 어떠한 상태로 놓여 있는가?

① 후진 기어
② 저속 기어
③ 고속 기어
④ 중립 기어

> HINT ② 엔진 브레이크는 엔진의 저속 회전저항을 이용하여 속도를 감속시키는 브레이크이다. 즉 주행 중 자동차 엑셀 페달에서 발을 뗄 경우 갑자기 감속하게 되는데, 저속 기어일수록 엔진 브레이크의 효과가 크다.

18 타이어의 공기압이 과다할 경우 나타나는 현상은?

① 제동거리가 짧아진다.
② 연료소비가 많다.
③ 미끄러지며 제동거리가 길어진다.
④ 핸들이 무겁다.

> HINT 타이어의 공기압이 과다할 경우 나타나는 현상
> • 핸들이 가볍다.
> • 타이어 트레드 중앙이 마모되고 미끄러지기 쉽다.
> • 타이어 진동이 크게 온다.
> • 제동거리가 길어지게 된다.

19 제동장치가 갖추어야 할 조건이 아닌 것은?

① 점검이 용이하여야 한다.
② 작동이 확실하여야 한다.
③ 마찰력이 남아야 한다.
④ 내구성이 좋아야 한다.

> HINT 제동장치는 작동이 확실하고, 제동효과가 커야 한다. 또한 신뢰성과 내구성이 뛰어나면서도 점검 및 정비가 용이하여야 좋은 제동장치라 할 수 있다

20 브레이크 오일이 비등하여 송유 압력의 전달 작용이 불가능하게 되는 현상은?

① 페이드 현상
② 채터링 현상
③ 베이퍼 록 현상
④ 브레이크 록 현상

> HINT ③ 베이퍼 록 현상은 브레이크액에 기포가 발생하여 브레이크가 제대로 작동하지 않는 현상이다. 유압식 브레이크의 휠 실린더나 브레이크 파이프 속에서 브레이크 오일이 기화하면 공기가 발생되어 페달을 밟아도 푹신푹신하고 유압이 전달되지 않아 브레이크가 작동되지 않는다.

21 타이어식 건설기계에서 브레이크를 연속하여 자주 사용 하면 브레이크 드럼이 과열되어, 마찰계수가 떨어지며 브레이크가 잘 듣지 않는 것으로서 짧은 시간 내에 반복 조작이나 내리막길을 내려갈 때 브레이크 효과가 나빠지는 현상은?

① 노킹 현상
② 페이드 현상
③ 수격 현상
④ 채팅 현상

> HINT ② 페이드(Fade) 현상에 대한 내용이다. 언덕길을 내려갈 경우 브레이크를 반복하여 사용하면 브레이크가 잘 작동하지 않는 상태가 나타나는데 이를 페이드 현상이라 한다. 이러한 현상이 발생하게 되는 이유는 브레이크 드럼의 온도가 상승하여 라이닝(브레이크 패드)의 마찰계수가 저하되어 제동력이 감소하기 때문이다. 페이드 현상을 방지하기 위해서는 엔진 브레이크를 사용하는 것이 적절하다.

ANSWER 17.② 18.③ 19.③ 20.③ 21.②

22 타이어식 건설기계장비에서 조향 핸들의 조작을 가볍고 원활하게 하는 방법과 가장 거리가 먼 것은?

① 동력조향을 사용한다.
② 바퀴의 정렬을 정확히 한다.
③ 타이어의 공기압을 적정 압으로 한다.
④ 종감속 장치를 사용한다.

> HINT ④ 종감속장치는 추진축에 전달되는 동력을 직각이나 또는 직각에 가까운 각도로 바꾸어 뒤 차축에 전달하며 기관의 출력, 구동 바퀴의 지름 등에 따라 적합한 감속비로 감속하여 토크(회전력)를 증대를 위해 최종적인 감속을 한다.

ANSWER 22.④

PART 05

건설기계 작업장치

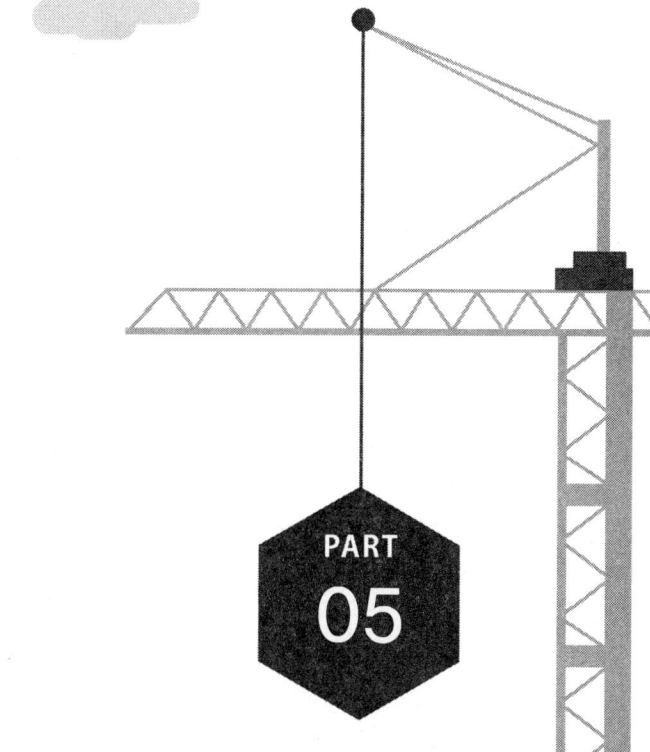

05 건설기계 작업장치

1 굴삭기

(1) 굴삭기

① **굴삭기(Excavator)** : 굴삭기란 땅이나 암석 등을 파고, 깎아 낸 것을 처리하는 대표적인 토공(흙을 쌓거나 파는 등의 흙을 다루는 공사)용 건설기계이다. 굴삭기는 다양한 버킷을 이용하여 토사 적재부터 택지 조성 작업, 원목 적재, 견인 작업, 기초 바닥파기 작업, 배수로 묻기 작업 등 전천후로 활용도가 높다.

② **종류** : 굴삭기는 이동 형태에 따라 무한궤도식(Crawler)과 바퀴식(Wheel) 굴삭기로 구분할 수 있다.

구분	내용
크롤러식	'무한궤도'로 불리는 크롤러식은 탱크처럼 여러 개의 트랙을 연결하여 주행하는 방식을 말한다. 굴곡이 심한 습지·모래나 작업이 힘든 지역에서 주로 사용되며, 기동성이 좋지 않아 먼 지역으로 이동 시 트레일러 등에 탑재되어 이동해야 한다.
바퀴식	바퀴로 이동하기 때문에 기동이 크롤러식보다 뛰어나다. 도로나 평판한 지면에서 사용되며, 습지 등의 작업장에서 사용이 곤란하다.

③ **굴삭기 구조** : 굴삭기는 크게 하부 주행체, 상부 회전체, 작업장치로 구성되어 있다.

구분	내용
상부 회전체	조종실에 작업장치가 연결되어 있는 부분이다.
하부 주행체	하부 주행체는 스윙 볼 레이스라는 부품에 의해 360°로 선회가 가능하다. 하부 주행체는 무한궤도식과 타이어식이 있으며, 무한궤도식은 유압으로 작동된다.
전부장치 (작업장치)	붐(Boom)과 암(Arm), 버킷(Bucket) 등으로 구성되어 있으며, 이들은 유압 실린더로 작동한다.

굴삭기 작업장치 구성

구분	대상
붐	상부 회전체에 설치되어 있는 부분으로 슬로 리턴 밸브가 설치되어 유압 오일의 흐름을 제한하여 붐의 하강 속도를 조절한다.
암	붐과 버킷 사이에 위치한 연결부분으로 버킷이 작업을 할 수 있도록 동력을 전달하는 부분이다.
버킷	굴삭기가 직접적인 작업을 하는 부분이다. 강도가 높은 강철판으로 제작되며, 작업 특징에 따라 여러 가지의 버킷을 선별하여 설치할 수 있다.

무한궤도식 굴삭기 하부 주행체 동력전달 순서
유압펌프 → 제어밸브 → 센트조인트 → 주행모터 → 트랙

카운터 웨이트
굴삭기나 지게차처럼 짐을 들어 올리거나 하는 과정에서 넘어질 우려가 있는 경우를 대비하여 설치하는 안전장치이다.

센터 조인트
센터 조인트(Center Joint)는 상부 회전체 중심부에 위치한 장치로 상부 회전체 작동유를 하부주행체로 전달하는 역할을 한다. 회전부 중심에 설치하며 상부 회전체가 선회 중에도 배관이 꼬이지 않고 유압유를 하부주행체로 원활히 공급이 가능하도록 한 관이다.

확인학습

1 굴삭기의 3대 주요부 구분으로 옳은 것은?

① 트랙 주행체, 하부 추진체, 중간 선회체
② 동력주행체, 하부 추진체, 중간 선회체
③ 작업(전부)장치, 상부 선회체, 하부 추진체
④ 상부 조정장치, 하부 추진체, 중간 동력장치

> HINT ③ 굴삭기는 크게 하부 주행체, 상부 회전체, 작업(전부) 장치로 구성되어 있다.

2 굴삭기 하부구동체 기구의 구성요소와 관련된 사항이 아닌 것은?

① 트랙 프레임
② 주행용 유압 모터
③ 트랙 및 롤러
④ 붐 실린더

> HINT ④ 굴삭기는 크게 하부 주행체(언더캐리지), 상부 회전체, 작업장치로 구성되어 있다. 붐 실린더는 굴삭기의 작업장치인 붐(Boom)은 상부 회전체에 설치되어 있다.

3 굴삭기 붐의 작동이 느린 이유가 아닌 것은?

① 기름에 이물질 혼입
② 기름의 압력 저하
③ 기름의 압력 과다
④ 기름의 압력 부족

> HINT ③ 붐의 작동이 느려진 이유는 붐의 속도를 조절하는 슬로 리턴 밸브(slow return valve)의 고장이나 유압 실린더 내부의 균열이나 틈이 생겨 오일이 누수되는 등 유압 실린더에 문제점이 있다고 볼 수 있다.

4 유압식 굴삭기의 주행 동력으로 이용되는 것은?

① 유압 모터
② 전기 모터
③ 변속기 동력
④ 차동 장치

> HINT ① 굴삭기 상부 회전체의 유압펌프에서 나온 작동유는 제어밸브를 거쳐, 상부회전체 중심부에 위치한 센터 조인트와 하부 주행체의 유압모터(주행 모터)로 차례대로 공급된다. 유압 모터는 양쪽 트랙을 움직이기 위해 좌우 한쪽씩 설치된다.

5 굴삭기 작업 시 안정성을 주고 장비의 밸런스를 잡아 주기 위하여 설치한 것은?

① 붐
② 스틱
③ 버킷
④ 카운터 웨이트

> HINT ④ 카운터 웨이트(Counter Weight)는 평형추라고도 불리며, 굴삭기나 지게차처럼 짐을 들어 올리거나 하는 과정에서 넘어질 우려가 있는 경우를 대비하여 설치하는 장치이다.

6 굴삭기에 주로 사용되는 타이어는?

① 고압 타이어
② 저압 타이어
③ 초저압 타이어
④ 강성 타이어

> HINT ① 고압 타이어(High Pressure Tire)는 버스와 트럭, 지게차, 굴삭기 등에 주로 사용된다.

1.③ 2.④ 3.③ 4.① 5.④ 6.①

(2) 건설기계 하부주행체

① **하부주행체** : 건설기계에 사용되는 하체 주행체는 구동방식에 따라 휠형과 트랙형식으로 구분할 수 있다.

② **트랙형식** : 트랙형식은 여러 개의 트랙을 사용한 것으로 궤도식과 무한궤도식, 크롤러(Crawler) 형식 등이 있다. 트랙형식의 하부주행체는 언더캐리지라고도 불리며, 기관의 에너지를 구동력으로 변환시켜 차체를 움직인다.

㉠ 언더캐리지 구성 요소

구분	내용
프레임	하부 주행체의 뼈대로 지지하는 역할을 한다.
트랙롤러 (하부 롤러)	건설 기계의 무게를 지지하며, 스프로킷과 아이들러 사이에서 트랙의 회전 작용을 정확하게 유도한다.
상부롤러 (캐리어 롤러)	트랙 프레임 브래킷으로 설치되며, 트랙의 처짐을 방지하고, 트랙 링크 어셈블리의 회전 위치를 정확하게 유지시키는 작용을 한다.
아이들러	앞쪽에서 트랙을 지지해 주는 공간을 제공하며, 충격 흡수를 위해 스프링 형식으로 설치되어 있다.
스프로킷	최종 구동 장치(파이널 드라이브)를 트랙 어셈블리에 전달하여 건설 기계를 구동하는 역할을 한다.
트랙 조정기	트랙 스프링(리코일 스프링)은 트랙의 충격을 흡수하는 역할을 한다.

㉡ **트랙형식 동력전달순서** : 기관→토크 컨버터→유니버설 조인트→변속기→베벨기어→조향클러치→최종구동기어(파이널 드라이브)→스프로킷→트랙

③ **트랙의 장력 조정과 측정** : 트랙의 장력은 작업 환경에 맞도록 조정하여야 트랙의 부하를 낮추어 수명을 연장시키므로 다음의 과정에 따라 트랙의 장력을 조정한다.
   ㉠ 기계를 평탄한 곳으로 이동시킨다.
   ㉡ 트랙을 회전시켜 이물질들을 제거시킨다.
   ㉢ 트랙을 들어올리기 위해 버킷을 지면에 닿도록 한다.
   ㉣ 트랙 중앙부의 트랙 프레임 아래부분과 트랙 슈 윗 부분의 간격을 측정한다.
   ㉤ 장력이 강한 경우 그리스 니플에서 그리스를 빼고, 느슨하면 그리스를 주입한다
   ㉣ 언더캐리지 마멸이 커지는 이유
      • 트랙에 묻은 이물질의 제거를 제대로 하지 않은 경우
      • 트랙의 장력 조정이 불량한 경우
      • 링크의 장착을 반대로 한 경우
      • 전진보다 후진을 할 때 마멸이 더 많다.

트랙의 구조
트랙은 크게 트랙 슈, 링크, 핀, 부싱, 더스트 실 등으로 구성되어 있다.

휠형식 동력전달순서
기관→토크 컨버터→유성변속기→트랜스퍼→디퍼렌셜→차축→최종감속기어

리코일 스프링
리코일 스프링은 트랙과 아이들러의 충격을 완화시키기 위해 설치하며 건설기계가 주행 중 전면에서 오는 충격으로 장비 파손이나, '흔들림 현상(Surging)'을 막기 위한 장치로 2중의 강력한 구조로 되어 있다.

트랙을 떼어내는 경우
• 트랙을 교환하는 경우
• 트랙이 벗겨진 경우
• 스프로킷을 교환하는 경우

하부주행체 마멸의 원인
• 트랙 장력이 불량한 경우
• 트랙의 이물질 등을 제거하지 않고 운행한 경우
• 링크 장착을 반대로 한 경우

확인학습

1. 무한궤도식 굴삭기의 부품이 아닌 것은?
   ① 유압펌프
   ② 오일쿨러
   ③ 자재이음
   ④ 주행모터

   > HINT ③ 트랙 구조(Track System)의 무한궤도식 장비 하부 주행체는 '언더캐리지(Undercarriage Components)'라고도 불린다. 언더 캐리지는 주행 모터(Track Motor), 동력을 미끄러짐 없이 전달하는 스프로킷(Sprocket), 트랙(Track) 등으로 구성되어 있으며 유압에 의해 작동한다.

2. 무한궤도식 건설기계에서 트랙의 구성품으로 맞는 것은?
   ① 슈, 조인트, 스프로킷, 핀, 슈볼트
   ② 스프로킷, 트랙롤러, 상부롤러, 아이들러
   ③ 슈, 스프로킷, 하부롤러, 상부롤러, 감속기
   ④ 슈, 슈볼트, 링크, 부싱, 핀

   > HINT ④ 트랙은 슈, 링크, 핀, 부싱으로 구성되어 있다. 슈는 링크에 볼트와 너트로 고정되어 있고 링크사이에는 부싱과 핀을 끼워 연결한다.

3. 트랙에 있는 롤러에 대한 설명으로 틀린 것은?
   ① 상부 롤러는 보통 1~2개가 설치되어 있다.
   ② 하부 롤러는 트랙프레임의 한쪽 아래에 3~7개가 설치되어 있다.
   ③ 상부 롤러는 스프로켓과 아이들러 사이에 트랙이 처지는 것을 방지한다.
   ④ 하부 롤러는 트랙의 마모를 방지해 준다.

   > HINT ④ 하부 롤러는 트랙 하부에 위치하여 차량의 무게를 지지하고, 트랙의 회전 작용을 정확하게 유도하는 역할을 한다.

4. 상부 롤러와 하부 롤러의 공통점으로 맞는 것은?
   ① 싱글 플랜지형만 사용
   ② 설치 개수는 1~2개 정도
   ③ 트랙의 회전을 바르게 유지
   ④ 장비의 하중을 분산하여 지지

   > HINT ③ 상부롤러와 하부 롤러는 모두 트랙의 회전을 바르게 유지하는 역할을 한다. 상부 롤러는 언더캐리지의 프론트 아이들러와 스프로킷 사이에 1~2개가 설치되어 트랙이 밑으로 처지지 않는 역할을 한다. 하부 롤러는 트랙 하부에 4~7개 정도가 설치되며 전체 중량을 지지하면서 트랙에 무게를 균등하게 분배하는 역할을 한다.

5. 하부 롤러, 링크 등 트랙부품이 조기 마모되는 원인으로 가장 적절한 것은?
   ① 겨울철에 작업을 하였을 때
   ② 트랙장력이 너무 팽팽할 때
   ③ 일반 객토에서 작업을 하였을 때
   ④ 트랙 장력 실린더에 그리스가 누유 될 때

   > HINT ② 장력이란 당기거나 당겨지는 힘으로서, 트랙 장력을 두는 이유는 견인력을 적절히 유지하고 주행 중 장비에 오는 충격을 감소시키기 위함이다. 트랙의 장력이 강하게 되면 하부 롤러의 마모를 촉진하고 주행저항이 크게 되어 모래, 돌, 눈 등에 기어 들어가면 무리한 힘이 작용하여 부품의 마모로 이어져 구동력이 감소하게 된다.

6. 무한궤도식 건설기계에서 프론트 아이들러와 스프로킷이 일치되게 하기 위해서는 브래킷 옆에 무엇으로 조정하는가?
   ① 시어핀   ② 쐐기
   ③ 편심볼트   ④ 심(shim)

   > HINT ④ 브래킷 옆에 심(shim)을 조정하면 프론트 아이들러와 스프로킷이 일치할 수 있게 된다.

1.③ 2.④ 3.④ 4.③ 5.② 6.④

2 지게차

(1) 지게차

① **지게차**
  ㉠ 지게차는 차체 앞에 화물 적재용 포크(Fork)와 이것을 승강시키는 기둥인 마스트(Mast)를 갖추고 포크 위에 화물을 적재하여 운반하는 하역용 작업기계이다.
  ㉡ 지게차는 화물을 이동시키는 승·하강작업이 포크에 의해 이루어지기 때문에 '포크 리프트(Fork Lift)'라고 부른다.

② **지게차의 구조**
  ㉠ 지게차는 주로 화물을 옮기기 위해 사용되는 하역용 장비로서, 몸체와 작업 장치로 나눌 수 있다. 작업 장치는 크게 포크와 마스트로 구분하는데, 지게차는 구조상 차체의 전방에 하물을 적재하는 'L자형'으로 굽은 특수한 '포크'가 있으며, 이 포크의 적재된 하물을 일정 높이까지 올리는 지주대인 '마스트'가 있다.
  ㉡ 마스트는 차체 앞쪽에 설치되어 틸팅(마스트를 앞뒤로 이동하는 것)할 수 있고 두 쌍의 L자형 포크는 마스트 레일(Mast Rail)을 따라 이동하며 화물을 떠받쳐 운반한다.

③ **지게차의 특성** : 지게차는 특성상 회전반경이 작아야하고, 물건을 싣는 앞쪽이 가능한 흔들리지 않아야 하므로 뒷바퀴(후륜)조향 방식을 주로 사용한다.

④ **지게차의 구성**

구분	설명
마스트	작업장치에 뼈대부분으로 상하로 운동하는 레일(Rail)을 가리킨다.
틸트 실린더	마스트를 앞뒤로 이동시키는 역할을 하는 장치이다.
포크	적재된 화물을 떠받쳐 운반하는 역할을 한다. 화물에 따라 포크의 간격을 조절한다.
리프트 실린더	포크의 상승과 하강을 시키는 역할을 한다.
핑거 보드	포크가 설치되어 있는 부분이다.
카운터 웨이트	지게차의 균형 유지하는 것을 말한다. 지게차의 경우는 화물이 앞쪽 포크에 놓이기 때문에 카운터 웨이트는 뒤에 장착된다.
백레스트	중량물이 실려 있는 경우 뒤로 넘어가는 것을 방지하는 안전장치이다.
틸트 실린더	유압으로 마스트를 앞뒤로 조정하는 역할을 한다.
리프트 실린더	유압으로 포크를 상승·하강시키는 역할을 한다.

지게차 조향장치
지게차는 특성상 뒷바퀴 조향방식을 사용한다.

지게차의 안전한 작업을 위해 설치된 장치
- 틸트록 밸브
- 플로우 프로텍터
- 밸런스 웨이트

좌식 지게차의 구조

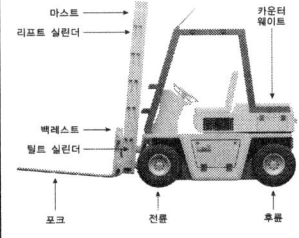

확인학습

1. 작업 용도에 따른 지게차의 종류가 아닌 것은?

   ① 로테이팅 클램프(rotating clamp)
   ② 곡면 포크(curved fork)
   ③ 로드 스테빌라이저(load stabilizer)
   ④ 힌지드 버킷(hinged bucket)

   > HINT ① 로테이팅 클램프는 '회전 롤 클램프'라고도 불리며, 롤(roll) 형태의 화물을 다루는데 적합하도록 설계된 암(arm)을 가진 지게차의 작업장치를 말한다.
   > ③ 로드 스테빌라이저는 상부에 위치한 압력판이 적재된 제품을 눌러 화물을 고정시키므로 제품이 흔들려 붕괴되는 것을 방지하는 작업장치이다. 보통 음료, 주류, 약품, 유리 등을 다루는 곳에서 활용된다.
   > ④ 힌지드 버킷은 힌지드 포크에 버킷을 끼워서 흘러내리기 쉬운 비료, 모래, 석탄, 소금, 화학제품 등을 옮기는 작업을 할 수 있는 작업장치를 말한다.

2. 지게차의 일반적인 조향방식은?

   ① 앞바퀴 조향방식이다.
   ② 뒷바퀴 조향방식이다.
   ③ 허리꺾기 조향방식이다.
   ④ 작업조건에 따라 바꿀 수 있다.

   > HINT ② 지게차는 특성상 회전반경이 작아야 하고, 물건을 싣는 앞쪽이 가능한 흔들리지 않아야 하므로 앞바퀴가 구동하고 뒷바퀴(후륜)는 조향하는 방식이 주로 사용된다.

3. 클러치식 지게차 동력전달순서로 맞는 것은?

   ① 엔진→변속기→클러치→앞구동축→종감속 기어 및 차동장치→차륜
   ② 엔진→변속기→클러치→종감속 기어 및 차동장치→앞구동축→차륜
   ③ 엔진→클러치→종감속 기어 및 차동장치→변속기→앞구동축→차륜
   ④ 엔진→클러치→변속기→종감속 기어 및 차동장치→앞구동축→차륜

   > HINT ④ 클러치식 지게차의 동력전달 순서는 엔진→클러치→변속기→종감속 기어 및 차동 기어장치→앞 차축→앞바퀴 순이다.

4. 지게차의 리프트 실린더(Lift cylinder) 작동회로에서 플로우 프로텍터(벨로시티 퓨즈)를 사용하는 주된 목적은?

   ① 컨트롤 밸브와 리프트 실린더 사이에서 배관 파손 시 적재물 급강하를 방지한다.
   ② 포크의 정상 하강 시 천천히 내려 올 수 있게 한다.
   ③ 짐을 하강할 때 신속하게 내려 올 수 있도록 작용한다.
   ④ 리프트 실린더 회로에서 포크 상승 중 중간 정지 시 내부 누유를 방지한다.

   > HINT ① 지게차의 리프트 실린더의 플로우 프로텍터는 리프트의 급강하 현상을 막기 위해 설치된 밸브이다.

5. 지게차의 틸트 실린더의 역할로 가장 적절한 것은?

   ① 포크의 상승, 하강이동
   ② 지게차의 수평유지
   ③ 마스트 앞·뒤의 이동
   ④ 지게차의 좌우회전

   > HINT ③ 틸트 실린더는 마스트를 앞뒤로 이동시키는 역할을 하는 장치이다.

1.② 2.② 3.④ 4.① 5.③

(2) 지게차의 작업

① 지게차의 조작

구분		대상
포크 조정 레버 (리프트 레버)	로어링	포크를 하강시키는 것으로, 포크 조정 레버를 밀면 포크가 내려간다.
	리프팅	포크를 들어 올리는 것을 말한다. 포크 조정 레버를 당기면 포크가 올라간다.
마스트 조정 레버 (틸트 레버)	틸팅	마스트를 앞뒤로 이동하는 것을 말한다. 틸트(tilt) 레버를 당기면 마스트가 운전석 쪽으로 이동(후경각)하고, 밀면 마스트가 앞쪽(전경각)으로 기울어진다.
조향 핸들		지게차의 방향을 바꾸기 위한 조향장치이다. 카운터 밸런스 지게차의 경우 뒷바퀴가 조향된다.

② 동력 전달방식에 따른 지게차의 동력 전달 순서

구분	순서
클러치식 지게차	엔진 → 클러치 → 변속기 → 종감속 기어 및 차동 기어장치 → 앞 차축 → 앞바퀴
전동기식 지게차	축전지 → 제어 기구 → 구동 모터 → 변속기 → 종감속 기어 및 차동 기어장치 → 앞 차축 → 앞바퀴
유압식 지게차	엔진 → 토크 컨버터 → 파워시프트 → 변속기 → 종감속 기어 및 차동 기어장치 → 앞 차축 → 앞바퀴

③ 지게차 안전수칙

㉠ 지게차 조종면허를 소지한 사람만이 지게차를 운전한다.
㉡ 뒤쪽으로 기울어진 화물을 옮길 때는 지게차를 안정적으로 유지하며 보다 넓은 시야를 확보할 수 있도록 포크를 최대한 낮게 유지해야 한다.
㉢ 지게차에 운전자 외에는 다른 사람이 탑승하지 못하도록 한다.
㉣ 적재 화물에 가려 시야를 현저하게 방해 할 때에는 유도자를 배치하고 후진으로 진행한다.
㉤ 선회하는 경우에는 후륜이 바깥쪽으로 크게 회전하므로 사람이나 건물에 접촉 또는 충돌하지 않도록 천천히 선회한다.
㉥ 화물을 적재하고 경사로를 오를 경우에는 전진으로 운행하고 경사로를 내려올 때는 후진으로 운행한다.
㉦ 지게차의 용량을 초과하여 적재하거나 운반하지 않는다.
㉧ 정해진 장소에만 지게차를 주차하고 포크는 완전히 바닥에 위치해두며, 열쇠는 운전자가 별도로 관리한다.
㉨ 지게차 운전자는 회사에서 정한 구내속도를 준수한다.

지게차 주차 방법
- 지게차를 경사면에 주차할 경우 사고가 발생할 수 있기 때문에 경사면에 주차를 금지한다.
- 시동을 끄고 방향 전환 레버는 중립으로 놓는다.
- 주차 브레이크를 점검한다.
- 지게차에서 뛰어 내리지 않는다.

지게차 안전작업
- 포크에 사람이 올라가서는 안 된다.
- 운전석 외부에서 운전해서는 안 된다.
- 운전석 외부의 물건이나 다른 어떤 것을 잡으려고 서 있거나 가까이에 있어서는 안 된다.
- 작업 중 화물 아래에 사람이 있도록 해서는 안 된다.
- 적재가 부적절한 화물을 이동시켜서는 안 된다.
- 지게차는 후진주행도 하므로 시야 확보에 방해가 되는 화물은 치워야 한다.

적재능력
마스트를 90°로 바로 세운 상태에서 정해진 하중으로, 중심의 범위 내에서 포크로 인양할 수 있는 하물의 최대 무게를 말한다.

확인학습

1. 지게차 주차에 대한 설명으로 옳은 것은?
   ① 포크를 지면에서 약 20cm 정도 되게 놓는다.
   ② 포크의 끝이 지면에 접촉하도록 마스트를 전방으로 약간 기울여 놓는다.
   ③ 마스트를 후방으로 기울여 놓는다.
   ④ 경사지에 정지시키고 레버는 전진 위치에 놓는다.

   > HINT ② 지게차를 주차할 경우 포크는 바닥까지 완전히 내리고 마스트는 포크가 바닥에 접촉할 때까지 앞으로 기울여야 한다.

2. 지게차 주행 시 주의해야 할 사항으로 틀린 것은?
   ① 짐을 싣고 주행할 때는 절대로 속도를 내서는 안 된다.
   ② 노면의 상태에 충분한 주의를 하여야 한다.
   ③ 적하 장치에 사람을 태워서는 안 된다.
   ④ 포크의 끝을 밖으로 경사지게 한다.

   > HINT ④ 포크나, 운반 중인 화물 하부에 작업자의 출입을 금지한다.
   > ①②③ 짐을 싣고 운행할 경우 급선회, 급제동, 오조작 등의 운전결함으로 지게차가 전복되어 사고의 위험성이 크며 작업 시 제한속도 준수해야 한다.

3. 지게차로 가파른 경사지에서 적재물을 운반할 때에는 어떤 방법이 좋겠는가?
   ① 적재물을 앞으로 하여 천천히 내려온다.
   ② 기어의 변속을 중립에 놓고 내려온다.
   ③ 기어의 변속을 저속상태로 놓고 후진으로 내려온다.
   ④ 지그재그로 회전하여 내려온다.

   > HINT ③ 화물이 적재된 상태에서 경사로를 올라갈 경우 기어를 전진으로 운행을 하며, 반대로 경사로를 내려올 경우에는 후진으로 운행을 하도록 한다.

4. 지게차의 운전을 종료했을 취해야 할 안전사항이 아닌 것은?
   ① 연료를 빼낸다.
   ② 각종 레버는 중립에 둔다.
   ③ 주차브레이크를 작동시킨다.
   ④ 전원 스위치를 차단시킨다.

   > HINT ① 운전 종료 후 일반적으로 연료를 빼내지는 않는다.

5. 지게차에서 주행 중 핸들이 떨리는 원인으로 틀린 것은?
   ① 노면에 요철이 있을 때
   ② 포크가 휘었을 때
   ③ 휠이 휘었을 때
   ④ 타이어 밸런스가 맞지 않을 때

   > HINT ② 노면이 평탄하지 않거나 휠 또는 타이어의 이상이 있는 경우 핸들의 떨림 원인이 된다. 포크는 지게차의 작업장치로 주행장치인 핸들과 관련성이 없다.

6. 지게차를 주차할 때 적당한 포크의 위치는?
   ① 지상에서 30cm
   ② 지상에서 40cm
   ③ 지상에서 50cm
   ④ 바닥까지 완전히 내림

   > HINT ④ 지게차 주차 시 포크를 바닥까지 완전히 내리고 마스트는 포크가 바닥에 닿을 때까지 앞으로 기울인다.
   > ※ 지게차 주차 안전 수칙
   > ㉠ 경사면에 주차하지 않는다.
   > ㉡ 방향전환 레버는 중립 위치에 놓는다.
   > ㉢ 시동을 끄고 Key는 운전자가 지참한다.
   > ㉣ 주차브레이크를 확실히 작동시킨다.

1.② 2.④ 3.③ 4.① 5.② 6.④

3 불도저

(1) 불도저

① 불도저 : 불도저는 작업 조건에 따라 전면부 또는 후면부에 토공판(블레이드, 배토판)를 부착하고 굴토, 성토, 확토 작업 등에 사용되는 토공용 건설기계이다.

② 불도저의 구분 : 주행 장치에 따라 불도저는 무한궤도식(크롤러)과 타이어식으로 구분되며, 무한궤도식은 접지 면적이 넓고 접지 압력이 적어 경사진 지역, 습지 등 물이 많은 곳에서 작업이 용이하나, 타이어식과 비교하면 기동성이 좋지 않은 단점이 있다.

③ 용도 : 불도저는 본체인 트랙터(Tractor)를 주축으로 엔진은 디젤기관을 사용하며, 작업장치는 토공판을 비롯하여, 리퍼, 원치, 견인용 고리 등을 부착하여 용도에 알맞은 작업을 진행한다. 보통 불도저는 15~100m 정도를 이동하는 단거리 작업에 사용된다.

④ 불도저의 종류

구분	내용
스트레이트 도저	전방에 배토판(토공판)을 직각(90°)으로 설치한 것을 말한다. 앵글 도저보다 용량이 커 직선 작업 및 배수로 매몰 작업 등에 특화되어 있다. 배토판을 위아래로 조정할 수 있지만 임의로 기울일 수는 없다.
틸트 도저	배토판을 상하좌우로도 움직일 수 있는 도저이다. 움직일 수 있는 각도는 20~25°이며, 나무뿌리 파내기, 굳은 지면 파헤치기 등의 거친 작업에 용이하다.
앵글 도저	틸트 도저보다 배토판이 길고 낮으며, 측면으로 회전이 가능한 기계이다. 따라서 측면으로 토사를 미는 작업이나 제설작업에 적합하다.

⑤ 불도저 안전 작업 시 유의 사항
  ㉠ 절삭 작업 시 표토는 5~8cm, 그 외에는 20~30cm 깊이로 절토한다.
  ㉡ 절삭 작업속도는 1~2단 속도가 이상적이고, 작업 능률향상을 위해서는 2~3단 속도로 작업이 효율적이다.
  ㉢ 경사지 조향 시는 후진 조향을 실시한다.
  ㉣ 리퍼 작업 시 15°이상 선회작업을 금지한다.
  ㉤ 원목 제거 시 3면을 절토한 후 제거하고, 나무뿌리 제거 시는 삽을 틸트하여 제거한다.

불도저 보조 작업장치

구분	내용
리퍼	뒤쪽에 부착하여 딱딱하게 굳은 땅을 파거나 암석 등을 제거하는 장치이다.
원치	주로 벌목 운송에 사용되는 장치로 불도저의 동력을 이용한 것을 가리킨다. 드럼을 회전시켜서 연결된 케이블에 목재 등을 끌어당기게 된다.
훅	측면에 연결된 작업장치로써 화물의 적재와 적하 작업에 사용되는 장치이다.

작업을 할 때 배토판이 느리게 상승하는 원인
• 낮은 유압
• 릴리프 밸브가 불량
• 유압 실린더의 누유
• 유압 펌프가 불량

확인학습

1 무한궤도형 불도저의 장점 설명으로 틀린 것은?

① 이동성이 우수하다.
② 물이 있어도 작업에 용이하다.
③ 견인력이 우수하다.
④ 습지 통과가 용이하다.

> HINT ① 무한궤도식 불도저는 접지하는 면적이 넓고 접지 압력이 적기 때문에 습지나 연약지에서 작업이 용이하며, 수중의 이동도 가능하나, 이동성은 휠형식에 비해 상대적으로 떨어진다.

2 불도저의 작업 후 정비 사항이 아닌 것은?

① 외부에 이물질 등이 묻었으면 제거한다.
② 연료 탱크에 연료를 가득 채운다.
③ 배기가스의 색깔이나 진동을 점검한다.
④ 축전지의 접지선을 분리시킨다.

> HINT ③ 배기가스의 색깔이나 불도저의 진동 등은 작업 중에 알 수 있는 사항이다.

3 불도저의 배토판 상승이 늦는 원인이 아닌 것은?

① 릴리프 밸브의 조정이 불량할 때
② 유압 작동 실린더의 내부누출이 있을 때
③ 펌프가 불량할 때
④ 작동 유압이 너무 높을 때

> HINT ④ 작업을 할 때 배토판이 느리게 상승하는 원인은 낮은 유압이 대부분이다.
> ※ 작업을 할 때 배토판이 느리게 상승하는 원인
> ㉠ 낮은 유압
> ㉡ 릴리프 밸브가 불량
> ㉢ 유압 실린더의 누유
> ㉣ 유압 펌프가 불량

4 불도저를 용도별로 분류한 것으로 틀린 것은?

① 스트레이트 도저
② 틸트도저
③ 브레이커도저
④ 앵글도저

> HINT ③ 불도저는 용도에 따라 스트레이트 도저, 틸트 도저, 앵글도저로 구분한다.
> ※ 불도저 종류
> ㉠ 스트레이트 도저(Straight Dozer) : 전방에 배토판을 직각(90°)으로 설치한 것을 말한다.
> ㉡ 틸트 도저(Tilt Dozer) : 배토판을 상하좌우로 움직일 수 있는 도저이다.
> ㉢ 앵글 도저(Angle Dozer) : 틸트 도저보다 배토판이 길고 낮으며, 측면으로 회전이 가능한 기계로 측면으로 토사를 미는 작업이나 제설작업에 적합하다.

1.① 2.③ 3.④ 4.③

4 기중기

(1) 기중기

① 기중기 : 무거운 중량의 화물을 적재 및 적하하거나, 토사 굴토 작업 등을 하는 기계이다.

② 기중기 작업

구분	내용
셔블 작업	기중기가 위치한 장소보다 높은 곳의 지역의 토사를 셔블(샵) 장치로 굴토하는 작업을 의미한다.
드래그 라인 작업	토사를 긁어 파는 작업을 말한다. 수중, 제방 구축처럼 작업 반경이 큰 지역에서 하는 작업이다.
훅 작업	화물을 훅(갈고리)에 걸어 적재와 적화(화물을 배나 차에 실음)하는 것을 말한다. 일반적으로 가장 많이 사용되는 기중기 작업이다.
크람셀 작업	크람셀이란 조개 뚜껑과 같이 생긴 버킷으로 버킷의 입을 벌려서 낙하시키고 입을 닫으면서 토사를 퍼 올리는 기계이다. 주로 수직으로 굴토를 하거나 토사를 상차하는데 이용된다. 크람셀의 모습이 조개와 비슷하다고 하여 '조개 작업'이라고도 불린다.
트랜치 호 작업	도랑을 파내는 작업을 가리킨다.
기둥 박기 작업	건물 기초공사에 필요한 기둥 박기 작업을 말한다.

③ 기중기 기본 동작

구분	대상
호이스트	짐 올리기를 말한다.
스윙	화물을 적재한 상태에서 상부 회전체가 360° 회전하는 것을 말한다.
파기	버킷에 흙을 담는 작업을 말한다.
당기기	셔블(샵) 장치에서 상부 회전체가 샵을 당기는 것을 말한다.
버리기	흙을 버리는 것을 말한다.

종류
기중기는 작동 방식, 주행방식 등에 따라 다음과 같이 구분한다.

구분	종류
주행방식	무한궤도식, 트럭 탑재식, 타이어식
작동방식	기계식, 유압식

붐의 기복
붐이 상하로 움직이는 것을 가리킨다. 붐이 아래로 하강하여 경사각이 작아지는 것을 '붐 내리기', 붐을 올리는 것을 '붐 올리기'라고 한다. 적재된 화물이 무거울 경우 붐의 길이가 길어지면 전복될 위험이 있다. 따라서 화물의 무게가 무거우면 붐의 길이를 짧게 하고 각도는 올려서 작업을 하는 것이 적절하다.

경사각(Angle of Boom)
경사각이란 상부 회전체와 붐이 연결된 풋 핀(Foot Pin) 사이의 각도를 말한다. 붐의 허용 각도는 최소 20°이상 최대 78°이내이며, 작업에 적합한 각도는 최대 66°이고, 최소 각도는 30°이다.

확인학습

1. 기중기의 사용 용도로 가장 거리가 먼 것은?
   ① 철도, 교량의 설치작업
   ② 일반적인 기중작업
   ③ 차량의 화물 적재 및 적하작업
   ④ 제방 경사작업

   > HINT ④ 기중기는 일반적인 기중작업, 토사·굴토 및 굴착 작업화물의 적하 및 적재작업과 등을 할 수 있다.

2. 기중기 붐의 길어지면 작업반경은?
   ① 작업반경이 변함없다.
   ② 작업반경이 낮아진다.
   ③ 작업반경이 짧아진다.
   ④ 작업반경이 길어진다.

   > HINT ④ 기중기의 작업 반경은 붐의 길이와 비례한다. 따라서 붐의 길이가 길면 작업반경도 늘어난다.

3. 기중 작업에서 물체의 무게가 무거울수록 붐 길이와 각도는 어떻게 하는 것이 좋은가?
   ① 붐 길이는 길게, 각도는 크게
   ② 붐 길이는 짧게, 각도는 그대로
   ③ 붐 길이는 짧게, 각도는 크게
   ④ 붐 길이는 짧게, 각도는 작게

   > HINT ③ 양중하는 물체가 무거울 경우 붐의 길이는 짧게 하고 붐의 각은 올려서 작업을 해야 기중 능력이 상승한다.

4. 기중기의 붐이 하강하지 않는다. 그 원인에 해당하는 것은?
   ① 붐과 호이스트 레버를 하강방향으로 같이 작용시켰기 때문이다.
   ② 붐에 큰 하중이 걸려있기 때문이다.
   ③ 붐에 너무 낮은 하중이 걸려 있기 때문이다.
   ④ 붐 호이스트 브레이크가 풀리지 않는다.

   > HINT ④ 붐 호이스트 브레이크가 풀리지 않으면 기중기의 붐이 하강할 수 없다.

5. 기중기 붐의 길이를 결정하는데 가장 거리가 먼 것은?
   ① 작업 시 속도
   ② 이동할 장소
   ③ 화물의 위치
   ④ 적재할 높이

   > HINT ① 기중기 붐의 길이는 이동할 장소, 화물의 위치, 적재할 높이에 따라 결정된다.

6. 일반적으로 기중기 작업시 붐의 최대와 최소 제한각도로 가장 적합한 것은?
   ① 최대 20°, 최소 30°
   ② 최대 78°, 최소 20°
   ③ 최대 78°, 최소 55°
   ④ 최대 180°, 최소 20°

   > HINT ② 경사각(Angle of Boom)이란 상부 회전체와 붐이 연결된 풋 핀(Foot Pin) 사이의 각도를 말한다. 붐의 허용각도는 최소 20°이상 최대 78°이내이며, 작업에 적합한 각도는 최대 66°이고, 최소 각도는 30°이다.

1.④ 2.④ 3.③ 4.④ 5.① 6.②

(2) 기중기 안전 작업

① 와이어로프
㉠ 와이어로프는 탄소강의 소재를 꼬아서 가닥으로 만들고 이 가닥을 심(Core) 주위에 일정한 피치(Pitch)로 감아서 제작한 일종의 구조물이다.

㉡ 와이어로프 관리수칙
- 와이어로프에 기름이 없으면 소리가 크게 난다. 따라서 와이어로프에 적당한 구리스를 발라주어야 마모를 예방할 수 있다.
- 와아이로프는 요철이 심한 지면에 끌거나 굴리게 되면 마모가 생겨 작업 시 위험을 초래할 수 있다.
- 산이나 황산, 직사광선, 열을 피해야 한다.

> **기중기 와이어 로프 안전계수**
> 안전계수란 해당 소재의 파괴하중과 허용하중과의 비를 말한다. 와이어 로프의 안전율은 와이어 로프의 절단하중의 값을 해당 와이어 로프에 걸리는 하중의 최대값(허용하중)으로 나눈 값을 말한다. 기중기에 사용되는 로프의 안전계수를 구하는 공식은 $\dfrac{파단하중(절단하중)}{안전하중(허용하중)}$ 이다.

② 안전장치 종류

구분	내용
권과 방지 장치	기중기가 권상 작업(와이어 로프를 감으면서 중량물을 끌어올리는 것)도중 권과를 방지하기 위하여 자동적으로 동력을 차단하고 작동을 제동하는 장치를 말한다.
훅 해지 장치	훅에서 와이어 로프가 이탈하는 것을 방지하는 장치를 말한다. 화물 이동 시 화물의 흔들림에 의한 낙하를 예방하기 위하여 훅 해지 장치 설치하여야 한다.
기복제한 장치	붐이 허용된 제한 각도 이상으로 도달하면 붐 상승을 정지시키는 장치를 말한다.
아웃트리거	바퀴형식 기중기를 사용할 때 작업 시 안정성을 높여 주는 장치를 말한다.

> **소켓장치**
> 와이어 로프의 끝을 연결 또는 고정하는 부품이다.
>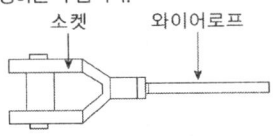

③ 기중기 작업 시 유의 사항
㉠ 작업 반경 내 근로자의 접근을 금지한다.
㉡ 장비 이동시는 붐을 하강시키거나 수축시켜 고정한 후 주행해야 한다.
㉢ 주행 시는 스윙 Lock을 걸어두어야 한다.
㉣ 운행로 선택은 장비의 높이, 폭, 길이를 고려하여 선택한다.
㉤ 정격하중을 초과하지 말아야 한다.
㉥ 하중을 지면에서 30cm 정도 들어보고 안전하면 권상하며, 이 때 붐의 각도는 최소 20°이상 최대 78°이내일 것을 요한다.
㉦ 작업 시는 반드시 아웃트리거를 사용하여 항상 수평 유지해야 한다.
㉧ 신호는 유자격자 중 한 사람의 신호만을 따른다.

> **권상하중**
> 기중기의 구조와 재료에 따라 들어올릴 수 있는 최대 하중으로 훅(Hook)과 같은 달기 기구의 중량을 포함한다.
>
> **임계하중**
> 기중기가 스윙 작업을 하지 않고 있는 경우 들 수 있는 하중과 들 수 없는 하중 하중의 임계점을 말한다.

확인학습

1 기중기의 각 장치 가운데 옆 방향 전도 방지를 위한 것은?

① 붐 스톱 장치
② 스윙로크 장치
③ 아우트리거 장치
④ 파워로-링 장치

> HINT ③ 아우트리거(Outrigger)는 기중기의 안정장치의 일종으로, 기중기에 장착하여 작업 시의 안정성을 보다 좋게 하기 위한 장비이다. 가벼운 물건이라도 안정성을 위해서 아우트리거를 사용하는 것이 좋다.

2 기중기의 드래그라인에서 드래그 로프를 드럼에 잘 감기도록 안내하는 것은?

① 시브
② 새들 블럭
③ 라인 와인더
④ 페어리드

> HINT ④ 기중기의 드래그라인(drag line)이란 기체에서 붐을 연장시켜 그 끝에 매단 스크레이퍼 버킷을 전방에 투하하고, 버킷을 끌어당기면서 토사를 긁어 들이는 굴착 작업을 말한다. 페어 리드(fair lead)는 로프가 드럼에 잘 감기도록 안내하는 역할을 한다.

3 기중기의 와이어로프 끝을 고정시키는 방식은?

① 조임장치
② 스프로켓
③ 소켓장치
④ 체인장치

> HINT ③ 소켓은 와이어 로프의 끝을 연결 또는 고정하는 부품이다.

4 기중기 크람셀 장치에서 태그라인의 역할은?

① 전달을 안전하게 연장하는 로프이다.
② 지브붐이 휘는 것을 방지해 준다.
③ 와이어 케이블의 청소와 원활감을 유도한다.
④ 와이어 케이블이 꼬이고, 버킷이 요동되는 것을 방지한다.

> HINT ④ 크람셀이란 조개 뚜껑과 같이 생긴 버킷으로 버킷의 입을 벌려서 낙하시키고 입을 닫으면서 토사를 퍼 올리는 것을 말하며, 주로 수직으로 굴토를 하거나 토사를 상차하는데 이용된다. 선회 작업 또는 붐의 기복 등의 작업을 할 경우 와이어 로프가 꼬일 수 있기 때문에 와이어 로프를 가볍게 당겨 버킷의 흔들림을 막는 태그 라인(tag line)을 설치한다.

5 훅에서 와이어 로프가 이탈하는 것을 방지하는 안전장치는?

① 훅 해지 장치
② 권과방지장치
③ 아우트리거
④ 붐기복제한장치

> HINT ① 훅에서 와이어 로프가 이탈하는 것을 방지하는 장치는 훅 해지 장치이다. 화물 이동 시 화물의 흔들림에 의한 낙하를 예방하기 위하여 훅 해지 장치 설치하여야 한다.

6 기중기 작업 전 점검사항이 아닌 것은?

① 작업반경 내에 장애물은 없는가
② 급유는 골고루 되어 있는가
③ 전원 스위치는 잘 차단되어 있는가
④ 운전실 조정 레버, 스위치류는 정 위치에 있는가

> HINT ③ 전원 스위치가 차단되어 있는지 여부는 작업 후 점검사항이다.

1.③ 2.④ 3.③ 4.④ 5.① 6.③

5 모터 그레이더

(1) 모터 그레이더

① 모터 그레이더(Motor Grader) : 모터 그레이더는 주로 땅고르기, 배수파기, 제설작업, 경사면 절삭, 파이프 묻기 등을 하기 위한 장비로 이외에도 아스팔트 포장 재료의 배합 등에 이용된다.

② 모터 그레이더의 구조 : 모터 그레이더는 땅을 파 일구는 스캐리파이어(Scarifier)와 땅을 고르는 블레이드(Blade)를 장착하여, 제설작업 등의 작업에 사용된다. 모터 그레이더는 유압식과 기계식으로 구분되며, 유압식 모터 그레이더에서 유압 모터는 블레이드 회전 장치에 설치된다. 하중 분포는 전륜 30%, 후륜이 70%로 분배되어 있으며 보통 뒷바퀴로 구동되는 형식이다.

구분	내용
스캐리파이어	작업지반의 상태에 따라 투스의 수를 변경할 수 있는 구조이어야 한다.
블레이드	블레이드는 상하, 좌우 및 선회를 통하여 작업각도를 조절할 수 있고, 각도 고정용 잠금장치를 설치하여야 한다.

③ 규격에 따른 구분 : 블레이드(Blade)를 길이를 기준으로 표시하며 일반적으로 3.7m를 대형, 3.1m를 중형, 2.5m를 소형으로 구분한다.

④ 모터 그레이더 작업

구분	내용
산포 작업	작업지면에 모래, 자갈, 흙 등을 골고루 펴는 작업을 말한다.
지균작업 (정지작업)	모터 그레이더가 하는 일반적인 작업으로 땅을 평탄하게 하는 작업을 가리킨다. 블레이드의 각도는 20~30°가 적당하다.
제설작업	도로에 쌓인 눈을 제거하는 작업으로 블레이드로 작업을 한다. 이때 지면과 블레이드 사이 거리는 약 5mm 정도가 적당하다.
스캐리파이어 작업	스캐리파이어는 딱딱한 흙을 파거나 나무를 뽑는데 사용하는 작업장치로, 배토판(Blade)으로는 작업하기 곤란한 지면을 스캐리파이어를 이용하여 깨뜨려 부수는 것이다. 스캐리파이어로 작업한 이후에는 블레이드를 통해 다시 표면을 평탄하게 정리하여야 한다.
측구작업	측구(Gutter)란 도로의 노면 배수를 위해 도로에 만들어져 있는 도랑을 가리킨다.

※ 모터 그레이더는 보통 2~4km/h의 낮은 속도로 주행하면서 작업한다. 모터 그레이더는 스스로 움직일 수 있는지에 여부에 따라 스스로 작업이 가능한 '자주식'과 트랙터에 의해 견인되는 '견인식'이 있다.

시어핀(shear pin)
시어핀은 작업 조정 장치와 변속기 사이에 설치되어 무리한 작업 상태에서 스스로 절단되어 작업 조정 장치의 파손을 막기 위한 안전장치이다. 유압식 모터 그레이더에는 설치되지 않는다.

모터 그레이더는 직진성을 위해 차동장치가 설치되어 있지 않다.

리닝 장치(Leaning System)
모터 그레이더는 앞에서 뒤까지 길이가 긴 구조로 되어 있어 회전을 할 경우 회전 반지름이 크다. 그래서 작업을 하는데 긴 구조는 폭이 좁은 작업장에서 회전을 하는데 큰 어려움이 있다. 따라서 이 회전 반지름을 적게 하기 위해 앞바퀴를 선회하려는 방향으로 기울이게 만드는 기술이 사용되는데 이를 리닝 장치(전륜 경사 장치)라 부른다. 즉 리닝 장치란 회전반경을 작게 하는 장치를 말한다.

텐덤 드라이브(Tandem Drive)
텐덤 드라이브란 기계를 직렬로 배치하여 구동하는 것으로, 모터그레이더가 요철(오목함과 볼록함)이 심한 지면에서 상하 또는 좌우로 움직이는 경우에도 블레이드의 수평작업이 가능하도록 하는 장치를 텐덤장치라 한다.

확인학습

1. 모터 그레이더의 완충 기능을 하는 것은?

   ① 판 스프링
   ② 코일 스프링
   ③ 공기 스프링
   ④ 탠덤 드라이브

   > HINT ④ 탠덤 드라이브란 기계를 직렬로 배치하여 구동하는 것으로, 모터그레이더가 요철(오목함과 볼록함)이 심한 지면에서 상하 또는 좌우로 움직이는 경우에도 블레이드의 수평작업이 가능하도록 하는 장치를 말한다.

2. 모터 그레이더가 주행 중 연속적으로 소음이 나는 원인은?

   ① 휠 실린더의 피스톤이 노화 되었다.
   ② 클러치 레버와 시프트면의 간극이 불균일하다.
   ③ 포크 샤프트의 토션 스프링이 소손되었다.
   ④ 탠덤 드라이브 기어오일이 부족하다.

   > HINT ④ 탠덤 드라이브는 기어식과 체인식이 있으며 기어식의 경우 기어오일이 부족할 경우 주행 중에 소음이 발생할 수 있다.

3. 모터 그레이더에 차동장치가 설치되지 않는 이유는?

   ① 작업 시 직진성을 향상시키기 위해
   ② 사이드 슬립을 없애기 위해
   ③ 회전 반경을 작게 하기 위해
   ④ 급회전을 줄이기 위해

   > HINT ① 차동장치는 차량이 선회하거나 표면이 거친 도로를 주행할 때 자동으로 바퀴 회전을 조절하는 역할을 하는 장치로 모터 그레이더는 작업 시 직진성 향상을 위해 차동장치를 설치하지 않는다.

4. 모터 그레이더에서 리닝 장치의 설치목적으로 맞는 것은

   ① 조향력을 증가시킨다.
   ② 견인력을 증가시킨다.
   ③ 회전반경을 작게 한다.
   ④ 완충작용을 한다.

   > HINT ③ 모터 그레이더는 앞에서 뒤까지 길이가 긴 구조로 되어 있어 회전을 할 경우 회전 반지름이 크다. 그래서 작업을 하는데 긴 구조는 폭이 좁은 작업장에서 회전을 하는데 큰 어려움이 있다. 따라서 이 회전 반지름을 적게 하기 위해 앞바퀴를 선회하려는 방향으로 기울이게 만드는 기술이 사용되는데 이를 리닝 장치(전륜 경사 장치)라 부른다. 즉 리닝 장치란 회전반경을 작게 하는 장치를 말한다.

5. 스캐리파이어가 하는 일은?

   ① 삽날을 위아래로 조정한다.
   ② 전륜을 경사시킨다.
   ③ 탠덤 드라이브 장치를 고정한다.
   ④ 딱딱하게 굳거나 얼어붙은 땅을 파헤치는데 사용한다.

   > HINT ④ 스캐리파이어는 딱딱한 흙을 파거나 나무를 뽑는데 사용하는 작업장치로, 배토판(Blade)으로는 작업하기 곤란한 지면을 스캐리파이어를 이용하여 깨뜨려 부수는 파쇄 작업에 사용된다.

1.④ 2.④ 3.① 4.③ 5.④

6 로더

(1) 로더

① **로더(Loader)** : 트랙터(Tractor)의 전면에 적재 장치인 버킷(Bucket)을 장착하고 토사, 자갈, 골재를 퍼서 다른 곳으로 운반하거나 덤프차에 적재하는 건설기계를 말한다. 외형은 불도저와 매우 흡사한 것이 특징이다. 트랙터에 블레이드(Blade)를 장착하면 도저이며, 버킷을 설치하면 로더(Loader)이다.

② **로더 작업** : 로더는 재료를 버킷에 담거나, 담긴 재료를 운반하고, 담긴 재료를 목적 장소에 덤프 하거나 재료를 담는 작업을 한다.

③ **종류** : 주행장치에 따라 무한궤도식과 그림과 같은 차륜식 로더로 구분되어진다. 무한궤도식 로더는 무한궤도 특성에 따라 모래나 열악한 환경에서 작업을 하는 데 용이하며, 차륜식(바퀴) 로더는 기동성이 좋아 장거리 이동에 적합하나, 작업 효율은 무한궤도식보다 떨어진다. 로더는 작업방식에 따라 다음과 같이 구분된다.

구분	내용
프론트 엔드 형	로더 전면부에 버킷을 설치한 것으로 가장 일반적인 형식이다.
백호 셔블 형	다용도로 사용할 수 있도록 고안된 것으로, 로더 뒷부분에 백호 셔블을 장착하고, 전면부에 버킷을 장착하여, 굴삭과 적재를 함께 할 수 있는 로더이다.
스키드 로더 형	휠 형식 로더와 달리 방향을 전환할 경우 바퀴를 회전시키지 않고 한쪽 바퀴는 전진하고 다른 쪽 바퀴는 후진하는 방식으로 방향을 전환한다.
투웨이 도저 형	앞부분에 버킷 대신에 불도저에 이용되는 (블레이드를 장착하는 형식이다.
사이드 덤프 형	부착된 버킷을 좌우로 기울일 수 있는 형식이다.

④ **로더 작업 안전수칙**
   ㉠ 작업 주행 또는 평상적인 주행 시는 버킷을 낮추고 주행(30~60cm)한다.
   ㉡ 버킷 밑면을 지면과 수평이 되게(전방 5°경사)하고 흙더미에 접근한다.
   ㉢ 흙더미 주변 90°로 덤프트럭을 세우고 로더가 45°로 접근한다.
   ㉣ 상차 시는 덤프트럭 적재함과 직각을 이루는 것이 가장 적절하다.
   ㉤ 경사지 작업 시 변속 레버는 전진, 저속 위치로 두어야 로더가 흘러내리지 않는다.

로더의 덤프 트럭에 상차 방법
상차 방법에는 I형, T형, V형이 있다.

로더 버켓 높이
상차 작업 할 때와 굴삭작업이 완료되는 순간 버켓을 높이 들고 이동하며 작업 주행 또는 평상적인 주행시는 버켓을 낮추고 주행(30~60cm) 하도록 한다.

타이어식 로더의 운전 시 주의해야 할 사항
- 새로 구축한 주변 부분은 연약지반이므로 주의한다.
- 경사지를 내려갈 때는 클러치를 분리하거나 변속레버를 중립에 놓지 않음
- 토양의 조건과 엔진의 회전수를 고려하여 운전
- 버켓의 움직임과 흙의 부하에 따라 대처하여 작업

그레이딩 작업
그레이딩 작업은 지면을 고르는 작업을 말한다.

확인학습

1. 로더의 작업 중 그레이딩 작업이란?
   ① 굴착 작업
   ② 깎아내기 작업
   ③ 적재 작업
   ④ 지면 고르기 작업

   > HINT ④ 그레이딩 작업은 지면을 고르는 작업을 말한다.

2. 로더장비로 작업할 수 있는 가장 적합한 것은?
   ① 백호 작업
   ② 트럭과 호퍼에 토사 적재 작업
   ③ 훅 작업
   ④ 아스팔트 살포 작업

   > HINT ② 로더는 보통 건설현장에서 토사를 차량에 적재하거나 운반하는 작업을 수행한다.

3. 로더의 동력전달 순서로 맞는 것은?
   ① 엔진 → 유압변속기 → 크컨버터 → 종감속장치 → 구동륜
   ② 엔진 → 유압변속기 → 종감속장치 → 토크컨버터 → 구동륜
   ③ 엔진 → 토크컨버터 → 유압변속기 → 종감속장치 → 구동륜
   ④ 엔진 → 토크컨버터 → 종감속장치 → 유압변속기 → 구동륜

   > HINT ③ 엔진→토크 컨버터→유압변속기→종감속장치→구동륜 순으로 동력이 전달된다.

4. 휠 형(wheel) 로더의 차동제한장치의 역할은?
   ① 원활하게 조향할 수 있게 한다.
   ② 변속이 용이하다.
   ③ 충격이 완화된다.
   ④ 연약한 지반에서 작업이 유리하다.

   > HINT ④ 차동제한장치는 열악한 지면이나 고르지 못한 바닥 상태에서 미끄러짐을 방지하여 최대의 견인력을 제공한다.

5. 타이어식 로더가 무한 궤도식 로더에 비해 가장 좋은 점은?
   ① 견인력
   ② 기동성
   ③ 습지에서의 작업성
   ④ 비포장도로에서의 작업성

   > HINT ② 타이어식 로더는 무한궤도식에 비해 평탄한 작업장에서는 기동성과 이동력이 뛰어나 먼 거리를 이동할 때 트레일러의 장비에 적재하지 않아도 된다.

6. 로더로 상차 작업 대상물 진입하는 방법 중 없는 것은?
   ① V형 상차법(V형)
   ② 직진·후진법(I형)
   ③ 90°회전법(T형)
   ④ 좌우 옆으로 진입방법(N형)

   > HINT ④ 로더가 덤프 트럭에 상차하는 방법에는 I형, T형, V형이 있다.

1.④ 2.② 3.③ 4.④ 5.② 6.④

핵심 CHECK! CHECK! 건설기계 작업장치

- 굴삭기(굴착기)란 땅이나 암석 등을 파고, 깎아 낸 것을 처리하는 건설기계로, 다양한 버킷을 이용하여 토사 적재부터 택지 조성 작업, 원목 적재, 견인 작업, 기초 바닥파기 작업, 배수로 묻기 작업 등을 할 수 있다.
- 굴삭기는 이동 형태에 따라 무한궤도식과 바퀴식 굴삭기로 구분할 수 있으며, 무한궤도식은 탱크처럼 여러 개의 트랙을 연결하여 주행하는 방식을 말한다. 굴곡이 심한 습지·모래나 작업이 힘든 지역에서 주로 사용되며, 기동성이 좋지 않다.
- 트랙 구조의 무한궤도식 장비 하부 주행체는 언더캐리지라고도 불리며, 주행 모터, 동력을 미끄러짐 없이 전달하는 스프로킷, 트랙 등으로 구성되어 있다.
- 지게차는 차체 앞에 화물 적재용 포크(Fork)와 이것을 승강시키는 기둥인 마스트(Mast)를 갖추고 포크 위에 화물을 적재하여 운반하는 하역용 작업기계이다.
- 지게차는 구조상 차체의 전방에 하물을 적재하는 'L자형'으로 굽은 특수한 '포크'가 있으며, 이 포크의 적재된 하물을 일정 높이까지 올리는 지주대인 '마스트'가 있다.
- 지게차는 특성상 회전반경이 작아야하고, 물건을 싣는 앞쪽이 가능한 흔들리지 않아야 하므로 뒷바퀴(후륜) 조향 방식을 주로 사용한다.
- 불도저는 작업 조건에 따라 전면부 또는 후면부에 토공판(블레이드, 배토판)를 부착하고 굴토, 성토, 확토 작업 등에 사용되는 토공용 건설기계이다.
- 기중기 붐의 허용 각도는 최소 20°이상 최대 78°이내이며, 작업에 적합한 각도는 최대 66°이고, 최소 각도는 30°이다.
- 권과 방지 장치란 기중기가 권상 작업(와이어 로프를 감으면서 중량물을 끌어올리는 것) 도중 권과를 방지하기 위하여 자동적으로 동력을 차단하고 작동을 제동하는 장치를 말한다.
- 와이어 로프에 기름이 없으면 소리가 크게 난다. 따라서 와이어 로프에 적당한 구리스를 발라주어야 마모를 방지할 수 있으며, 요철이 심한 지면에 끌거나 굴리게 되면 마모가 생겨 작업 시 위험을 초래할 수 있다.
- 모터 그레이더는 주로 땅고르기, 배수파기, 제설작업, 경사면 절삭, 파이프 묻기 등을 하기 위한 장비로 이 외에도 아스팔트 포장 재료의 배합 등에 이용된다.
- 모터 그레이더는 땅을 파 일구는 스캐리파이어와 땅을 고르는 블레이드를 장착하여, 제설작업 등의 작업에 사용된다.
- 리닝 장치란 회전반경을 작게 하는 장치로, 모터 그레이더는 앞에서 뒤까지 길이가 긴 구조로 되어 있어 회전을 할 경우 회전 반지름이 크기 때문에 설치한다.
- 로더는 트랙터(Tractor)의 전면에 적재 장치인 버킷(Bucket)을 장착하고 토사, 자갈, 골재를 퍼서 다른 곳으로 운반하거나 덤프차에 적재하는 건설기계를 말한다.
- 트랙은 트랙 슈, 부싱, 핀, 링크, 더스트 씰 등으로 구성되어 있다.
- 트랙 아이들러는 좌우 트랙 앞부분에 설치되어 트랙의 회전을 정확하게 잡아주는 역할을 한다.

건설기계 작업장치

단원확인문제

1. 무한궤도식 건설기계에서 트랙 장력이 너무 팽팽하게 조정 되었을 때 보기와 같은 부분에서 마모가 촉진되는 부분을 모두 나열한 것은?

   ㉠ 트랙 핀의 마모
   ㉡ 부싱의 마모
   ㉢ 스프로킷 마모
   ㉣ 블레이드 마모

   ① ㉠, ㉢
   ② ㉠, ㉡, ㉣
   ③ ㉠, ㉡, ㉢
   ④ ㉠, ㉡, ㉢, ㉣

   HINT ③ 무한궤도식 장비에서 트랙(Track)은 트랙 슈(Track Shoe), 부싱(Bushing), 더스트 실(Dust Seal), 트랙 링크(Track Rink), 트랙 핀(Track Pin)들이 합쳐져 구성되어 있다. 따라서 문제처럼 트랙 장력이 너무 팽팽하게 조정되어 있으면 트랙 부품들이 마모된다.
   ㉣ 블레이드(Blade)는 토공용 건설기계에 장착된 작업 장비이다.

2. 주행 중 트랙 전면에서 오는 충격을 완화하여 차체 파손을 방지하고, 운전을 원활하게 해주는 것은?

   ① 리코일 스프링
   ② 상부 롤러
   ③ 트랙 롤러
   ④ 댐퍼 스프링

   HINT ① 트랙 형식의 무한궤도식 장비에서 리코일 스프링(트랙 스프링)은 '이너 스프링(Inner Spring)'과 '아우터 스프링(Outer Spring)'으로 구성되어 있다. 리코일 스프링은 건설기계가 주행 중 전면에서 오는 충격으로 장비 파손이나, '흔들림 현상(Surging)'을 막기 위해서 2중의 강력한 구조로 되어 있다.

3. 트랙 슈의 종류로 틀린 것은?

   ① 단일 돌기 슈
   ② 습지용 슈
   ③ 이중 돌기 슈
   ④ 변하중 돌기 슈

   HINT ① 단일 돌기 슈는 돌기가 1열을 가진 슈를 말한다.
   ② 습지용 슈는 접지면적을 넓히기 위해 슈의 너비를 넓게 만든 슈를 말한다. 보통 연약한 지반에 사용한다.
   ③ 이중 돌기 슈는 돌기의 높이가 같은 2열로 배열된 슈를 말한다.

4. 무한궤도식 건설기계에서 트랙이 자주 벗겨지는 원인으로 가장 거리가 먼 것은?

   ① 최종 구동기어가 마모 되었을 때
   ② 트랙의 상·하부 롤러가 마모 되었을 때
   ③ 유격이 규정보다 클 때
   ④ 트랙의 중심 정열이 맞지 않았을 때

   HINT ① 최종 구동 기어는 동력을 발생시켜 트랙을 회전시키는 역할을 하며 트랙이 벗겨지는 현상과 직접적인 관련은 없다. 트랙 형식 건설기계에서 트랙이 벗겨지는 이유는 트랙 사이의 유격(벌어진 간격)이 커져 트랙의 장력(팽팽하게 당기는 힘)이 약해졌기 때문이다. 트랙의 장력은 작업 조건에 따라 다르기 때문에 트랙 장력을 각 조건에 맞도록 조정을 하여야 트랙의 수명을 연장할 수 있다.

ANSWER 1.③ 2.① 3.④ 4.①

5 트랙장치의 트랙 유격이 너무 커졌을 때 발생하는 현상으로 가장 적합한 것은?

① 주행속도가 빨라진다.
② 슈판 마모가 급격해진다.
③ 주행속도가 아주 느려진다.
④ 트랙이 벗겨지기 쉽다.

> HINT ④ 트랙 형식 건설기계에서 트랙이 벗겨지는 이유는 트랙 사이의 유격(벌어진 간격)이 커져 트랙의 장력(팽팽하게 당기는 힘)이 약해졌기 때문이다.

6 트랙의 장력은 실린더에 무엇을 주입하여 조절하는가?

① 그리스
② 유압유
③ 기어 오일
④ 엔진 오일

> HINT ① 언더캐리지의 트랙 링크의 텐션 실린더의 그리스가 샐 경우 트랙 링크의 장력이 늘어지면서 트랙링크가 이탈되어 벗겨지는 경우가 발생한다. 트랙의 장력이 강하면 트랙 조정 실린더의 그리스 니플에서 그리스를 풀고, 반대로 장력이 느슨하면 그리스를 주입하면서 장력을 조절한다.

7 무한궤도식 건설기계에서 트랙장력 조정은?

① 스프로켓의 조정 볼트로 한다.
② 긴도 조정 실린더로 한다.
③ 상부롤러의 베어링으로 한다.
④ 하부롤러의 시임을 조정한다.

> HINT ② 트랙의 장력은 긴도 조정 실린더(트랙 조정 실린더)로 조절한다.

8 휠 구동식의 건설기계에서 기계식 조향 장치에 사용되는 구성품이 아닌 것은?

① 하이포드 기어
② 웜 기어
③ 타이로드 엔드
④ 섹터 기어

> HINT ① 하이포드 기어(hypoid gear)는 두 축이 서로 교차, 평행하지도 않은 축에 회전력을 전달하는 원추형의 기어이다. 보통 차동(差動) 기어 장치의 감속 기어로 활용된다.

9 무한궤도식 건설기계에서 프론트 아이들러의 주된 역할은?

① 동력을 전달시켜 준다.
② 공회전을 방지하여 준다.
③ 트랙의 진로 방향을 유도시켜 준다.
④ 트랙의 회전을 조정해 준다.

> HINT ③ 무한 궤도의 한 부품인 프론트 아이들러(Front Idler)는 트랙의 장력을 유도하여 주행 방향을 유도하는 역할을 한다.

10 트랙 장치의 구성품 중 트랙 슈와 슈를 연결하는 부품은?

① 부싱과 캐리어 롤러
② 트랙 링크와 핀
③ 아이들러와 스프로켓
④ 하부 롤러와 상부 롤러

> HINT ② 트랙 슈와 슈는 트랙 링크와 핀으로 연결되어 있다.

ANSWER   5.④ 6.① 7.② 8.① 9.③ 10.②

11 도로를 주행할 때 포장 노면의 파손을 방지하기 위해 주로 사용하는 트랙 슈는?

① 평활 슈
② 단일돌기 슈
③ 습지용 슈
④ 스노 슈

HINT ① 평활 슈는 보통 도로를 주행하는 경우 사용하는 것으로 도로 파손을 막기 위해 슈의 겉표면이 매끈하게 되어 있다.

12 지게차의 일일점검 사항이 아닌 것은?

① 엔진 오일 점검
② 배터리 전해액 점검
③ 연료량 점검
④ 냉각수 점검

HINT ② 지게차는 운행 전 항상 매일 육안검사 및 기능을 점검을 점검하도록 한다. 일일 점검의 대상은 엔진오일 수준, 전기수준, 연료량, 배터리 플러그, 냉각수 수준 등을 점검한다. 배터리 전해액은 일일점검 대상이라 보기 어렵다.

13 지게차의 체인장력 조정법이 아닌 것은?

① 좌우체인이 동시에 평행한가를 확인한다.
② 포크를 지상에서 10~15cm 올린 후 확인한다.
③ 조정 후 로크 너트를 로크시키지 않는다.
④ 손으로 체인을 눌러보아 양쪽이 다르면 조정 너트로 조정한다.

HINT ③ 로크 너트(locknut)는 진동에 강한 풀림 방지 기능을 갖춘 너트로 체인장력을 조절한 후에는 반드시 로크 너트로 로크(조임)를 시켜야 한다. 지게차의 장력을 조절하려면 우선 장비를 평평한 곳에 위치한 후 포크를 수평으로 하여 노면에서 20~30cm 올려 놓고 체인을 양손으로 밀어 점검한다. 만약, 좌·우가 균등하지 않고 한쪽으로 장력이 너무 크거나 작으면 체인을 앵커볼트로 조정하도록 한다.

14 지게차에서 리프트 실린더의 상승력이 부족한 원인과 거리가 먼 것은?

① 오일 필터의 막힘
② 유압펌프의 불량
③ 리프트 실린더에서 유압유 누출
④ 틸트 로크 밸브의 밀착 불량

HINT ④ 지게차의 리프트 실린더는 유압으로 포크를 상승·하강시키는 역할을 하는 장치로 리프트 실린더의 상승에 문제가 있다면 유압 계통의 문제가 있다고 짐작할 수 있다. 틸트 로크 밸브는 마스트를 앞뒤로 이동시키는 역할을 하는 틸트 실린더에 설치한 것으로, 기관 정지 시 유압이 발생되지 않아 마스트가 갑작스럽게 기울어져 사고를 방지하기 위해 설치된다.

15 지게차의 유압식 조향장치에서 조향실린더의 직선운동을 축의 중심으로 한 회전운동으로 바꾸어 줌과 동시에 타이로드에 직선운동을 시켜 주는 것은?

① 핑거보드
② 드래그링크
③ 벨 크랭크
④ 스테빌라이져

HINT
③ 벨 크랭크(bell crank)는 'ㄱ'자 형태로 생긴 레버로 꺾인 점을 지지점으로 하여 다른 한쪽 끝에서 받은 운동이나 힘을 그 방향과 크기를 변경하여 반대쪽 끝을 통해 다른 물체에 전달하는 역할을 한다.
② 드래그링크는 피트먼 암과 조향 너클을 연결하는 로드이다.
④ 스테빌라이져는 차량의 우축과 좌측의 현가장치를 연결하는 금속제 봉을 가리킨다.

ANSWER 11.① 12.② 13.③ 14.④ 15.③

16 건설기계 운전 중 점검사항이 아닌 것은?

① 경고등 점멸 여부
② 라디에이터 냉각수량 점검
③ 작동 중 기계 이상음 점검
④ 작동상태 이상 유무 점검

> **HINT** ② 라디에이터의 냉각수량은 운행 전에 점검해야 하며 운행 중에는 확인이 어렵다.

17 타이어식 건설기계를 길고 급한 경사길을 운전할 때 반 브레이크를 사용하면 어떤 현상이 생기는가?

① 라이닝은 페이드, 파이프는 스팀록
② 라이닝은 페이드, 파이프는 베이퍼록
③ 파이프는 스팀록, 라이닝은 베이퍼록
④ 파이프는 증기패쇄, 라이닝은 스팀록

> **HINT** ② 경사길을 운전하는 도중 계속해서 브레이크를 사용하게 되면 페이드 현상과 베이퍼 록 현상이 나타나 안전에 위험을 줄 수 있다.

18 타이어타입 건설기계를 조종하여 작업을 할 때 주의하여야 할 사항으로 틀린 것은?

① 노견의 붕괴방지 여부
② 지반의 침하방지 여부
③ 작업 범위 내에 물품과 사람 배치
④ 낙석의 우려가 있으면 운전실에 헤드가이드를 부착

> **HINT** ③ 하역이나 운반 등이 이루어지는 작업 장소에 근로자의 출입을 금지해야 한다.

19 중장비 기계작업 후 점검 사항으로 거리가 먼 것은?

① 파이프나 실린더의 누유를 점검한다.
② 작동 시 필요한 소모품의 상태를 점검한다.
③ 겨울철엔 가급적 연료 탱크를 가득 채운다.
④ 다음날 계속 작업하므로 차의 내·외부는 그대로 둔다.

> **HINT** 중장비 기계작업 후 점검 사항
> • 건설기계를 견고하고 평탄한 장소에 주차
> • 작업장치(버킷, 포크, 디퍼 등)를 지면에 내려놓을 것
> • 경사지에 정지할 경우 고임목 설치
> • 브레이크 작동 및 시건상태 확인

20 굴삭기 운전 시 작업안전 사항으로 적합하지 않은 것은?

① 굴삭하면서 주행하지 않는다.
② 작업을 중지할 때에는 파낸 모서리로부터 장비를 이동시킨다.
③ 안전한 작업 반경을 초과해서 하중을 이동시킨다.
④ 스윙을 하면서 버킷으로 암석을 부딪쳐 파쇄하지 않도록 한다.

> **HINT** ③ 안전한 작업 반경을 초과하지 않아야 한다.
> ※ 굴삭기 작업 시 주의사항
> ㉠ 경사지 도중에 시동이 정지될 경우에는 버킷을 땅으로 속히 내리고 모든 조작 레버는 중립으로 설정한다.
> ㉡ 경사지 작업 시 측면절삭 지양한다.
> ㉢ 휠 타입형(바퀴 형식) 굴삭기는 아우트리거(Outrigger)를 받치고 작업한다.
> ㉣ 흙을 파면서 또는 버킷으로 비질하듯이 스윙 동작으로 정지작업을 금지한다.
> ㉤ 굴삭작업 시 굴삭장소에 케이블, 전기 고압선, 수도 배관, 가스 송유관 매설여부를 확인한다.
> ㉥ 양중(운반) 작업은 되도록 지양한다.

ANSWER 16.② 17.② 18.③ 19.④ 20.③

21 굴삭기의 기본 작업 사이클 과정으로 맞는 것은?

① 선회→굴삭→적재→선회→굴삭→붐상승
② 굴삭→적재→붐상승→선회→굴삭→선회
③ 굴삭→붐상승→스윙→적재→스윙→굴삭
④ 선회→적재→굴삭→적재→붐상승→선회

> HINT ③ 굴삭기의 기본 작업은 굴삭→붐상승→스윙→적재 →스윙→굴삭의 순서로 이루어진다.

22 무한궤도식 건설기계에서 트랙장력 조정은?

① 스프로켓의 조정 볼트로 한다.
② 긴도 조정 실린더로 한다.
③ 상부롤러의 베어링으로 한다.
④ 하부롤러의 시임을 조정한다.

> HINT ② 트랙의 장력은 긴도 조정 실린더(트랙 조정 실린더)로 조절한다.

23 화물을 적재하고 주행할 때 포크와 지면과의 간격으로 가장 적합한 것은?

① 5~10cm   ② 20~30cm
③ 50~55cm   ④ 80~85cm

> HINT ② 지게차 주행 시 포크는 지면과 약 20~30cm 정도를 띄우고 운행을 한다.

24 지게차로 적재작업을 할 때 유의사항으로 틀린 것은?

① 운반하려고 하는 화물에 가까이가면 속도를 줄인다.
② 화물 앞에서 일단 정지한다.
③ 화물이 무너지거나 파손 등의 위험성 여부를 확인한다.
④ 화물을 높이 들어올려 아랫부분을 확인하며 천천히 출발한다.

> HINT ④ 지게차는 물체를 높이 올린 상태로 주행 및 선회하지 않는다.

ANSWER 21.③ 22.② 23.② 24.④

PART 06

유압일반

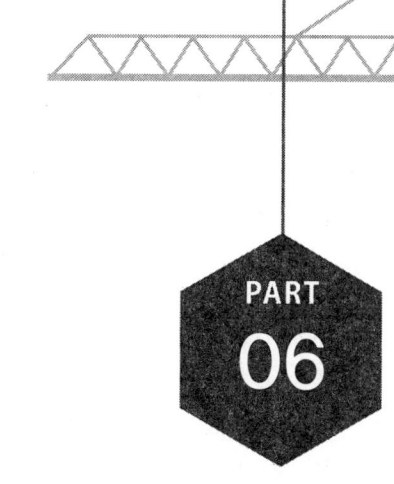

06 유압일반

1 유압

(1) 유압의 개념

① 유압의 정의
  ㉠ 유압이란 액체에 가해진 압력을 말한다. 액체는 일정한 형태 없이 '유동성'을 가지고 있어 관을 통해 쉽게 이동할 수 있으며, '비압축적'이라 밀폐된 용기 속에서 힘을 가해도 체적이 작아지지 않고 가해진 힘을 다른 모든 방향으로 전달하는 성질을 나타낸다.
  ㉡ 이처럼 액체는 고체와 달리 압력이 가해지면 어디든 쉽게 이동하고, 압력을 다른 방향으로 전달하는 성질을 가지고 있어 이와 같은 특성을 이용한 유압기계가 유용하게 사용된다.

② 압력
  ㉠ 유체에서는 압력에 의해 힘이 전달되기 때문에 유체의 특성을 서술할 때는 물체와 물체의 접촉면 사이에 작용하는 서로 수직으로 미는 힘인 압력(Pressure)이라는 개념을 사용한다.
  ㉡ 압력은 단면에 수직으로 작용하고 있는 힘과 그 힘을 받는 면적의 비로 나타낸다. 즉 압력을 P(Pressure), 수직으로 작용하는 힘을 F(Force), 힘을 받고 있는 면적을 A(Area)라고 할 때 $P=\dfrac{F}{A}$이다. 압력의 단위는 Pa(파스칼)이며, N/m^3로 나타낸다.

③ 파스칼의 법칙
  ㉠ 프랑스의 과학자인 파스칼(Pascal)은 밀폐된 용기 속 유체 표면에서 압력이 가해질 때 유체의 모든 지점에 같은 크기의 압력이 전달된다는 것을 발견하였는데 이를 '파스칼의 법칙'이라 한다.
  ㉡ 이 법칙에 따르면 같은 힘(F)이라도 면적(A)이 클수록 압력(P)은 더욱 커지게 된다. 즉 힘을 배가시킬 부분의 면적을 증가시킴으로써 몇 배나 강한 힘을 생성시킬 수 있기 때문에 작은 힘만으로도 큰 힘 얻을 수 있다.

④ 유압의 특징 : 유압은 다른 방식과 비교할 수 없을 만큼 큰 힘을 낼 수 있고, 정밀하게 힘과 속도를 제어할 수 있다. 유압은 공작 기계, 자동차 유압 브레이크, 조선 공업, 건설 장비, 프레스, 항공기 등 여러 분야에서 이용되고 있으며 다음과 같은 특징을 갖는다.

유체
물질은 일반적으로 고체, 액체 및 기체로 분류된다. 이들 중 액체와 기체를 유체라 부르며, 유체는 일정한 형태를 갖지 않는 유동성을 지닌 물질이다. 유체 가운데 기체를 이용한 것이 공압, 액체를 이용한 것이 유압이다.

압력의 단위
압력의 단위는 제곱미터 당 뉴턴(N/m^2)으로 나타내며, 파스칼(Pa)이라고 부른다. 기압을 나타낼 때는 헥토파스칼(1hPa=100Pa)이 주로 사용된다.

유압의 장·단점

특징	내용
장점	• 높은 압력을 이용하기 때문에 작은 크기로 큰 힘을 낼 수 있다. • 유압유가 윤활유 역할까지 하므로 별도의 윤활유가 필요 없다. • 힘과 속도를 쉽고 정확하게 조절할 수 있어 정밀도가 높이 요구되는 곳에 사용이 가능하다.
단점	• 고압에서 사용되어야 하므로 비교적 부품의 크기가 크다. • 부품의 가격이 비교적 비싸다. • 유압 시스템은 온도에 민감하고, 유압유의 오염과 이물질은 기기의 성능과 수명에 큰 영향을 미친다. • 작업 속도가 느리다.

확인학습

1. 밀폐 용기 속의 유체 일부에 가해진 압력은 각부에 모든 부분에 같은 세기로 전달된다는 것은?

   ① 베르누이의 정리
   ② 렌츠의 법칙
   ③ 파스칼(Pascal)의 원리
   ④ 보일-샤를의 원리

   > HINT ③ 파스칼(Pascal)의 원리는 밀폐된 용기 속에 정지하고 있는 유체의 일부에 압력을 가할 때, 각 부분의 압력은 모든 부분에 골고루 전달되고 용기의 벽면에 수직으로 작용한다는 내용이다.

2. 밀폐된 액체의 일부에 힘을 가했을 때 맞는 것은?

   ① 모든 부분에 같게 작용한다.
   ② 모든 부분에 다르게 작용한다.
   ③ 홈 부분에만 세게 작용한다.
   ④ 돌출부에는 세게 작용한다.

   > HINT ① 유압이란 액체에 가해진 압력(Pressure)을 말한다. 액체는 일정한 형태 없이 '유동성'을 가지고 있어 관을 통해 쉽게 이동할 수 있으며, '비압축'이라 밀폐된 용기 속에서 힘을 가해도 체적이 작아지지 않고 가해진 힘을 다른 모든 방향으로 전달하는 성질을 나타낸다. 즉 액체는 고체와 달리 압력이 가해지면 어디든 쉽게 이동하고, 압력을 다른 방향으로 전달하는 성질을 가지고 있어 이와 같은 특성을 이용한 유압기계가 유용하게 사용된다.

3. 다음 중 보기에서 압력의 단위만 나열한 것은?

㉠ psi	㉡ $\frac{kgf}{cm^2}$
㉢ bar	㉣ N·m

   ① ㉠, ㉡, ㉢
   ② ㉠, ㉡, ㉣
   ③ ㉡, ㉢, ㉣
   ④ ㉠, ㉢, ㉣

   > HINT ① 압력은 물체를 밀 때 그 물체에 가하는 힘을 말하는 것으로, 접촉하는 면적(m^2)에 수직으로 작용하는 힘(N)의 크기를 의미한다. 뉴턴 미터(N·m)는 내연기관의 크랭크축에 일어나는 회전력인 토크(torque)를 나타내는 단위이다.

4. 유압기계의 장점이 아닌 것은?

   ① 속도제어가 용이하다.
   ② 에너지 축적이 가능하다.
   ③ 유압장치는 점검이 간단하다.
   ④ 힘의 전달 및 증폭이 용이하다.

   > HINT ③ 유압회로의 구성은 전기회로의 구성보다 훨씬 어렵기 때문에 배관을 구성하는 것이 복잡하여 점검에 많은 시간이 소비된다.

5. 유압의 압력을 올바르게 나타낸 것은?

   ① 압력 = 단면적 × 가해진 힘
   ② 압력 = $\frac{가해진 힘}{단면적}$
   ③ 압력 = $\frac{단면적}{가해진 힘}$
   ④ 압력 = 가해진 힘 - 단면적

   > HINT ② 유압은 물체와 물체의 접촉면 사이에 작용하는 서로 수직으로 미는 힘인 압력(Pressure)이라는 개념을 사용한다.

6. 유압장치를 가장 적절히 표현한 것은?

   ① 유체의 압력에너지를 이용하여 기계적인 일을 하도록 하는 것
   ② 큰 물체를 들어올리기 위해 기계적인 이점을 이용하는 것
   ③ 액체로 전환시키기 위해 기체를 압축시키는 것
   ④ 오일을 이용하여 전기를 생산하는 것

   > HINT ① 유압장치는 유체가 가진 유압을 이용해 기계적인 일을 하도록 고안된 장치를 말한다.

1.③ 2.① 3.① 4.③ 5.② 6.①

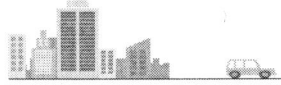

(2) 유압유

① **유압유**(油壓油; Hydraulic Oil) : 유압장치에서 유압유는 동력전달의 매체이자 기기의 윤활 등의 역할을 하며, 사용되는 기기 마찰부분의 윤활작용과 방청작용(녹이 발생하는 것을 방지하는 것)을 하는 중요한 구성 요소이다.

② **유압유(유압 오일)의 역할** : 원동기로부터 공급된 유압유는 각종 제어 밸브를 통하여 액추에이터를 작동시켜 직선 운동이나 회전 운동을 하는 역할을 한다.

③ **유압유의 조건**
　㉠ 압축성이 작아야 한다.
　㉡ 적당한 윤활성이 있어야 한다.
　㉢ 열 안정성 및 산화 안전성이 좋아야 한다.
　㉣ 냄새가 없고 값이 저렴해야 한다.
　㉤ 고온에서 사용해도 변질되지 않아야 한다.
　㉥ 액체이어야 한다.
　㉦ 비열 및 열전도율이 높아야 한다.
　㉧ 온도 변화에 대한 점도 변화가 적어야 한다.
　㉨ 기포 발생이 적어야 한다.
　㉩ 수분과 접촉 시 수분과 분리성이 좋아야 한다.
　㉪ 발화점이 낮아야 한다.
　㉫ 밀도가 작고 비중이 적당하여야 한다.

④ **유압유 사용 시 주의사항**
　㉠ 혼입공기(Aeration) 방지 : 유압회로 속에서 기포 형태의 공기가 섞여있는 상태에서는 여러 가지 장애를 일으킬 수 있다. 이를 방지하기 위해서 오일탱크 내의 소용돌이 흐름을 줄이고, 회로 중에 유압이 떨어지는 부분이 없도록 하며 배관 중에 누설이 없도록 한다.
　㉡ 이물질 침투 방지 : 유압기기의 고장은 이물질에 의하여 일어나는 경우가 많으며 원인으로는 마찰이나 기타 기계의 녹 등 금속입자로 이루어진 단단한 이물질 등이다. 이러한 이물질들은 기계의 섭동부(서로 미끄러지면서 접촉하는 부위)에 흠을 내게 하여 오일 누설이 이루어지며 이는 성능의 저하를 가져온다.
　㉢ 유압유의 적정 점도 유지 : 점도가 높을 경우 동력손실이 증가하므로 기계효율이 떨어지고, 내부마찰이 증가하며, 유압작용이 활발하지 못하게 된다. 반대로 점도가 낮을 경우에는 펌프의 체적효율이 떨어지며, 각 운동부분의 마모가 심해지고 회로에 필요한 압력발생이 곤란하기 때문에 정확한 작동을 얻을 수 없게 된다. 따라서 유압유는 그 점도가 적정수준을 벗어나면 교환해야 한다.

⑤ **플러싱(FLUSHING)** : 플러싱은 유압 장치내부에 들어간 오염물질을 제거하여 청결한 상태로 유지하는 작업을 말한다.

액추에이터
액추에이터(actuator)는 유압에너지를 기계적 에너지로 변화시키는 장치로 유압에너지에 의해서 직선운동을 하는 '유압실린더'와 회전운동을 하는 '유압모터'등이 있다.

점도
점도(Viscosity)란 액체가 가진 끈적거림의 정도를 말한다. 점도 지수(Viscosity Index)란 온도에 따른 오일의 점도변화 정도를 지수화 하여 나타낸 수치를 말한다. 점도 지수가 클수록 온도에 따른 변화가 적다는 것을 뜻한다.

공동현상(캐비테이션)
유체가 관 속을 흐를 때 압력이 저하되는 부분이 나타나면 그 부분에서 액체가 기화되어 증기가 발생하거나 기포가 생기면서 빈 곳이 생기게 된다. 이러한 기포와 증기는 오일 속에서 같이 흐르다가 압력이 높은 곳을 통과하면 파괴되어 소멸되는데 이때 심한 소음과 진동을 수반하며 펌프의 유량과 효율이 감소되고, 이로 인해 펌프나 배관의 내면이 파손되고 고장이 일어난다. 이를 공동현상(캐비테이션)이라 한다.

유압오일의 적정 온도는 40~60℃이다.

유압장치 수명 연장을 위해 가장 중요한 점검 사항은 '오일 필터의 점검과 교환'이다.

열팽창계수
단위 온도만큼 가열 또는 냉각 될 때 길이 변화를 말한다. 열팽창계수가 크면 클수록 열에 의한 팽창이 잘 일어나므로 유압유는 열팽창계수가 작아야 한다.

확인학습

1 유압유의 성질 중 가장 중요한 특성은?

① 점도
② 온도
③ 습도
④ 열효율

> HINT ① 점도(Viscosity)란 액체가 가진 끈적거림의 정도를 의미하는데, 유압기계는 장시간 작동으로 온도가 높아지면 유압유의 점도가 변화하여 유압모터나 유압실린더와 같은 액추에이터 작동이나 출력에 영향을 줄 수 있다.

2 유압유의 구비조건이 아닌 것은?

① 부피가 클 것
② 내열성이 클 것
③ 화학적 안정성이 클 것
④ 적정한 유동성과 점성을 갖고 있을 것

> HINT ① 기온변화가 심하고 운전조건이 가혹한 건설기계에 사용되는 유압유는 높은 열에 변형되거나 변질되지 않고 견뎌야 하므로 높은 내열성이 요구되며, 적정한 유동성과 점성을 갖고 있어야 한다. 또한 화학적으로 안정성이 뛰어나야 좋은 유압유라 할 수 있다.

3 유압유의 점도에 대한 설명으로 틀린 것은?

① 온도가 상승하면 점도는 저하된다.
② 점성의 정도를 나타내는 척도이다.
③ 점성계수를 밀도로 나눈 값이다.
④ 온도가 내려가면 점도는 높아진다.

> HINT ③ 점성이란 모든 유체가 유체 내에서 서로 접촉하는 두 층이 서로 떨어지지 않으려는 성질을 말하며 점도라는 것은 액체가 가진 끈적거림의 정도로 유체가 흘러가는데 어려움의 크기를 말한다. 점성의 크기는 점성계수로 나타내고, 점성 계수를 밀도로 나눈 것을 동점성계수라 한다.
> ①④ 점도는 온도가 내려가면 점도가 높아지고, 온도가 증가하면 점도가 저하되는 성질을 갖는다.

4 보기에서 유압계통에 사용되는 오일의 점도가 너무 낮을 경우 나타날 수 있는 현상을 모두 고른 것은?

> ㉠ 펌프 효율 저하
> ㉡ 실린더 및 컨트롤 밸브에서 누출 현상
> ㉢ 계통(회로) 내의 압력 저하
> ㉣ 시동 시 저항 증가

① ㉠, ㉡, ㉢
② ㉠, ㉡, ㉣
③ ㉡, ㉢, ㉣
④ ㉠, ㉢, ㉣

> HINT ① 점도가 낮을 경우에는 펌프의 체적효율이 떨어지며, 각 운동부분의 마모가 심해지고 회로에 필요한 압력발생이 곤란하기 때문에 정확한 작동을 얻을 수 없게 된다. 반대로 점도(viscosity)가 높을 경우 동력손실이 증가하므로 기계효율이 떨어지고, 내부마찰이 증가하며, 유압작용이 활발하지 못하게 된다.

5 유압오일 내에 기포(거품)가 형성되는 이유로 가장 적합한 것은?

① 오일에 이물질 혼입
② 오일의 점도가 높을 때
③ 오일에 공기 혼입
④ 오일의 누설

> HINT ③ 유압장치는 가압, 감압이 반복하여 일어나므로 유압유에 공기가 혼입될 경우 기포가 발생한다. 유압유에 기포가 발생하면 가압 시에 유압유의 온도가 올라가 쉽게 열화가 일어나면서 기기의 작동불량을 일으키는 원인이 된다. 그러므로 유압유는 기포를 신속히 없애는 소포성이 요구된다.

6 유압유의 점검사항과 관계없는 것은?

① 마멸성
② 점도
③ 소포성
④ 윤활성

> HINT ① 마멸성이란 닳아서 없어지는 성질을 말한다. 유압유는 닳아 없어지는 것에 대하여 저항하는 성질인 내마멸성이 요구된다.

1.① 2.① 3.③ 4.① 5.③ 6.①

2 유압펌프

(1) 유압펌프

① **유압펌프**: 유압펌프는 엔진, 원동기 등 동력원에서 발생한 기계적 에너지를 이용하여 유체 흐름을 발생시켜 유압 계통에 공급하는 장치이다. 유압펌프는 '용적형 펌프'와 '비용적형 펌프'로 크게 구분한다.

구분	내용
용적형 펌프	용적형(체적형) 펌프는 토출량이 일정하여 일정한 양의 유체가 유압장치로 공급되는 형태이다. 용적형 펌프는 다시 가변 용량형 펌프와 고정 용량형 펌프로 나뉜다.
비용적형 펌프	비용적형 펌프는 유체가 흐르지 않아도 회전이 가능한 펌프이기 때문에 압력이 낮고 유량이 많은 경우 사용하는 펌프이다.

② **유압 펌프의 종류**: 유압펌프는 작동방식에 따라 피스톤 펌프와 회전형 펌프가 있다.
  ㉠ **피스톤 펌프**: 가변용량이 가능하고 고압에서도 수명이 길다는 장점을 가지고 있으나, 구조가 다소 복잡하고 흡입력이 좋지 않다는 단점이 있다.
  ㉡ **회전 펌프**: 펌프 본체 속에 설치된 회전체의 회전 운동에 의해 유체를 송출하는 펌프이다. 구조가 간단하고, 취급이 용이 하며, 점도가 높은 액체에도 매우 높은 성능을 발휘하여 고압을 요하는 유압펌프에 많이 사용 된다.

③ **유압펌프 토출량**

구분	내용
GPM (gallon per minute)	분당 이송되는 양으로 분당 얼마나 펌프에서 액체를 토출하는지를 나타내는 단위이다.
LPM (Liter per minute)	분당 펌프가 토출하는 토출량을 말한다.

양정
펌프가 물을 퍼올리는 높이를 양정이라 한다. 펌프가 실제로 양수하는 수면간의 높이의 차를 실양정이라 하며, 도중의 손실을 감안해서 실양정에 가산한 것을 전양정이라고 한다.

용어정리

용어	내용
흐름 (Flow)	계통 내의 유체의 움직임을 말하며, 유량계를 이용하여 측정한다.
압력 (Pressure)	단위 면적에 작용하는 특정한 힘을 말하며, 흐름에 대한 저항이 있을 때 나타난다. 압력계를 이용하여 측정한다.
토출량 (Displacement)	펌프가 1회전 하는 동안에 이동시킨 유체의 배출량을 말한다.
용량 (Volume)	펌프가 1분 동안에 이동시킨 유체의 양을 말한다.

펌프의 소음 발생 원인
- 오일 속 공기가 포함되었을 때
- 오일의 양이 적을 때
- 펌프의 회전속도가 빠를 때
- 펌프 축의 편심 오차가 너무 클 때

확인학습

1. 원동기(내연기관, 전동기 등)로부터의 기계적인 에너지를 이용하여 작동유에 유체에너지를 부여해주는 유압기기는?

   ① 유압 탱크
   ② 유압 밸브
   ③ 유압 펌프
   ④ 유압 스위치

   > HINT ③ 유압펌프는 엔진, 원동기 등 동력원에서 발생한 기계적 에너지를 이용하여 유체 흐름을 발생시켜 유압 계통에 공급하는 장치이다.

2. 유압펌프에서 사용되는 GPM의 의미는?

   ① 분당 토출하는 작동유의 양
   ② 복동 실린더의 치수
   ③ 계통 내에서 형성되는 압력의 크기
   ④ 흐름에 대한 저항

   > HINT ① GPM(gallon per minute)은 분당 이송되는 량(갤론)을 말한다.

3. 유압펌프의 토출량을 나타내는 단위로 맞는 것은?

   ① psi
   ② LPM
   ③ kPa
   ④ W

   > HINT ② LPM(Liter Per Minute)은 분당 유량의 흐름을 나타내는 단위이다.
   > ①③ psi와 킬로파스칼(kPa)은 압력의 단위이다.
   > ④ W는 전력의 단위를 나타낸다.

4. 유압펌프에서 토출량에 대한 설명으로 맞는 것은?

   ① 펌프가 단위시간당 토출하는 액체의 체적
   ② 펌프가 임의의 체적당 토출하는 액체의 체적
   ③ 펌프가 임의의 체적당 용기에 가하는 체적
   ④ 펌프 사용 최대시간 내에 토출하는 액체의 최대 체적

   > HINT ① 토출량(Displacement)이란 펌프에서 단위시간 동안의 액체 배출량을 말한다.

5. 기어 펌프에 대한 설명으로 틀린 것은?

   ① 소형이며, 구조가 간단하다.
   ② 플런저 펌프에 비해 흡입력이 나쁘다.
   ③ 플런저 펌프에 비해 효율이 낮다.
   ④ 초고압에는 사용이 곤란하다.

   > HINT ② 기어 펌프는 펌프 본체 안에서 같은 크기의 나사가 맞물려 회전하는 구조의 펌프를 말한다. 구조가 간단하고 경제적이라 흔히 사용된다. 흡입능력이 우수하고, 회전변동과 부하 변동이 큰 상황에서도 좋은 성능을 나타낸다. 다만, 진동과 소음이 크고 수명이 짧다는 단점이 있다. 기어 펌프에는 외접기어 펌프, 내접 기어 펌프 등이 있다.

6. 유압펌프 중 토출량을 변화시킬 수 있는 것은?

   ① 회전 토출량형   ② 고정 토출량형
   ③ 가변 토출량형   ④ 수평 토출량형

   > HINT ③ 가변 토출량형 펌프는 토출량 조절이 가능한 펌프이다. 이송할 수 있는 체적의 조절이 가능하기 때문에 일정한 회전수를 가진 전동기를 이용하여 펌프를 구동하더라도 토출량의 조절이 가능하다.
   > ② 고정 토출량형 펌프는 펌프의 토출량을 변경시킬 수 없는 펌프로 토출량이 일정하기 때문에 펌프의 회전수가 일정하다면 토출량도 일정한 배출된다. 고정 토출량형 펌프는 가변 용량형 보다 구조가 간단하고 저렴하고 가격도 저렴하여 많이 사용된다.

1.③ 2.① 3.② 4.① 5.② 6.③

(2) 유압펌프의 종류

① **기어펌프** : 구조가 간단하고 비싸지 않아 널리 사용되는 기어펌프는 2개의 기어가 맞물려 기어의 이빨과 이빨의 공간에 밀폐된 유체를 기어의 회전에 의해 덮개 내면을 따라 송출하는 구조의 펌프이다. 구조에 따라 외접 기어 펌프와 내접 기어 펌프로 나뉜다.

    ㉠ **내접 기어 펌프** : 두 개의 기어가 내접하면서 회전하는 형태로 고압에서 저압으로 오일이 누수되는 것을 막기 위해 초승달 모양의 판막이 설치되어 있다.

    ㉡ **외접 기어 펌프** : 두 개의 기어가 서로 맞물려 하나는 구동 기어로 하나는 공전 기어(피동 기어)로 회전하며 오일을 압송하는 펌프를 말한다.

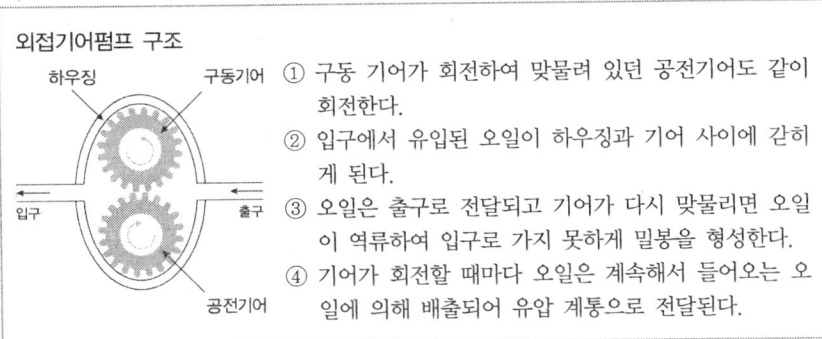

① 구동 기어가 회전하여 맞물려 있던 공전기어도 같이 회전한다.
② 입구에서 유입된 오일이 하우징과 기어 사이에 갇히게 된다.
③ 오일은 출구로 전달되고 기어가 다시 맞물리면 오일이 역류하여 입구로 가지 못하게 밀봉을 형성한다.
④ 기어가 회전할 때마다 오일은 계속해서 들어오는 오일에 의해 배출되어 유압 계통으로 전달된다.

    ㉢ **트리코이드 펌프** : 트로코이드 곡선을 응용한 내부로터와 환상 기어형상의 외부로터가 서로 중심을 달리 하도록 설계하여 유체를 이동시키는 특수 치형 기어펌프이다. 긴수명, 간편한 유지보수 등의 장점이 있어 널리 사용된다.

② **베인펌프** : 로터가 들어있는 케이싱 내부에 여러 장의 베인(날개)이 회전하면서 유체를 흡입하고 송출하는 펌프를 말한다. 베인 펌프는 가변토출형(싱글형)과 정토출형(더블형)이 있다. 베인펌프는 보수가 용이하고 맥동이 적기 때문에 가격대비 효율적이며, 장기간 운전시에도 무리없이 작동한다.

③ **피스톤 펌프** : 피스톤의 왕복 운동으로 오일을 흡수 및 배출을 하는 펌프이다. 가변용량이 가능하고 고압에서도 수명이 길다는 장점을 가지고 있으나, 구조가 다소 복잡하고 흡입력이 좋지 않다는 단점이 있다.

    ㉠ **회전 피스톤 펌프** : 운동체로 피스톤을 사용한 펌프로 실린더 내에 피스톤의 왕복 운동시켜 유체를 흡입 및 송출한다.

    ㉡ **왕복 플런저 펌프** : 피스톤 대신에 피스톤과 유사한 기능을 하는 플런저를 사용하는 펌프이다. 송출압력이 크다.

④ **나사펌프** : 나사못을 회전시키면 나사가 물체에 나사가 박히는 원리를 반대로 적용한 것으로 나사를 반대로 회전시키면 나사에 접해 있는 것은 외부로 배출되어 관속에 나사를 회전시켜 액체를 축방향으로 흐르게 하는 펌프이다.

폐입현상

외접 기어 펌프에서 발생하는 폐입현상은 구동기어와 종동기어 사이에 오일 일부가 남아 다시 입구 방향으로 돌아와서 오일이 폐입되는 현상을 말한다. 배출된 유량의 일부가 입구 쪽으로 되돌려지므로 배출량 감소, 축동력의 증가, 케이싱 마모 등의 원인을 유발한다.

폐입현상 영향 및 방지방법
- 기어 펌프의 소음, 진동의 원인이 된다.
- 베어링 하중 및 축 동력의 증대를 가져온다.
- 배출 홈을 만들거나 높은 압력의 작동유를 베어링에 윤활하도록 한다.

기어 펌프에서 토출량이 작아진 이유
- 펌프의 기어와 하우징 사이의 틈새 간격이 클 때
- 탱크 내 오일이 부족할 때
- 유압 오일의 흡입 라인이 막힌 경우
- 펌프의 베어링 마모

베인펌프의 토출량이 낮은 이유
- 베인과 측판 사이 틈새가 큰 경우
- 베인과 측판이 마모된 경우
- 베인과 로터 사이 틈새가 큰 경우
- 베인이 캠링 내면과 떨어진 경우
- 유압 흡입 상태가 좋지 않은 경우

확인학습

1. 기어 펌프에 대한 설명으로 틀린 것은?
   ① 소형이며, 구조가 간단하다.
   ② 플런저 펌프에 비해 흡입력이 나쁘다.
   ③ 플런저 펌프에 비해 효율이 낮다.
   ④ 초고압에는 사용이 곤란하다.

   > HINT ② 기어 펌프는 펌프 본체 안에서 같은 크기의 나사가 맞물려 회전하는 구조의 펌프를 말한다. 구조가 간단하고 경제적이라 흔히 사용된다. 흡입능력이 우수하고, 회전변동과 부하 변동이 큰 상황에서도 좋은 성능을 나타낸다. 다만, 진동과 소음이 크고 수명이 짧다는 단점이 있다. 기어 펌프에는 외접기어 펌프, 내접 기어 펌프 등이 있다.

2. 기어펌프에 대한 설명으로 맞는 것은?
   ① 가변용량 펌프이다.
   ② 정용량 펌프이다.
   ③ 비정용량 펌프이다.
   ④ 날개깃에 의해 펌핑작용을 한다.

   > HINT ② 펌프 자체에서 토출량 조절 가능 유무에 따라 정용량형 펌프와 가변용량형 유압펌프로 구분되는데, 기어 펌프는 정용량형 펌프에 속한다. 기어 펌프는 부품 수가 적고 구조가 간단한 특징이 있다.

3. 기어식 유압펌프에서 회전수가 변하면 가장 크게 변화되는 것은?
   ① 오일 압력
   ② 회전 경사단의 각도
   ③ 오일 용량
   ④ 오일흐름 방향

   > HINT ③ 기어 펌프는 구동 기어와 종동 기어 두 개가 맞물려 회전하면서 기어의 산과 골 사이는 작동유가 채워져 토출구 방향으로 이송된다. 기어 펌프는 단순한 구조로 회전수 증감에 따라 오일의 양도 변화한다.

4. 베인펌프의 일반적인 특성 설명 중 맞지 않는 것은?
   ① 맥동과 소음이 적다.
   ② 소형이면서 경량이다.
   ③ 간단하고 성능이 좋다.
   ④ 수명이 짧다.

   > HINT ④ 베인펌프는 보수가 용이하고 맥동이 적기 때문에 가격 대비 효율적이며, 장기간 운전시에도 무리없이 작동한다.

5. 피스톤 펌프에 대한 설명으로 틀린 것은?
   ① 가변용량이 가능하다.
   ② 가격이 저렴하다.
   ③ 고속에서 사용하기 어렵다.
   ④ 수명이 길어 효율적이다.

   > HINT ② 피스톤 펌프는 가변용량이 가능하고 수명이 길어 효율적이지만 가격이 비싸다는 단점이 있다.

6. 플런저식 펌프의 장점이 아닌 것은?
   ① 높은 압력에 잘 견딘다.
   ② 왕복운동을 한다.
   ③ 구조가 단순하다.
   ④ 가변용량이 가능하다.

   > HINT ③ 플런저 펌프는 피스톤 대신에 피스톤과 유사한 기능을 하는 플런저를 사용하는 펌프로 구조가 복잡하다.

1.② 2.② 3.③ 4.④ 5.② 6.③

(3) 유압 펌프에서 발생하는 현상

① **공동현상(캐비테이션)** : 유체가 관 속을 흐를 때 압력이 저하되는 부분이 나타나면 그 부분에서 액체가 기화되어 증기가 발생하거나 기포가 생기면서 빈 곳이 생기게 된다. 이러한 기포와 증기는 오일 속에서 같이 흐르다가 압력이 높은 곳을 통과하면 파괴되어 소멸되는데 이때 심한 소음과 진동을 수반하며 펌프의 유량과 효율이 감소되고, 이로 인해 펌프나 배관의 내면이 파손되면서 고장이 일어난다. 이를 공동현상이라 한다.

② **맥동(서징)** : 펌프에서 흡입구와 배출구 쪽의 진공계와 압력계의 지침이 흔들리고 송출 유량이 변화하는 현상을 말한다. 이 현상이 나타나면 압력계 눈금이 주기적으로 크게 흔들림과 동시에 토출량도 주기적으로 변동하고 진동과 소음이 발생한다.

③ **수격현상(Water Hammer)** : 관로 속을 흐르는 유체의 속도가 급격히 변화하면 관로 속에는 급격히 압력이 높아지는 부분이 생기며, 이 고압 부분은 관로 속을 반복하여 왕복하는데 이를 수격현상이라 한다. 수격현상은 밸브를 순간적으로 닫거나 펌프가 갑자기 정지하는 경우 발생하며 차단하는 속도가 **빠를수록**, 유속이 **빠를수록** 커지게 된다. 급격한 압력 변화가 관내를 물결 모양으로 전하기 때문에 이로 인해 소음과 진동 발생한다.

④ **폐입현상**
  ㉠ 외접 기어 펌프에서 발생하는 폐입현상은 구동기어와 종동기어 사이에 오일 일부가 남아 다시 입구 방향으로 돌아와서 오일이 폐입되는 현상이다. 배출된 유량의 일부가 입구 쪽으로 되돌려지므로 배출량 감소, 축동력의 증가, 케이싱 마모 등의 원인을 유발한다.
  ㉡ 폐입현상의 영향 및 방지방법
    ⓐ 기어 펌프의 소음, 진동의 원인이 된다.
    ⓑ 베어링 하중 및 축 동력의 증대를 가져온다.
    ⓒ 배출 홈을 만들거나 높은 압력의 작동유를 베어링에 윤활하도록 한다.

펌프의 소음 발생 원인
- 오일 속 공기가 포함되었을 때
- 오일의 양이 적을 때
- 펌프의 회전속도가 **빠를** 때
- 펌프 축의 편심 오차가 너무 클 때

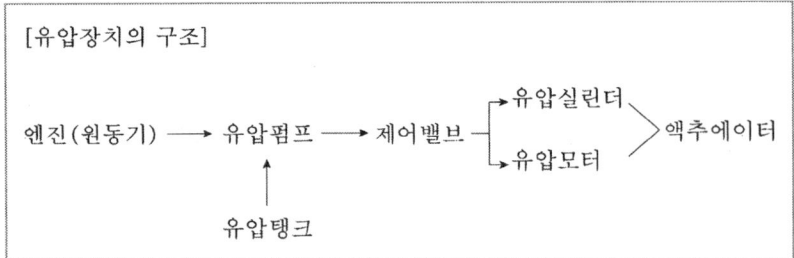

[유압장치의 구조]

확인학습

1. 유압펌프의 소음발생 원인으로 틀린 것은?

   ① 펌프 흡입관부에서 공기가 혼입된다.
   ② 흡입오일 속에 기포가 있다.
   ③ 펌프의 회전이 너무 빠르다.
   ④ 펌프축의 센터와 원동기축의 센터가 일치한다.

   > HINT ④ 작동하는 유압 펌프 내부에 공기가 혼입되어 기포가 생성되면 압력이 불균형해지면서 이상 소음과 진동이 발생하며, 펌프의 회전이 비정상적으로 빨라질 경우도 소음의 발생 원인이 될 수 있다.

2. 유압 펌프에서 소음이 발생하는 원인이 아닌 것은?

   ① 오일 속 공기가 혼입된 경우
   ② 필터의 여과입도수가 너무 높은 경우
   ③ 오일의 양이 많은 경우
   ④ 오일의 점도가 높은 경우

   > HINT ③ 오일의 양이 적으면 유압 펌프에 소음이 발생할 수 있다.

3. 유압 펌프가 토출되지 않은 경우 점검 사항이 아닌 것은?

   ① 오일탱크에 오일이 규정량으로 들어 있는지 점검한다.
   ② 흡입 스트레이너가 막혀 있지 않은지 점검한다.
   ③ 토출측 회로에 압력이 너무 낮은지 점검한다.
   ④ 흡입 관로에서 공기를 빨아들이지 않는지 점검한다.

   > HINT ③ 오일의 양이 부족하거나 흡입 관로에서 오일 대신 공기가 흡입되고 있거나 또는 흡입 스트레이너가 막혀 있다면 펌프가 오일을 토출하기 어렵다.

4. 유압펌프에서 펌프량이 적거나 유압이 낮은 원인이 아닌 것은?

   ① 오일탱크에 오일이 너무 많을 때
   ② 펌프 흡입라인 막힘이 있을 때
   ③ 기어와 펌프 내벽 사이 간격이 클 때
   ④ 기어 옆 부분과 펌프 내벽 사이 간격이 클 때

   > HINT ① 펌프 흡입라인 막혔거나 기어와 펌프 내벽 사이 간격이 클 때, 또는 기어 옆 부분과 펌프 내벽 사이 간격이 큰 경우 유압펌프에서 펌프량이 적거나 유압이 낮게 된다.

5. 유압장치의 기본적인 구성요소가 아닌 것은?

   ① 유압 발생 장치
   ② 유압 재순환장치
   ③ 유압 제어장치
   ④ 유압 구동장치

   > HINT ② 유압장치는 유압펌프, 유압탱크와 같은 유압 발생장치와 유압제어밸브인 유압제어장치, 유압을 구동하는 액추에이터 등으로 구성되어 있다.

1.④ 2.③ 3.③ 4.① 5.②

3 유압제어밸브

(1) 유압제어밸브

① **유압제어밸브** : 유압 계통에서 유압제어밸브는 유압 펌프에서 발생된 압력과 방향, 유량 등을 제어하기 위한 장치를 말한다. 즉 유압실린더나 유압모터에 공급되는 작동유의 압력, 유량, 방향을 바꾸어 힘의 크기, 속도, 방향을 목적에 따라 자유롭게 제어하는 장치이다.

② **종류** : 유압제어밸브는 유압 회로의 압력을 제어하기 위한 '압력제어밸브'와 유량을 조절하기 위한 '유량제어밸브', 유압유의 흐름을 전환하는 '방향제어밸브'로 나뉜다.

③ **압력제어밸브(Pressure Control Valve)** : 압력제어밸브는 유압 회로내의 최고 압력을 제어하는 역할을 하는 장치이다. 유압실린더가 제 위치로 돌아오지 못한 상태에서 유압이 계속적으로 실린더에 유입이 될 경우 압력이 높아져 고장이 발생할 수 있다. 따라서 오일의 압력을 경감시켜주는 역할의 장치가 필요한데 이것이 바로 압력제어밸브이다. 압력제어밸브는 릴리프 밸브, 감압 밸브, 압력 시퀀스 밸브 등이 있다.

구분	내용
릴리프 밸브	릴리프 밸브는 사전에 유압 회로에 입력한 값에 압력이 도달하게 되면 유압유가 나갈 수 있도록 통로를 마련해주어 압력을 조정하는 밸브이다.
감압 밸브 (리듀싱 밸브)	유체의 압력을 감소시키는 밸브이다. 감압 밸브는 어떤 특정한 회로의 압력을 주회로의 압력보다 낮게 유지하여, 일정한 압력으로 유지하는 경우에 사용된다.
시퀀스 밸브	시퀀스(Sequence)란 '연속'이란 뜻으로, 2개 이상의 액추에이터(유압에너지를 기계적 에너지로 변화시키는 장치로 유압모터 등)를 순차적으로 작동시키기 위해서 사용되는 밸브를 말한다.
카운터 밸런스 밸브	카운터 밸런스 밸브는 부하가 갑작스럽게 제거된 이후 나타날 수 있는 제어 불능을 방지하기 위해 설치되는 밸브이다.
언로더 밸브	언로더 밸브는 무부하 밸브라고도 하며, 미리 설정한 압력에 유체가 도달하면 탱크의 전 유량을 부하를 걸지 않고 탱크로 귀환시키고, 설정 압력보다 유체가 저하되면 유체에 압력을 주는 압력제어밸브이다.

밸브의 역할
- 일의 크기를 결정하는 것은 압력 제어밸브이다.
- 일의 속도를 제어하는 것은 유량 제어밸브이다.
- 일의 방향을 제어하는 것은 방향 제어밸브이다.

채터링 현상
일정한 동작이 정확한 지점에서 완성되지 않았을 경우 이를 수정하기 위해 물체가 움직이는 과정에서 발생하는 미세오차를 말하며, 덜그럭 덜그럭하고 비교적 높은 음을 발생하는 진동현상이 발생하는 현상이다. 채터링 현상은 주로 릴리프 밸브에서 밸브 시트를 때리면서 나타난다.

확인학습

1 유압장치에서 유압의 제어방법이 아닌 것은?

① 압력제어 ② 방향제어
③ 속도제어 ④ 유량제어

> HINT ③ 유압제어밸브는 유압 펌프에서 발생된 압력과 방향, 유량 등을 제어하기 위한 장치를 말한다. 유압제어밸브는 유압 회로의 압력을 제어하기 위한 '압력제어밸브(Pressure Control Valve)'와 유량을 조절하기 위한 '유량제어밸브(Flow Control Valve)', 유압유의 흐름을 전환하는 '방향제어밸브(Direction Control Valve)'가 있다.

2 유압장치의 과부하 방지와 유압기기의 보호를 위하여 최고 압력을 규제하고 유압 회로 내의 필요한 압력을 유지하는 밸브는?

① 유량제어밸브 ② 압력제어밸브
③ 방향제어밸브 ④ 온도제어밸브

> HINT ② 압력제어밸브는 유압 회로 내 최고 압력을 제어하는 역할을 하며, 릴리프 밸브, 감압 밸브, 시퀀스 밸브, 언로더 밸브, 카운터 밸런스 밸브 등이 있다.

3 유압장치에서 압력제어밸브가 아닌 것은?

① 릴리프 밸브 ② 체크 밸브
③ 감압 밸브 ④ 시퀀스 밸브

> HINT ② 압력제어밸브는 릴리프 밸브, 감압 밸브, 시퀀스 밸브 및 카운터 밸런스 밸브 등이 있다. 체크 밸브(첵 밸브)는 유체를 한쪽 방향으로만 흐르게 하고 반대 방향으로는 흐르지 못하도록 하는 방향제어밸브의 한 종류이다.

4 유압이 규정치보다 높아 질 때 작동하여 계통을 보호하는 밸브는?

① 카운터 밸런스 밸브
② 리듀싱 밸브
③ 릴리프 밸브
④ 시퀀스 밸브

> HINT ③ 릴리프 밸브는 갑작스런 강한 압력의 유압유가 유압기계에 유입될 경우 구성품의 손상을 야기할 수 있기 때문에, 미리 한계를 설정하여 그 이상으로 압력이 도달하는 것을 막기 위해서 설치된다.

5 유압회로 내에서 유압을 일정하게 조절하여 일의 크기를 결정하는 밸브가 아닌 것은?

① 시퀀스 밸브
② 서버 밸브
③ 언로드 밸브
④ 카운터 밸런스 밸브

> HINT ② 서버 밸브(서보 밸브)는 서보 밸브 신호 전송, 보상 등은 전기적으로 하고 동력의 발생을 유압으로 하는 전기-유압식 기구이다.

6 유압모터의 속도를 감속하는데 사용하는 밸브는?

① 체크 밸브
② 디셀러레이션 밸브
③ 변환 밸브
④ 압력스위치

> HINT ② 디셀러레이션 밸브는 유압 모터나 유압실린더의 속도를 감속 시키는 밸브이다.

7 릴리프 밸브 등에서 밸브 스트를 때려 비교적 높은 소리를 내는 진동현상을 무엇이라 하는가?

① 채터링 ② 캐비테이션
③ 점핑 ④ 서지압

> HINT ① 채터링이란 일정한 동작이 정확한 지점에서 완성되지 않았을 경우 이를 수정하기 위해 물체가 움직이는 과정에서 발생하는 미세오차를 말하며, 덜그럭 덜그럭하고 비교적 높은 음을 발생하는 진동현상이 발생한다.

1.③ 2.② 3.② 4.③ 5.② 6.② 7.①

④ **유량제어밸브(Flow Control Valve)** : 유량제어밸브는 오리피스를 이용하여 유압 회로에서 유량 속도를 제어하는 역할을 한다. 오리피스는 유체를 분출시키는 배출구멍으로, 유량제어밸브의 오리피스가 닫히면 유량이 감소하고, 오리피스가 열리면 유량은 증가시키면서 속도를 조절하게 된다. 유량제어밸브의 종류는 다음과 같다.

구분	내용
니들밸브	가장 단순한 구조로, 손잡이를 돌리면 밸브 지지대와 니들이 오르내릴 수 있어 오리피스 크기를 조절할 수 있다. 유량을 감소하고자 할 경우 오리피스를 닫을 수 있다.
온도보상형 밸브	작동유는 유합회로에서 시간이 지남에 따라 온도가 상승하고, 점도도 낮아져 유량이 변화하게 된다. 이처럼 온도가 상승하면 오리피스를 쉽게 관통하게 때문에 유량이 증가하여 과부하가 일어날 수 있다. 이를 위해 온도에 관계없이 유량을 설정된 값으로 유지하는 온도보상형 밸브가 사용된다.
압력보상형 밸브	유압 회로에서 유압의 압력변화에 따라 자동적으로 오리피스 크기를 조절하여 유압 시스템을 일정하게 유지하도록 하는 밸브이다.

⑤ **방향제어밸브(Direction Control Valve)** : 방향제어밸브는 유압장치에서 유압유의 흐름을 차단하거나 흐름의 방향을 전환하여 유압모터나 유압실린더 등의 시동, 정지, 방향 전환 등을 정확히 제어하기 위해 사용되는 장치이다. 종류로는 체크 밸브, 스풀 밸브 및 메이크업 밸브 등이 있다.

구분	내용
체크 밸브	체크 밸브(첵 밸브)는 유체를 한쪽 방향으로만 흐르게 하고 반대 방향으로는 흐르지 못하도록 하는 방향제어밸브의 한 종류이다.
메이크업 밸브	메이크업 밸브는 압력이 저하된 부분의 유압을 보충하는 역할을 하는 밸브이다.

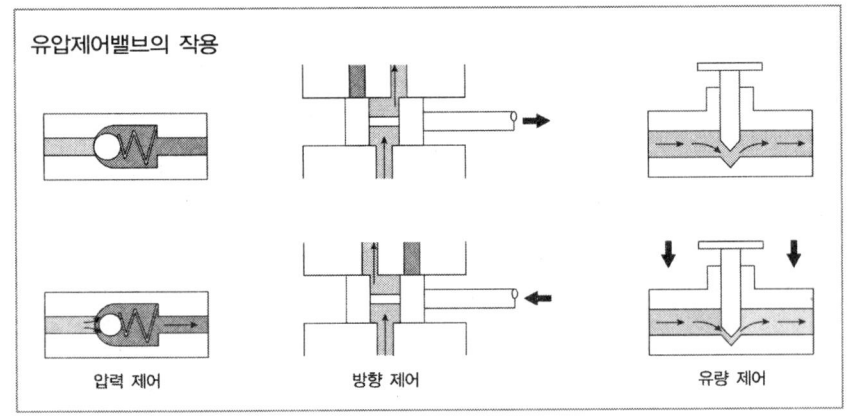

유압제어밸브의 작용 / 압력 제어 / 방향 제어 / 유량 제어

체크밸브 유압기호

일반적으로 유량제어밸브라 하는 것은 체크밸브가 내장된 니들 밸브를 말하며, 체크 밸브가 없는 니들밸브를 미터링 밸브라 한다.

교축현상
관 속을 흐르는 유체가 좁은 밸브를 통과할 때 마찰이나 난류 때문에 압력이 낮아지는 현상이다.

스풀 밸브
스풀 밸브는 스풀(Spool)의 직선 운동으로 작동유의 유로(Way)를 변환하는 역할을 한다. 유압 펌프에서 공급되는 작동유(오일)는 항상 제어 밸브로 공급되는데, 스풀 밸브는 스풀을 좌우로 움직여 펌프로부터 공급된 오일이 액추에이터 작동 방향을 변환시키게 된다.

방향제어 밸브의 조작방법에 따른 구분

구분	내용
수동식	페달이나 레버를 이용하여 수동으로 조작하는 방식
기계식	롤러나 캠 등을 이용해 조작하는 방식
파일럿 변환식	파일럿 압력에 의한 스풀을 작동시키는 방식
전자식	솔레노이드(전자석)를 이용해 작동하는 방식

확인학습

1 내경이 작은 파이프에서 미세한 유량을 조정하는 밸브는?

① 니들 밸브 ② 압력보상 밸브
③ 바이패스 밸브 ④ 스로틀 밸브

> **HINT** ① 니들 밸브(needle valve)는 노즐 또는 관 속에 장치되어 물의 유량을 조정하는 밸브로 니들조정밸브 나사를 돌리면서 유량을 조절한다.

2 회로 내 유체의 흐르는 방향을 조절하는데 쓰이는 밸브는?

① 압력제어밸브 ② 유량제어밸브
③ 방향제어밸브 ④ 유압 액추에이터

> **HINT** ③ 방향제어밸브는 유압장치에서 유압유의 흐름을 차단하거나 방향을 전환하여 액추에이터를 정확히 제어하는 역할을 한다. 체크밸브, 스풀 밸브, 메이크업 밸브 등이 있다.

3 유량제어밸브가 아닌 것은?

① 니들 밸브
② 온도보상형 밸브
③ 압력보상형 밸브
④ 언로더 밸브

> **HINT** ④ 유량제어밸브는 오일의 유량을 조절하여 액추에이터의 작동 속도를 조정하는 밸브로 교축밸브, 니들밸브, 온도보상형 밸브, 압력보상형 밸브 등이 있다. 언로더 밸브는 압력제어밸브이다.

4 유압 회로에서 역류를 방지하고 회로 내의 잔류 압력을 유지하는 밸브는?

① 체크 밸브 ② 셔틀 밸브
③ 스로틀 밸브 ④ 매뉴얼 밸브

> **HINT** ① 오일의 역류를 방지하는 것은 체크 밸브(Check Valve)의 역할이다. 체크 밸브는 오일의 흐름을 한쪽으로만 흐르게 하여 역류하는 것을 차단시킨다.

5 그림에서 체크 밸브를 나타낸 것은?

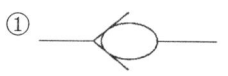

> **HINT** ① 체크 밸브(Check Valve)의 유압 기호이다.
> ② 온도계의 유압 기호이다.
> ③ 릴리프 밸브의 유압 기호이다.
> ④ 시퀀스 밸브의 유압 기호이다.

6 방향제어 밸브를 동작시키는 방식이 아닌 것은?

① 수동식
② 전자식
③ 스프링식
④ 유압 파일럿식

> **HINT** ③ 방향제어밸브는 유압장치에서 유압유의 흐름을 차단하거나 흐름의 방향을 전환하여 유압모터나 유압실린더 등의 시동, 정지, 방향 전환 등을 정확히 제어하기 위해 사용되는 장치이다. 방향제어밸브는 조작방법에 따라 수동식, 기계식, 파일럿 변환 밸브, 전자 조작 밸브로 구분할 수 있다.

1.① 2.③ 3.④ 4.① 5.① 6.③

4 유압실린더와 모터

(1) 유압실린더

① 유압실린더 : 유압 펌프에서 나온 유압에너지를 기계적 에너지로 바꾸어 일을 하는 액추에이터 가운데 직선운동을 하는 것을 유압실린더라 한다.

② 유압 실린더는 실린더 통(Cylinder Barrel), 피스톤(Piston)과 피스톤 로드(Piston Rod), 엔드 캡(End Cap), 씰(seals), 쿠션 장치 등으로 구성되어 있다.

③ 유압실린더 종류 : 유압실린더는 작동 방향에 따라 단동형과 복동형이 있다.

구분	내용
단동형	한 방향으로만 힘을 전달한다. 즉 유압을 피스톤 한쪽으로만 보내 전진 운동을 할 때에만 일을 하고, 중력 또는 스프링과 같은 외력으로 실린더를 원위치로 복귀시킨다. 대표적인 것으로 유압 잭이 있다.
복동형	유압이 실린더 양쪽으로 작용하여 전진 운동과 후진 운동 모두 일을 할 수 있는 실린더이다. 복동실린더는 실린더가 양쪽에서 작업을 해야 하는 조향 장치 등에 사용된다.

(2) 유압모터

① 유압모터 : 유압 모터는 유압 펌프에서 생성된 유압 에너지를 회전 운동 형태의 기계적 에너지로 변화시키는 장치를 말한다. 즉 굴삭기와 같은 기계가 회전작업을 할 수 있도록 해주는 액추에이터(Actuator)이다.

② 유압모터 종류 : 유압 모터는 구조에 따라 기어 모터(Gear Motor), 베인모터(Vane Motor), 피스톤 모터(Piston Motor)가 있으며, 이름처럼 유압펌프와 유사한 특성을 갖는다. 따라서 유압 모터도 유압 펌프처럼 속도나 회전 방향을 바꿀 수도 있다. 회전 운동을 하기 때문에 유압 모터는 '회전형 액추에이터'라 불린다.
  - ㉠ 기어 모터 : 유압 펌프의 기어 펌프와 구조와 유사하다. 구조가 간단하고 가격이 저렴하며 오일의 유입구와 출구를 바꿔줌으로 손쉽게 방향의 전환이 가능하지만 수명이 짧은 단점이 있다.
  - ㉡ 피스톤 모터 : 가장 높은 효율을 갖지만 수명이 길지만 구조가 복잡하고 가격이 고가이다. 레이디얼 피스톤형과 액시얼 피스톤형의 모터가 있다.

③ 활용 : 유압 모터는 회전형 운동을 하기 때문에 화물을 높은 곳으로 들어올리거나 끌어당기는 기계 윈치(Winch), 굴삭기 몸체회전 등에 사용된다.

유압실린더는 직선 운동을 하기 때문에 (직)선형 액추에이터라 불리기도 한다.

씰(Seal)
씰은 유압 실린더 등의 운동 부분에서 작동 유체의 누설을 막는 밀봉 장치를 말한다.

실린더의 자연낙하 현상 원인
- 실린더내의 피스톤 씰 링의 마모
- 컨트롤 밸브 스풀의 마모
- 릴리프 밸브의 조정불량

유압실린더의 숨돌리기 현상
기계가 작동하다가 아주 짧은 시간이지만 순간적으로 멈칫하는 현상을 말하며 공기 때문에 힘이 완벽하게 전달되지 않기 때문에 발생한다.

유압실린더 쿠션 장치
실린더의 행정 끝에서 속도를 느리게 하여 피스톤 실린더 끝 부분에 충격을 방지하기 위해 설치한다.

확인학습

1. 유체의 에너지를 이용하여 기계적인 일로 변환하는 기기는?
   ① 스위치　　② 유압모터
   ③ 오일탱크　④ 밸브

   HINT ② 유압 모터는 유압 펌프에서 생성된 유압 에너지를 회전 운동 형태의 기계적 에너지로 변화시키는 장치를 말한다. 즉 굴삭기와 같은 기계가 회전작업을 할 수 있도록 해주는 액추에이터(Actuator)이다.

2. 유압 모터와 유압 실린더의 설명으로 맞는 것은?
   ① 둘 다 회전운동을 한다.
   ② 둘 다 왕복운동을 한다.
   ③ 모터는 회전운동, 실린더는 직선운동을 한다.
   ④ 모터는 직선운동, 실린더는 회전운동을 한다.

   HINT ③ 액추에이터(Actuator)는 유압에너지를 기계적 에너지로 변화시키는 장치로 유압에너지에 의해서 직선운동을 하는 '유압실린더'와 유압에너지에 의해서 회전운동을 하는 '유압모터'가 있다.

3. 유압모터에 대한 설명 중 맞는 것은?
   ① 유압발생장치에 속한다.
   ② 압력, 유량, 방향을 제어한다.
   ③ 직선운동을 하는 작동기(Actuator)이다.
   ④ 유압 에너지를 기계적 일로 변환한다.

   HINT ④ 유압 모터는 이름처럼 유압 펌프와 유사한 특성을 갖는다. 따라서 유압 모터도 유압 펌프처럼 속도나 회전 방향을 바꿀 수도 있다.

4. 유압 실린더의 종류가 아닌 것은?
   ① 단동형　　② 복동형
   ③ 레이디얼형　④ 다단형

   HINT ③ 유압 실린더는 작동 방향에 따라 크게 단동형과 복동형으로 구분되며, 복동형에는 복동형 다단실린더도 포함된다.

5. 유압장치에서 액추에이터의 종류에 속하지 않는 것은?
   ① 감압밸브　　② 유압실린더
   ③ 유압모터　　④ 플런저 모터

   HINT ① 액추에이터(actuator)는 유압에너지를 기계적 에너지로 변화시키는 장치로 유압에너지에 의해서 직선운동을 하는 '유압실린더'와 회전운동을 하는 '유압모터' 등이 있다. 플런저 모터는 피스톤 대신에 피스톤과 유사한 기능을 하는 플런저를 사용하는 모터로 이 역시 액추에이터이다.

6. 유압장치에서 피스톤 로드에 있는 먼지 또는 오염 물질 등이 실린더 내로 혼입되는 것을 방지하는 것은?
   ① 필터(filter)
   ② 더스트 실(dust seal)
   ③ 밸브(valve)
   ④ 실린더 커버(cylinder cover)

   HINT ② 더스트 실(Dust seal)은 유압 피스톤 로드에 설치된 작은 부품으로 외부로부터 오염 물질이 유압 실린더로 침입하는 것을 방지하는 역할을 한다.

7. 유압 실린더에서 실린더의 자연 낙하 현상이 발생될 수 있는 원인이 아닌 것은?
   ① 작동 압력이 높을 때
   ② 실린더내의 피스톤 실링의 마모
   ③ 컨트롤 밸브 스풀의 마모
   ④ 릴리프 밸브의 조정불량

   HINT ① 실린더 내부의 유압이 낮은 경우 실린더의 자연낙하가 나타난다.

1.② 2.③ 3.④ 4.③ 5.① 6.② 7.①

5 기타 부속장치

(1) 유압탱크

① **유압탱크**: 유압 탱크는 유압 장치에서 필요한 오일을 저장하기 위한 목적으로 사용될 뿐만 아니라 작동 중에 발생하는 열을 분산, 유압유에 포함된 공기와 물 등 이물질을 제거하는 작용도 한다.

② **유압탱크의 역할**
  ㉠ 오일 속에 포함된 불순물이나 기포 등을 분리 또는 제거시킨다.
  ㉡ 차폐 장치의 설치로 기포 소멸 및 방열을 도와 온도를 균일화시킨다.
  ㉢ 유압 펌프 및 컨트롤 밸브 등을 설치할 수 있는 공간도 제공할 수 있다.

③ **유압탱크의 구성**: 유압 탱크는 스트레이너, 배플, 드레인 플러그 등으로 구성되어 있다.

구분	내용
스트레이너	오일 속에 포함된 이물질이 유입하는 것을 방지하는 장치를 말한다.
배플	유압 탱크의 흡입관과 복귀관 사이에 설치하여 오작동을 일으키지 않도록 기포없이 흡입관에 오일을 공급하는 격판이다.
드레인 플러그	오일을 배출시키기 위해 설치된 부품이다.

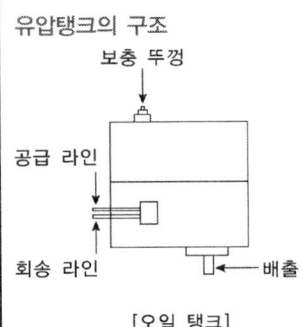

[오일 탱크]

드레인 플러그는 오일탱크 속 오일 전부를 배출하는 경우 사용한다.

유압탱크
회송라인과 흡입라인 사이에 격판이 설치되어 있다.

(2) 축압기

축압기(Accumulator): 고압의 유압유를 저장하는 용기로 필요에 따라 유압시스템에 유압유를 공급하거나 회로 내의 밸브를 필요에 의해 갑자기 폐쇄를 하려는 경우 맥동(Surging)의 방지를 목적으로 사용되는 장치이다. 축압기는 작동 방식에 따라 공기 축척식, 피스톤식, 스프링식 등이 있다.

축압기의 역할
• 맥동 제거
• 압력보상
• 충격 완화
• 유압 에너지의 축척

(3) 오일 필터

① **오일 필터**: 카본(찌꺼기)과 같은 오염 물질에 의한 유압 계통의 마모를 최소화시키기 위해 사용하는 것으로 오일 내에 포함된 첨가제 성분을 통과시킬 수 있어야 한다.

② **오일 필터의 조건**
  ㉠ 필터를 통한 오일 흐름을 제한하여서는 안 된다.
  ㉡ 충분한 수명이 보장되어야 한다.
  ㉢ 오일에 함유된 첨가제 성분을 통과시켜야 한다.
  ㉣ 충분한 여과 능력이 있어야 한다.

확인학습

1. 그림의 유압기호가 나타내는 것은?

   ① 유압 밸브
   ② 차단 밸브
   ③ 오일 탱크
   ④ 유압 실린더

   > HINT ③ 보기 그림은 오일 탱크를 나타낸다.

2. 유압탱크에 대한 구비조건으로 가장 거리가 먼 것은?

   ① 적당한 크기의 주유구 및 스트레이너를 설치한다.
   ② 드레인(배출밸브) 및 유면계를 설치한다.
   ③ 오일에 이물질이 혼입되지 않도록 밀폐되어야 한다.
   ④ 오일 냉각을 위한 쿨러를 설치한다.

   > HINT ④ 유압탱크는 유압유를 저장하고 있다가 펌프에 의해 급송된 오일을 회수·저장 하는 역할을 한다. 유압탱크는 계통 내에서 유압유를 보내고 다시 회송하면서 작동 중에 발생하는 열을 분산시켜 온도를 낮추며, 유압유 속에 함유된 불순물을 분리하고 제거시킨다.

3. 오일탱크 내의 오일을 전부 배출시킬 때 사용하는 것은?

   ① 리턴 라인   ② 배플
   ③ 드레인 플러그   ④ O-링

   > HINT ③ 드레인 플러그는 오일탱크 속 오일 전부를 배출하는 경우 사용한다.

4. 축압기의 용도로 적합하지 않는 것은?

   ① 유압 에너지의 저장
   ② 충격 흡수
   ③ 유량분배 및 제어
   ④ 압력 보상

   > HINT ③ 축압기는 고압의 유압유를 저장하는 용기로 필요에 따라 유압시스템에 유압유를 공급하거나 회로 내의 밸브를 필요에 의해 갑자기 폐쇄를 하려는 경우 맥동(Surging)의 방지를 목적으로 사용되는 장치이다.

5. 유압유 작동부에서 오일이 누출되고 있을 때 가장 먼저 점검해야 할 곳은?

   ① 피스톤
   ② 펌프
   ③ 기어
   ④ 실

   > HINT ④ 오일이 누설되는 것은 밀봉하는 실(Seal)이 마모되었거나 배관 등의 볼트가 느슨하게 풀어진 것이 원인이라 볼 수 있으므로 실을 먼저 점검하도록 한다.

1.③ 2.④ 3.③ 4.③ 5.④

(4) 유압회로

① 유압 회로(Hydraulic Circuit)의 정의 : 유압 장치는 유압 동력 공급부, 에너지 전달부, 제어 신호 처리부 및 구동부로 구성되어 있으며, 이들 작동 원리는 유압 회로도를 통해 알 수 있다.

② 종류 : 유압 회로는 유량 제어 회로, 방향 제어 회로, 압력 제어 회로로 구분된다.

㉠ 유량 제어 회로 : 유량제어회로는 액추에이터(Actuator)에 공급되는 작동유의 유량을 조절하여 액추에이터의 속도를 조절하는 회로를 말한다. 유량제어회로는 밸브가 설치한 위치에 따라 미터 인(meter in) 방식, 미터 아웃(meter out) 방식, 브리드 오프(bleed off) 방식 회로가 있다.

구분	대상
미터인 회로	액추에이터 입구측에 유량제어밸브를 설치한 것을 가리킨다.
미터아웃 회로	액추에이터 출구측에 유량제어밸브를 설치한 것을 말한다.
블리드 오프 회로	유량제어밸브가 액추에이터 입구측과 병렬로 설치된 것을 말한다.

㉡ 압력 제어 회로 : 압력 제어 회로는 유압 회로 내부에서 원하는 값으로 압력을 유지 또는 제어시켜주는 회로를 말한다. 압력 제어 밸브인 릴리프 밸브, 감압 밸브, 압력 시퀀스 밸브 등을 통해 회로도를 그릴 수 있다.

구분	대상
무부하 회로	무부하(언로더) 밸브를 이용한 것으로 유압 장치에서 일을 하지 않을 때에는 유압유를 유압저장 탱크로 돌려보내는 회로이다.
감압 회로	감압 밸브를 사용하여 회로 내의 특정 부분만을 기본 압력보다 낮게 설정한 회로이다.
시퀀스 회로	한 회로 내에 있는 2개 이상의 실린더를 미리 정한 순서에 따라 순차적으로 동작시키기 위한 회로이다.

㉢ 방향 제어 회로 : 유압 실린더나 유압 모터와 같은 액추에이터의 운동 방향을 방행 제어 밸브 조작을 통해 설정해주는 회로를 말한다. 대표적인 것으로 고정회로가 있다. 고정회로는 체크 밸브를 이용한 것으로 액추에이터의 상승과 하강 운동 방향을 제어할 수 있다. 이외에도 스풀 밸브 및 메이크업 밸브 등 다양환 방향 제어 밸브를 활용하여 다양한 방향으로 방향 제어 회로를 구성이 가능하다.

유압 라인 압력에 영향을 주는 요소
- 유체의 흐름량
- 유체의 점도
- 관로 직경의 크기

유압 기호의 표시방법
- 기호에는 흐름의 방향을 표시한다.
- 각 기기의 기호는 정상상태 또는 중립상태를 표시한다.
- 기호에는 각 기기의 구조나 작용 압력을 표시하지 않는다.

유압 기본 회로 종류
- 개회로(오픈 회로)
- 폐회로(클로즈드 회로)
- 병렬회로
- 직렬회로
- 탠덤회로

확인학습

1 유압계통의 오일장치 내에 슬러지 등이 생겼을 때 이것을 이용하여 장치 내를 깨끗이 하는 작업은?

① 플러싱   ② 트램핑
③ 서징   ④ 코킹

> HINT ① 플러싱(flushing)이란 유압계통의 관을 유체의 속도와 충격으로 청소하는 것을 말하며, 관 속 먼지나 이물 또는 윤활유의 슬러지는 윤활부 등에 지장을 주기 때문에 플러싱 작업이 필요하다.

2 유압장치의 기호 회로도에 사용되는 유압 기호의 표시방법으로 적합하지 않는 것은?

① 기호에는 흐름의 방향을 표시한다.
② 각 기기의 기호는 정상상태 또는 중립상태를 표시한다.
③ 기호는 어떠한 경우에도 회전하여서는 안된다.
④ 기호에는 각 기기의 구조나 작용압력을 표시하지 않는다.

> HINT ③은 해당되지 않는다.

3 유압 라인에서 압력에 영향을 주는 요소로 가장 관계가 적은 것은?

① 관로의 좌·우 방향
② 유체의 점도
③ 관로 직경의 크기
④ 유체의 흐름 량

> HINT ① 관로의 좌·우 방향은 유압 라인에서 압력에 영향을 주는 요소가 아니다.

4 작업 중에 유압펌프 유량이 필요하지 않게 되었을 때 오일을 저압으로 탱크에 귀환시키는 회로는?

① 시퀀스 회로
② 어큐뮬레이션회로
③ 블리드오프회로
④ 언로드회로

> HINT ④ 언로드 회로는 무부하 회로로도 불리며, 유압 펌프의 유량이 필요없게 된 경우 오일을 저압으로 오일 탱크로 복귀시키는 회로이다.

5 유압 회로 내에 잔압을 설정해두는 이유로 가장 적절한 것은

① 제동 해제방지   ② 유로 파손방지
③ 오일 산화방지   ④ 작동 지연방지

> HINT ② 유압 회로에 잔압을 설정하는 이유는 회로 속 공기가 혼입되거나 오일의 누설로 인하여 유로가 파손되는 것을 방지하기 위함이다.

6 액추에이터의 입구 쪽 관로에 설치한 유량제어밸브로 흐름을 제어하여 속도를 제어하는 회로는?

① 시스템 회로(system circuit)
② 블리드 오프 회로(bled-off circuit)
③ 미터 인 회로(meter-in circuit)
④ 미터 아웃 회로(meter-out circuit

> HINT ③ 미터인(Meter-in) 회로는 액추에이터 입구측에 유량제어밸브를 설치한 것을 가리킨다.

> **유량 제어 회로**
> 유량 제어 회로는 유압모터나 유압 실린더와 같은 액추에이터에 공급되는 유압유의 유량을 조절하기 위한 제어 회로이다. 유량제어회로는 밸브 설치 위치에 따라 미터 인(Meter-in) 회로, 미터 아웃(Meter-out) 회로, 블리드 오프(Bleed-off) 회로 등으로 나뉜다.

1.① 2.③ 3.① 4.④ 5.② 6.③

핵심 CHECK! CHECK! 유압일반

- 유압이란 액체에 가해진 압력을 말하며, 액체는 밀폐된 용기 속에서 힘을 가해도 체적이 작아지지 않고 가해진 힘을 다른 방향으로 전달한다는 파스칼의 원리(법칙)을 활용한 유압장치가 사용된다.
- 압력은 물체를 밀 때 그 물체에 가해지는 힘을 말하는 것으로, 압력 중 물에 작용하는 힘을 수압, 공기에 작용하는 힘을 공압이라 한다. 압력의 단위는 제곱미터 당 뉴턴(N/m^2)으로 나타내며, 파스칼(Pa)이라고 부른다.
- 유압장치는 유압 펌프, 유압 제어 밸브, 액추에이터, 오일 탱크 등으로 구성되어 있다.
- 유압유는 동력전달 매체이며, 사용되는 기기 마찰부분의 윤활작용과 방청작용을 한다.
- 유압유의 점도가 높은 경우 동력손실이 증가하여 기계효율이 떨어지고, 내부마찰이 증가하여 유압작용이 활발하지 못하게 된다.
- 유압 펌프는 기관 등 동력원으로부터 나온 기계적 에너지를 받아 유체 흐름을 발생시키는 장치이다.
- 유압 펌프는 토출량에 따라 용적형 펌프와 비용적형 펌프로 구분한다.
- 유압 펌프 중 기어 펌프는 같은 크기의 이가 맞물려 회전하는 펌프로 내접형과 외접형이 있다.
- 베인 펌프는 성능이 뛰어나며, 효율이 좋은 편이기 때문에 장시간 작동을 해도 성능 유지가 탁월하다. 또한 구조도 간단하고 취급이 쉬워 널리 사용된다.
- 유체가 관 속을 흐를 때 압력이 저하되는 부분이 나타나면 그 부분에서 액체가 기화되어 증기가 발생하거나 기포가 생기면서 심한 소음과 진동을 수반하는데 이를 공동현상(Cavitation)이라 한다.
- 유압 제어 밸브는 유압 펌프에서 발생된 압력과 방향, 유량 등을 제어하는 장치로 압력제어밸브와 유량제어밸브, 방향제어밸브가 있다.
- 압력제어밸브는 유압 회로 내 최고 압력을 제어하는 역할을 하며, 릴리프 밸브, 감압 밸브, 시퀀스 밸브, 언로더 밸브, 카운터 밸런스 밸브 등이 있다.
- 유량제어밸브는 오일의 유량을 조절하여 액추에이터의 작동 속도를 조정하는 밸브로 교축밸브, 니들밸브, 온도보상형 밸브, 압력보상형 밸브 등이 있다.
- 방향제어밸브는 유압장치에서 유압유의 흐름을 차단하거나 방향을 전환하여 액추에이터를 정확히 제어하는 역할을 한다. 체크밸브, 스풀 밸브, 메이크업 밸브 등이 있다.
- 유압 펌프에서 나온 유압 에너지를 기계적 에너지로 바꾸어 일을 하는 액추에이터 중에서 직선운동을 하는 것을 유압 실린더라 하며, 유압 실린더는 직선 운동을 하기 때문에 (직)선형 액추에이터라 한다.
- 유압 모터는 유압 펌프에서 생성된 유압 에너지를 회전 운동 형태의 기계적 에너지로 변환시키는 장치로 회전형 액추에이터이다.
- 유압 탱크는 유압 장치에서 필요한 오일을 확보하기 위한 목적으로 사용될 뿐만 아니라 작동 중에 발생하는 열을 분산, 유압유에 포함된 공기와 물 등 이물질을 제거하는 역할도 한다.
- 격판은 유압 탱크의 흡입관과 복귀관 사이에 설치하여 오일 속 기포들을 막아 오작동을 일으키지 않게 한다.
- 축압기란 고압의 유압유를 저장하는 용기로 필요에 따라 유압시스템에 유압유를 공급하거나 회로 내의 밸브를 필요에 의해 갑자기 폐쇄하려는 경우 발생할 수 있는 맥동 현상(Surging)을 방지하기 위해 사용된다.
- 유압 회로는 유량 제어 회로, 방향 제어 회로, 압력 제어 회로로 구분된다.

단원확인문제

1 유압펌프의 토출량을 나타내는 단위로 맞는 것은?

① psi
② LPM
③ kPa
④ W

> HINT ② LPM(Liter Per Minute)은 분당 유량의 흐름을 나타내는 단위이다.
> ①③ psi와 킬로파스칼(kPa)은 압력의 단위이다.
> ④ W는 전력의 단위를 나타낸다.

2 유압장치에서 사용되는 오일의 점도가 너무 낮을 경우 나타날 수 있는 현상이 아닌 것은?

① 펌프 효율 저하
② 오일 누설
③ 계통 내의 압력 저하
④ 시동 시 저항 증가

> HINT ④ 점도가 높을 경우 동력손실이 증가하므로 기계효율이 떨어지고, 내부마찰이 증가하며, 유압작용이 활발하지 못하게 된다. 반대로 점도가 낮을 경우에는 펌프의 체적효율이 떨어지며, 각 운동부분의 마모가 심해지고 회로에 필요한 압력발생이 곤란하기 때문에 정확한 작동을 얻을 수 없게 된다.

3 유압장치에서 유량 제어밸브가 아닌 것은?

① 니들밸브
② 온도보상형 밸브
③ 압력보상형 밸브
④ 릴리프밸브

> HINT ④ 릴리프 밸브(Relief Valve)는 사전에 유압 회로에 입력한 값에 압력이 도달하게 되면 유압유가 나갈 수 있도록 통로를 마련해주어 압력을 조정하는 압력제어밸브의 한 종류이다.
> 유량제어밸브는 액추에이터 또는 유압모터의 속도 변화를 주기 위하여 사용하는 밸브로서 유압회로에서 액추에이터의 전면 또는 후면에 설치를 한다. 유량제어밸브는 오리피스, 유량 디바이더 밸브 및 퀵 드롭 밸브 등을 포함한다.

4 그림과 같은 유압기호에 해당하는 밸브는?

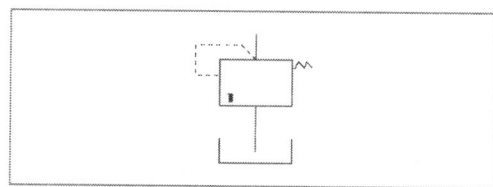

① 체크 밸브
② 카운터 밸런스 밸브
③ 릴리프 밸브
④ 리듀싱 밸브

> HINT ③ 그림은 유압장치용 릴리프 밸브의 유압기호이다.

ANSWER 1.② 2.④ 3.④ 4.③

5 릴리프밸브에서 포핏밸브를 밀어 올려 기름이 흐르기 시작할 때의 압력은?

① 크랭킹압력
② 허용압력
③ 설정압력
④ 전량압력

> HINT ① 크랭킹 압력이란 릴리프 밸브가 열리기 시작하는 압력을 말한다.

6 유압장치 중에서 회전운동을 하는 것은?

① 급속 배기밸브
② 유압모터
③ 단동 실린더
④ 복동 실린더

> HINT ② 유압 모터는 유압 펌프에서 생성된 유압 에너지를 회전 운동 형태의 기계적 에너지로 변화시키는 장치를 말한다.
> 유압 모터는 구조에 따라 기어 모터, 베인 모터, 피스톤 모터가 있으며, 유압 펌프와 유사한 특성을 갖는다. 따라서 유압 모터도 유압 펌프처럼 속도나 회전 방향을 바꿀 수도 있다. 유압 모터는 회전 운동을 하기 때문에 '회전형 액추에이터'라고도 불린다.

7 유압 실린더의 움직임이 느리거나 불규칙할 때의 원인이 아닌 것은?

① 피스톤 링이 마모 되었다.
② 유압유의 점도가 너무 높다.
③ 회로 내에 공기가 혼입되어 있다.
④ 체크 밸브의 방향이 반대로 설치되어 있다.

> HINT ④ 유압 실린더의 이상이 발생했다면 대부분 유압 계통의 결함이라 볼 수 있다.
> 체크 밸브는 유체를 한쪽 방향으로만 흐르게 하고 반대 방향으로는 흐르지 못하도록 하는 방향제어밸브로 체크 밸브의 방향이 반대로 설치된 것이 유압 실린더의 움직임에 이상이 발생한 원인으로 보기는 어렵다.

8 액추에이터를 순서에 맞추어 작동시키기 위하여 설치한 밸브는?

① 메이크업 밸브(make up valve)
② 리듀싱 밸브(reducing valve)
③ 시퀀스 밸브(sequence valve)
④ 언로드 밸브(unload valve)

> HINT ③ 시퀀스(Sequence)란 '연속'이란 뜻으로, 2개 이상의 액추에이터(유압모터, 유압실린더 등)를 순차적으로 작동시키기 위해서 사용되는 밸브를 시퀀스 밸브라 한다.

9 체크밸브가 내장되는 밸브로써 유압회로의 한방향의 흐름에 대해서는 설정된 배압을 생기게 하고 다른 방향의 흐름은 자유롭게 흐르도록 한 밸브는?

① 셔틀 밸브
② 언로더 밸브
③ 슬로 리턴 밸브
④ 카운터 밸런스 밸브

> HINT ④ 보통 카운터 밸런스 밸브는 보통 체크 밸브가 내장되어 부하가 갑작스럽게 제거된 이후 나타날 수 있는 제어불능을 방지하기 위해 설치되는 밸브로, 유압회로의 한 방향의 흐름에 대해서는 설정된 배압을 생기게 하고, 다른 방향의 흐름은 자유롭게 흐르도록 되어 있다.

10 유압 실린더를 교환하였을 경우 조치해야 할 작업으로 가장 거리가 먼 것은?

① 오일필터의 교환
② 공기빼기 작업
③ 누유 점검
④ 시운전하여 작동상태 점검

> HINT ① 실린더를 처음 운전할 때에는, 반드시 배관부로부터 공기 빼기를 실시하여야 캐비테이션 현상을 막을 수 있으며, 유압실린더의 결함의 원인 대부분은 유압 계통의 이상이기 때문에 유압유가 새는지 누유 점검도 반드시 실시하여야 한다.

ANSWER 5.① 6.② 7.④ 8.③ 9.④ 10.①

11 유압 모터의 종류가 아닌 것은?

① 기어형
② 베인형
③ 회전 피스톤형
④ 복동형

> **HINT** ④ 복동형은 유압 실린더의 작동 방식 중 하나이다. 유압 실린더는 작동 방향에 따라 단동식과 복동식으로 구분한다.
> ※ 유압 모터는 유압 펌프에서 생성된 유압 에너지를 회전 운동 형태의 기계적 에너지로 변화시키는 장치를 말한다. 유압 모터는 구조에 따라 기어 모터, 베인 모터, 피스톤 모터가 있다.

12 베인 모터는 항상 베인을 캠링(cam ring)면에 압착시켜 두어야 한다. 이 때 사용하는 장치는?

① 볼트와 너트
② 스프링 또는 로킹 빔(locking beam)
③ 스프링 또는 배플 플레이트
④ 캠링 홀더(cam ring holder)

> **HINT** ② 베인 모터는 회전축과 함께 회전하는 로터(Rotor)에 부착된 베인(Vane)이 유압유의 압력으로 토크를 발생시켜 회전 운동을 하는 모터이다. 피스톤 모터와 유사한 형태로 작동하며, 토출 용량을 변화시킬 수 있다.
> ※ 베인 모터는 베인 펌프와 유사하나 시동시에 유압이 베인에 작용하여 회전을 일으키므로 베인 압상 스프링을 사용하고 있는 점과 또는 로킹 빔(Rocking Beam)에 의해 캠 링(Cam Ring)에 밀어붙이는 장치로 연결되어 있다는 점에서 차이가 난다.

13 유압 실린더의 구성부품이 아닌 것은?

① 피스톤 로드
② 피스톤
③ 실린더
④ 커넥팅 로드

> **HINT** ④ 커넥팅 로드는 기관 본체를 구성하는 부품이다.
> 유압 실린더는 실린더 통(Cylinder Barrel), 피스톤(Piston)과 피스톤 로드(Piston Rod), 엔드 캡(End Cap), 씰(seals) 등으로 구성되어 있다. 씰(Seal)은 유압 실린더 등의 운동 부분에서 작동 유체의 누설을 막는 밀봉 장치를 말한다.

14 유압계통의 수명연장을 위해 가장 중요한 요소는?

① 오일탱크의 세척
② 오일 냉각기의 점검 및 세척
③ 오일 액추에이터의 점검 및 교환
④ 오일과 오일필터 정기점검 및 교환

> **HINT** ④ 오일과 오일필터 정기점검 및 교환이 가장 중요하다.

15 유압 에너지의 저장, 충격흡수 등에 이용되는 것은?

① 축압기(Accumulator)
② 스트레이너(Strainer)
③ 펌프(Pump)
④ 오일 탱크(Oil Tank)

> **HINT** ① 축압기는 고압의 유압유를 저장하는 용기로 필요에 따라 유압시스템에 유압유를 공급하거나 회로 내의 밸브를 필요에 의해 갑자기 폐쇄를 하려는 경우 맥동(Surging)의 방지를 목적으로 사용되는 장치이다. 축압기는 작동 방식에 따라 공기 축척식, 피스톤식, 스프링식 등이 있다.

ANSWER 11.④ 12.② 13.④ 14.④ 15.①

16 유압건설기계의 고압호스가 자주 파열되는 원인으로 가장 적합한 것은?

① 유압펌프의 고속 회전
② 오일의 점도저하
③ 릴리프 밸브의 설정 압력 불량
④ 유압 모터의 고속 회전

🔔 HINT ③ 고압호스가 파열되었다는 것은 유압이 높은 것이 원인이다. 따라서 압력을 조정하는 릴리프 밸브의 설정 값이 잘못 되었다고 볼 수 있다. 릴리프 밸브는 갑작스런 강한 압력의 유압유가 유압기계에 유입될 경우 구성품의 손상을 야기할 수 있기 때문에, 미리 한계를 설정하여 그 이상으로 압력이 도달하는 것을 막기 위함이다.

17 유압 장치 내에 국부적인 압력과 소음·진동이 발생하는 현상은?

① 필터링
② 오버 랩
③ 캐비테이션
④ 하이드로 록킹

🔔 HINT ③ 유체가 관 속을 흐를 때 압력이 저하되는 부분이 나타나면 그 부분에서 액체가 기화되어 증기가 발생하거나 기포가 생기면서 빈 곳이 생기게 된다. 이러한 기포와 증기는 오일 속에서 같이 흐르다가 압력이 높은 곳을 통과하면 파괴되어 소멸되는데 이때 심한 소음과 진동을 수반하며 펌프의 유량과 효율이 감소되고, 이로 인해 펌프나 배관의 내면이 파손되고 고장이 일어난다. 이를 공동현상(캐비테이션 ; Cavitation)이라 한다.

18 유압실린더의 숨돌리기 현상이 생겼을 때 일어나는 현상이 아닌 것은?

① 작동 지연 현상이 생긴다.
② 서지압력이 발생한다.
③ 오일의 공급이 과대해 진다.
④ 피스톤 작동이 불안정하게 된다.

🔔 HINT ③ 기계가 작동하다가 아주 짧은 시간이지만 순간적으로 멈칫하는 현상을 말하며 공기 때문에 힘이 완벽하게 전달되지 않기 때문에 발생을 한다.

19 유압장치에서 유압의 제어 방법이 아닌 것은?

① 유량제어
② 방향제어
③ 속도제어
④ 압력제어

🔔 HINT ③ 유압제어밸브는 유압 회로의 압력을 제어하기 위한 '압력제어밸브'와 유량을 조절하기 위한 '유량제어밸브', 유압유의 흐름을 전환하는 '방향제어밸브'로 나뉜다.

ANSWER   16.③   17.③   18.③   19.③

20 유압펌프가 작동 중 소음이 발생할 때의 원인으로 틀린 것은?

① 펌프 축의 편심 오차가 크다.
② 펌프흡입관 접합부로부터 공기가 유입된다.
③ 릴리프 밸브 출구에서 오일이 배출되고 있다.
④ 스트레이너가 막혀 흡입용량이 너무 작아졌다.

> **HINT** ③ 릴리프 밸브(Relief Valve)는 사전에 유압 회로에 입력한 값에 압력이 도달하게 되면 유압유가 나갈 수 있도록 통로를 마련해주어 압력을 조정하는 밸브이다. 릴리프 밸브에서 오일이 배출되고 있는 것은 정상적으로 작동하는 상태이다.
> ② 유압 회로에서 공기가 유입되면 열에 의해 기포가 발생하게 되고, 이러한 기포는 흐르다가 파괴되면서 초고압을 만들면서 소음과 진동을 발생시킨다. 따라서 탱크 흡입관과 복귀관 사이에 격판(Baffle Plate)을 설치하여, 공기가 혼입되는 것을 막아준다.
> ④ 스트레이너(Strainer)는 불순물이 유압 펌프에 유입되는 것을 막기 위해 유압 탱크 흡입구에 설치하는데, 이곳이 막히게 되면 유압이 적상 작동을 하지 않아 공동 현상(Cavitation)이 발생한다. 이를 방지하기 위해 스트레이너는 일반적으로 거칠고 10mm 정도의 구멍이 뚫린 것을 사용한다.

ANSWER 20.③

PART 07

건설기계 관리법규 및 도로교통법

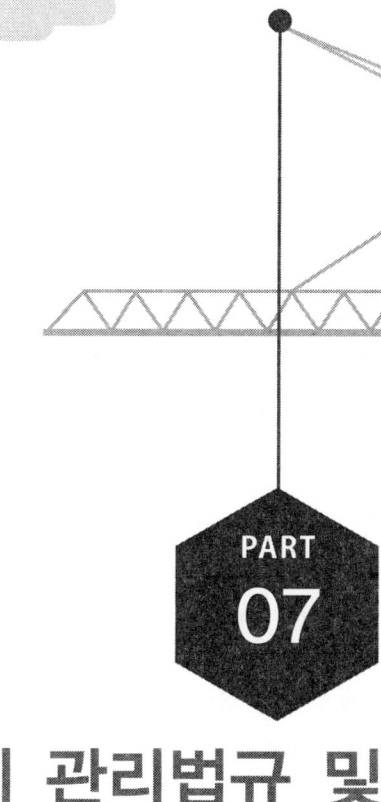

07 건설기계 관리법규 및 도로교통법

1. 건설기계관리법

(1) 건설기계 범위와 용어의 정의

① 목적 : 건설기계의 등록·검사·형식승인 및 건설기계사업과 건설기계조종사 면허 등에 관한 사항을 정하여 건설기계를 효율적으로 관리하고 건설기계의 안전도를 확보하여 건설공사의 기계화를 촉진함을 목적으로 한다.

② 용어의 정의

구분	용어의 뜻
건설기계	건설공사에 사용할 수 있는 기계로서 대통령령으로 정하는 것을 말한다.
건설기계사업	건설기계대여업, 건설기계정비업, 건설기계매매업 및 건설기계폐기업을 말한다.
건설기계대여업	건설기계의 대여를 업으로 하는 것을 말한다.
건설기계정비업	건설기계를 분해·조립 또는 수리하고 그 부분품을 가공제작·교체하는 등 건설기계를 원활하게 사용하기 위한 모든 행위를 업으로 하는 것을 말한다.
건설기계매매업	중고 건설기계의 매매 또는 그 매매의 알선과 그에 따른 등록사항에 관한 변경신고의 대행을 업으로 하는 것을 말한다.
건설기계폐기업	국토교통부령으로 정하는 건설기계 장치를 그 성능을 유지할 수 없도록 해체하거나 압축·파쇄·절단 또는 용해하는 것(폐기)을 업으로 하는 것을 말한다.
건설기계형식	건설기계의 구조·규격 및 성능 등에 관하여 일정하게 정한 것을 말한다.

> 건설기계정비업의 등록 구분
> • 종합건설기계정비업
> • 부분건설기계정비업
> • 전문건설기계정비업

> 건설기계등록원부를 보관·관리
> 시·도지사는 대통령령으로 정하는 바에 따라 건설기계등록원부를 보관·관리하여야 한다.

③ 건설기계정비업의 범위에서 제외되는 행위
  ㉠ 오일의 보충
  ㉡ 에어클리너엘리먼트 및 휠터류의 교환
  ㉢ 배터리·전구의 교환
  ㉣ 타이어의 점검·정비 및 트랙의 장력 조정
  ㉤ 창유리의 교환

확인학습

1 건설기계관리법의 목적으로 가장 적합한 것은?

① 건설기계의 동산 신용증진
② 건설기계 사업의 질서 확립
③ 건설기계의 효율적인 관리
④ 공로 운행상의 원활기여

> HINT ③ 건설기계관리법은 건설기계의 등록·검사·형식승인 및 건설기계사업과 건설기계조종사면허 등에 관한 사항을 정하여 '건설기계를 효율적으로 관리'하고 건설기계의 안전도를 확보하여 건설공사의 기계화를 촉진함을 목적으로 한다.

2 다음 중 건설기계정비업의 등록 구분이 맞는 것은?

① 종합건설기계정비업, 부분건설기계정비업, 전문건설기계정비업
② 종합건설기계정비업, 단종건설기계정비업, 전문건설기계정비업
③ 부분건설기계정비업, 전문건설기계정비업, 개별건설기계정비업
④ 종합건설기계정비업, 특수건설기계정비업, 전문건설기계정비업

> HINT ① 건설기계정비업의 등록은 종합건설기계정비업, 부분건설기계정비업, 전문건설기계정비업으로 구분한다(시행령 제14조제2항).

3 건설기계관리법에서 정의한 건설기계 형식을 가장 잘 나타낸 것은?

① 엔진구조 및 성능을 말한다.
② 형식 및 규격을 말한다.
③ 성능 및 용량을 말한다.
④ 구조·규격 및 성능 등에 관하여 일정하게 정한 것을 말한다.

> HINT ④ 건설기계 형식은 건설기계의 구조·규격 및 성능 등에 관하여 일정하게 정한 것을 말한다.

4 「건설기계관련법」상 건설기계 대여를 업으로 하는 것은?

① 건설기계대여업   ② 건설기계정비업
③ 건설기계매매업   ④ 건설기계폐기업

> HINT ① 건설기계대여업이란 건설기계의 대여를 업(業)으로 하는 것을 말한다.

5 건설기계관리법에 의한 건설기계사업이 아닌 것은?

① 건설기계대여업   ② 건설기계매매업
③ 건설기계수입업   ④ 건설기계폐기업

> HINT ③ 건설기계사업이란 건설기계대여업, 건설기계정비업, 건설기계매매업 및 건설기계폐기업을 말한다.

6 건설기계관리법령상 자동차손해배상보장법에 따른 자동차보험에 반드시 가입하여야 하는 건설기계가 아닌 것은?

① 타이어식 지게차   ② 타이어식 굴삭기
③ 타이어식 기중기   ④ 덤프트럭

> HINT ① 타이어식 지게차는 해당되지 않는다(자동차손해배상보장법 시행령 제2조).
>
> ※ **자동차손해배상보장법 시행령 제2조**(건설기계의 범위) 「자동차손해배상 보장법」에서 「건설기계관리법」의 적용을 받는 건설기계는 다음의 것을 말한다.
> 1. 덤프트럭
> 2. 타이어식 기중기
> 3. 콘크리트믹서트럭
> 4. 트럭적재식 콘크리트펌프
> 5. 트럭적재식 아스팔트살포기
> 6. 타이어식 굴삭기
> 7. 「건설기계관리법 시행령」 별표 1 제26호에 따른 특수건설기계 중 다음의 특수건설기계
>   가. 트럭지게차
>   나. 도로보수트럭
>   다. 노면측정장비(노면측정장치를 가진 자주식인 것을 말한다)

1.③ 2.① 3.④ 4.① 5.③ 6.①

(2) 건설기계 등록

① **등록** : 건설기계의 소유자는 건설기계를 등록하여야 하며 등록을 할 때에는 특별시장·광역시장·도지사 또는 특별자치도지사(시·도지사)에게 건설기계 등록신청을 하여야 한다.

② **미등록 건설기계의 사용금지와 일시사용** : 건설기계는 등록을 한 후가 아니면 이를 사용하거나 운행하지 못한다. 다만, 등록을 하기 전에 다음과 같은 사유로 일시적으로 운행하는 경우에는 운행할 수 있다.

내용	임시운행기간
등록신청을 하기 위하여 건설기계를 등록지로 운행하는 경우	15일 이내
신규등록검사 및 확인검사를 받기 위하여 건설기계를 검사장소로 운행하는 경우	15일 이내
수출을 하기 위하여 건설기계를 선적지로 운행하는 경우	15일 이내
수출을 하기 위하여 등록 말소한 건설기계를 점검·정비의 목적으로 운행하는 경우	15일 이내
신개발 건설기계를 시험·연구의 목적으로 운행하는 경우	3년 이내
판매 또는 전시를 위하여 건설기계를 일시적으로 운행하는 경우	15일 이내

③ **등록의 말소** : 시·도지사는 등록된 건설기계가 다음에 해당하는 경우에는 그 소유자의 신청이나 시·도지사의 직권으로 등록을 말소할 수 있다.

구분	내용
제1호	거짓이나 그 밖의 부정한 방법으로 등록을 한 경우(직권 말소)
제2호	건설기계가 천재지변 또는 이에 준하는 사고 등으로 사용할 수 없게 되거나 멸실된 경우
제3호	건설기계의 차대(車臺)가 등록 시의 차대와 다른 경우
제4호	건설기계가 건설기계안전기준에 적합하지 아니하게 된 경우
제5호	최고(催告)를 받고 지정된 기한까지 정기검사를 받지 아니한 경우
제6호	건설기계를 수출하는 경우(수출 전까지 등록말소 신청을 해야 함)
제7호	건설기계를 도난당한 경우
제8호	건설기계를 폐기한 경우(직권 말소)
제9호	구조적 제작 결함 등으로 건설기계를 제작자 또는 판매자에게 반품한 때
제10호	건설기계를 교육·연구 목적으로 사용하는 경우

등록번호표의 반납
등록된 건설기계의 소유자는 다음에 해당하는 경우에는 10일 이내에 등록번호표의 봉인을 떼어낸 후 그 등록번호표를 시·도지사에게 반납하여야 한다.
㉠ 건설기계의 등록이 말소된 경우
㉡ 건설기계의 등록사항 중 등록건설기계의 소유자의 주소지 또는 사용본거지 변경 및 등록번호의 변경
㉢ 등록번호표의 부착 및 봉인을 신청하는 경우

건설기계관리법상 건설기계 종류는 특수건설기계를 포함하여 총 27종이다.

건설기계등록번호표 표시방법

구분	표시방법
자가용	녹색판에 흰색문자
영업용	주황색판에 흰색문자
관용	흰색판에 검은색문자

건설기계등록번호표 표시대상
건설기계등록번호표에는 등록관청·용도·기종 및 등록번호를 표시하여야 한다.

확인학습

1 건설기계 등록을 해줄 수 없는 자는?
   ① 특별시장　　② 광역시장
   ③ 도지사　　　④ 국토교통부장관

   > HINT ④ 건설기계의 소유자가 등록을 할 때에는 특별시장·광역시장·도지사 또는 특별자치도지사에게 건설기계 등록신청을 하여야 한다(건설기계관리법 제3조제2항).

2 다음 중 건설기계 등록을 반드시 말소해야 하는 경우는?
   ① 거짓으로 등록을 한 경우
   ② 건설기계의 차대(車臺)가 등록 시의 차대와 다른 경우
   ③ 건설기계를 수출하는 경우
   ④ 구조적 제작 결함 등으로 건설기계를 제작자 또는 판매자에게 반품한 때

   > HINT ① 거짓이나 그 밖의 부정한 방법으로 등록을 한 경우 또는 건설기계를 폐기한 경우에는 반드시 시·도지사는 직권으로 등록을 말소하여야 한다(동법 제6조).

3 건설기계등록원부의 등본 또는 초본을 발급받거나 열람하고자 할 경우 누구에게 신청을 해야 하는가?
   ① 구청장　　　② 시·도지사
   ③ 면장　　　　④ 국토교통부장관

   > HINT ② 건설기계등록원부의 등본 또는 초본을 발급받거나 열람하고자 하는 자는 국토교통부령으로 정하는 바에 따라 시·도지사에게 신청할 수 있다(동법 제7조제2항).

4 건설기계등록번호표에 표시 대상이 아닌 것은?
   ① 등록관청　　② 기종
   ③ 등록번호　　④ 소유자

   > HINT ④ 건설기계등록번호표에는 등록관청·용도·기종 및 등록번호를 표시하여야 한다(동법 시행규칙 제13조제1항).

5 다음 중 건설기계의 임시운행을 할 수 있는 요건이 아닌 것은?
   ① 등록신청을 하기 위하여 건설기계를 등록지로 운행하는 경우
   ② 신규등록검사 및 확인검사를 받기 위하여 건설기계를 검사장소로 운행하는 경우
   ③ 신개발 건설기계를 시험·연구의 목적으로 운행하는 경우
   ④ 말소된 건설기계의 등록을 신청하는 경우

   > HINT ④는 해당되지 않는다(동법 시행규칙 제6조).

6 관용 건설기계의 등록번호표의 표시방법으로 알맞은 것은?
   ① 녹색판에 흰색문자
   ② 흰색판에 검은색문자
   ③ 주황색판에 흰색문자
   ④ 파란색판에 흰색문자

   > HINT ② 관용 건설기계의 경우 흰색판에 검은색문자로 칠해야 한다(동법 시행규칙 별표2).

7 건설기계를 등록하려는 건설기계의 소유자는 건설기계 등록 신청을 누구에게 하는가?
   ① 소유자의 주소지 또는 건설기계 사용 본거지를 관할하는 시·도지사
   ② 행정자치부 장관
   ③ 소유자의 주소지 또는 건설기계 소재지를 관할하는 검사소장
   ④ 소유자의 주소지 또는 건설기계 소재지를 관할하는 경찰서장

   > HINT ① 건설기계를 등록하려는 건설기계의 소유자는 건설기계 소유자의 주소지 또는 건설기계의 사용본거지를 관할하는 특별시장·광역시장·도지사 또는 특별자치도지사(시·도지사)에게 건설기계 등록신청을 하여야 한다(동법 제3조제2항).

1.④ 2.① 3.② 4.④ 5.④ 6.② 7.①

(3) 건설기계 검사 및 점검

① 건설기계 검사의 구분

구분	내용
신규 등록검사	건설기계를 신규로 등록할 때 실시하는 검사
정기검사	• 건설공사용 건설기계로서 3년의 범위에서 국토교통부령으로 정하는 검사유효기간이 끝난 후에 계속하여 운행하려는 경우에 실시하는 검사 • 「대기환경보전법」 및 「소음·진동관리법」에 따른 운행차의 정기검사
구조변경검사	건설기계의 주요 구조를 변경하거나 개조한 경우 실시하는 검사
수시검사	성능이 불량하거나 사고가 자주 발생하는 건설기계의 안전성 등을 점검하기 위하여 수시로 실시하는 검사와 건설기계 소유자의 신청을 받아 실시하는 검사

② 정기검사의 신청

㉠ 정기검사를 받으려는 자는 검사유효기간의 만료일 전후 각각 30일 이내의 기간(정기검사신청기간)에 정기검사신청서에 「자동차손해배상 보장법」에 따른 보험 또는 공제의 가입을 증명하는 서류를 첨부하여 시·도지사에게 제출하여야 한다. 다만, 검사대행을 하게 한 경우에는 검사대행자에게 이를 제출하여야 한다.

㉡ 검사신청을 받은 시·도지사 또는 검사대행자는 신청을 받은 날부터 5일 이내에 검사일시와 검사장소를 지정하여 신청인에게 통지하여야 한다. 이 경우 검사장소는 건설기계소유자의 신청에 의하여 변경할 수 있다.

③ 검사장소

㉠ 다음에 해당하는 건설기계에 대하여 신규등록검사, 구조변경검사, 수시검사, 정기검사를 하는 경우에는 시설을 갖춘 검사장소에서 검사를 하여야 한다.

대상
덤프트럭
콘크리트믹서트럭
콘크리트펌프(트럭적재식)
아스팔트살포기
트럭지게차

㉡ 위 건설기계가 다음에 해당하는 경우에는 당해 건설기계가 위치한 장소에서 검사를 할 수 있다.

대상
도서지역에 있는 경우
자체중량이 40톤을 초과하거나 축중이 10톤을 초과하는 경우
너비가 2.5미터를 초과하는 경우
최고속도가 시간당 35킬로미터 미만인 경우

기종별 정기검사 유효기간
- 굴삭기(타이어식) : 1년
- 덤프트럭, 콘크리트 믹서트럭 : 1년
- 아스팔트살포기 : 1년
- 로더(타이어식) : 2년
- 지게차(1톤 이상) : 2년
- 기중기(타이어식, 트럭적재식) : 1년
- 모터그레이더, 타워크레인 : 2년
- 콘크리트펌프(트럭적재식) : 1년
- 천공기(트럭적재식) : 2년
- 도로보수트럭, 트럭지게차 : 1년
- 노면파쇄기, 노면측정장비 : 2년
- 수목이식기, 터널용 고소작업차 : 2년
- 그 밖의 건설기계 : 3년

등록번호표의 영치
시·도지사는 정기검사 최고, 수시검사 명령 또는 정비 명령에 따르지 아니하는 경우에는 해당 건설기계의 등록번호표를 영치할 수 있다.

확인학습

1 다음 중 건설기계의 주요 구조를 변경하거나 개조한 경우 실시하는 검사는?

① 정기검사　　② 신규 등록검사
③ 수시검사　　④ 구조변경검사

> HINT ④ 구조변경검사에 대한 질문이다(동법 제13조).

2 덤프트럭이 건설기계 검사소가 아닌 출장검사를 받을 수 있는 경우는?

① 당해 검사를 받을 건설기계가 현재 도시에 있는 경우
② 너비가 2미터인 경우
③ 최고속도가 시간당 35킬로미터 미만인 덤프트럭
④ 자체중량이 30톤인 경우

> HINT ③ 덤프트럭은 규정에 의한 시설물을 갖춘 검사장소에서 검사를 해야 하는 것이 원칙이지만 최고속도가 시간당 35킬로미터 미만인 경우에는 당해 건설기계가 위치한 장소에서 검사를 할 수 있다(동법 시행규칙 제32조).

3 시·도지사가 정기검사를 받지 않은 건설기계의 소유자에게 언제까지 정기검사를 받을 것을 명할 수 있는가?

① 정기검사의 유효기간이 끝난 날부터 1개월 이내에 국토교통부령으로 정하는 바에 따라 10일 이내의 기한을 정하여
② 정기검사의 유효기간이 끝난 날부터 2개월 이내에 국토교통부령으로 정하는 바에 따라 10일 이내의 기한을 정하여
③ 정기검사의 유효기간이 끝난 날부터 3개월 이내에 국토교통부령으로 정하는 바에 따라 20일 이내의 기한을 정하여
④ 정기검사의 유효기간이 끝난 날부터 3개월 이내에 국토교통부령으로 정하는 바에 따라 10일 이내의 기한을 정하여

> HINT ④ 시·도지사는 정기검사를 받지 아니한 건설기계의 소유자에게 정기검사의 유효기간이 끝난 날부터 3개월 이내에 국토교통부령으로 정하는 바에 따라 10일 이내의 기한을 정하여 정기검사를 받을 것을 최고하여야 한다(동법 제13조제5항).

4 시·도지사는 건설기계의 소유자가 정기검사 최고, 수시검사 명령 또는 정비 명령에 따르지 아니하는 경우 해당 건설기계의 등록번호표는 어떻게 되는가?

① 방치한다.　　② 몰수한다.
③ 영치된다.　　④ 수사대상이 된다.

> HINT ③ 시·도지사는 건설기계의 소유자가 정기검사 최고, 수시검사 명령 또는 정비 명령에 따르지 아니하는 경우에는 해당 건설기계의 등록번호표를 영치할 수 있다(동법 제13조제9항).

5 건설기계의 소유자가 등록된 건설기계의 주요 구조를 변경 또는 개조하고자 할 경우 어떤 기준에 적합해야 하는가?

① 도로교통법
② 건설기계수급조절기준
③ 건설기계안전기준
④ 건설기계임대차 표준계약서

> HINT ③ 건설기계의 소유자가 등록된 건설기계의 주요 구조를 변경 또는 개조하고자 하는 때에는 건설기계안전기준에 적합하여야 한다(동법 제17조제1항).

6 다음 중 정기검사유효기간이 다른 것은?

① 덤프트럭
② 콘크리트믹서트럭
③ 트럭적재식 콘크리트펌프
④ 무한궤도식 굴삭기

> HINT ④ 무한궤도식 굴삭기 – 3년
> 　　① 덤프트럭 – 1년
> 　　② 콘크리트믹서트럭 – 1년
> 　　③ 트럭적재식 콘크리트펌프 – 1년

1.④　2.③　3.④　4.③　5.③　6.④

(4) 건설기계 조종사 면허

① 「도로교통법」에 따른 운전면허가 필요한 건설기계
- 덤프트럭
- 아스팔트살포기
- 노상안정기
- 콘크리트믹서트럭
- 콘크리트펌프
- 천공기(트럭적재식)

> 3톤미만의 지게차를 조종하고자 하는 자는 자동차운전면허를 소지하여야 한다.

② 교육과정 이수로 건설기계조종사면허를 얻은 것으로 보는 건설기계
다음에 해당하는 건설기계는 시·도지사가 지정한 교육기관에서 그 건설기계의 조종에 관한 교육과정을 마친 경우에는 건설기계조종사면허를 얻은 것으로 본다.
- 5톤 미만의 불도저
- 5톤 미만의 로더
- 5톤 미만의 천공기
  (다만, 트럭적재식은 제외)
- 3톤 미만의 지게차
- 3톤 미만의 굴삭기
- 3톤 미만의 타워크레인
- 공기압축기
- 콘크리트펌프
  (다만, 이동식에 한정)
- 쇄석기
- 준설선

> 건설기계조종사면허를 받은 사람은 술에 취하거나 마약 등 약물을 투여한 상태에서 건설기계를 조종하여서는 아니 된다.

> 건설기계를 조종하려는 사람은 시장·군수 또는 구청장에게 건설기계조종사면허를 받아야 한다.

③ 건설기계조종사의 적성검사의 기준

내용
두 눈을 동시에 뜨고 잰 시력(교정시력을 포함)이 0.7 이상이고 두 눈의 시력이 각각 0.3 이상일 것
55데시벨(보청기를 사용하는 사람은 40데시벨)의 소리를 들을 수 있고, 언어분별력이 80퍼센트 이상일 것
시각은 150도 이상일 것
• 건설기계 조종상의 위험과 장해를 일으킬 수 있는 정신질환자 또는 뇌전증환자로서 국토교통부령으로 정하는 사람에 해당되지 아니할 것 • 앞을 못보는 사람, 듣지 못하는 사람, 그 밖에 국토교통부령으로 정하는 장애인에 해당되지 아니할 것 • 건설기계 조종상의 위험과 장해를 일으킬 수 있는 마약·대마·향정신성의약품 또는 알코올중독자로서 국토교통부령으로 정하는 사람에 해당되지 아니할 것

> 건설기계조종사면허 신청 시의 첨부서류
> • 건설기계조종사면허증발급신청서
> • 신체검사서
> • 소형건설기계조종교육이수증(소형건설기계조종사면허증을 발급신청하는 경우에 한정)
> • 건설기계조종사면허증(건설기계조종사면허를 받은 자가 면허의 종류를 추가하고자 하는 때에 한한다)
> • 6개월 이내에 촬영한 탈모상반신 사진 2매

④ 건설기계조종사면허의 결격사유

내용
18세 미만인 사람
건설기계 조종상의 위험과 장해를 일으킬 수 있는 정신질환자 또는 뇌전증환자
앞을 보지 못하는 사람, 듣지 못하는 사람, 그 밖에 국토교통부령으로 정하는 장애인
건설기계 조종상의 위험과 장해를 일으킬 수 있는 마약·대마·향정신성의약품 또는 알코올중독자
건설기계조종사면허가 취소된 날부터 1년이 지나지 아니하였거나 건설기계조종사면허의 효력정지처분 기간 중에 있는 사람

> 건설기계조종사면허의 반납 사유
> • 면허가 취소된 때
> • 면허의 효력이 정지된 때
> • 면허증의 재교부를 받은 후 잃어버린 면허증을 발견한 때

확인학습

1 다음 중 「도로교통법」에 따른 운전면허가 있어야 조종할 수 있는 건설기계가 아닌 것은?

① 덤프트럭
② 아스팔트살포기
③ 양화장치
④ 콘크리트믹서트럭

> HINT ③ 양화장치는 해당되지 않는다(동법 시행규칙 제73조).

2 다음 중 건설기계 면허 결격 사유가 아닌 것은?

① 18세 미만인 사람
② 앞을 보지 못하는 사람
③ 건설기계조종사면허가 취소된 날부터 2년이 지나지 아니한 사람
④ 듣지 못하는 사람

> HINT ③ 건설기계조종사면허가 취소된 날부터 1년이 지나지 아니하였거나 건설기계조종사면허의 효력정지처분 기간 중에 있는 사람이 결격사유이다.

3 건설기계조종사면허를 받은 자가 건설기계조종사면허증을 반납해야 하는 경우가 아닌 것은?

① 면허가 취소된 때
② 면허증의 재교부를 받은 후 잃어버린 면허증을 발견한 때
③ 면허의 효력이 정지된 때
④ 전주소지가 다른 시장·군수 또는 구청장의 관할에 속할 때

> HINT ④는 해당되지 않는다(동법 시행규칙 제80조).
> ※ 동법 시행규칙 제80조(건설기계조종사면허증 등의 반납)
> 건설기계조종사면허를 받은 자가 다음에 해당하는 때에는 그 사유가 발생한 날부터 10일 이내에 주소지를 관할하는 시장·군수 또는 구청장에게 그 면허증을 반납하여야 한다.

구분
면허가 취소된 때
면허의 효력이 정지된 때
면허증의 재교부를 받은 후 잃어버린 면허증을 발견한 때

4 건설기계조종사의 적성검사 기준 가운데 언어분별력 기준은?

① 50%   ② 60%
③ 70%   ④ 80%

> HINT ④ 건설기계조종사의 적성검사의 기준 가운데 청력은 55데시벨(보청기를 사용하는 사람은 40데시벨)의 소리를 들을 수 있어야 하며, 언어분별력이 80퍼센트 이상일 것을 요하도록 하고 있다(동법 시행규칙 제76조).

5 건설기계 조종사의 적성검사 기준 중 틀린 것은?

① 두 눈을 동시에 뜨고 잰 시력이 0.7 이상일 것
② 시각은 150° 이상일 것
③ 언어분별력이 80% 이상일 것
④ 교정시력의 경우는 시력이 1.0 이상일 것

> HINT ④ 교정시력을 포함하여 두 눈을 동시에 뜨고 잰 시력이 0.7 이상이면 된다.

1.③ 2.③ 3.④ 4.④ 5.④

(5) 건설기계 면허 취소와 정지

① **건설기계조종사면허의 취소·정지** : 시장·군수 또는 구청장은 건설기계조종사가 다음에 해당하는 경우에는 건설기계조종사면허를 취소하거나 1년 이내의 기간을 정하여 건설기계조종사면허의 효력을 정지시킬 수 있다.

대상	
거짓이나 그 밖의 부정한 방법으로 건설기계조종사면허를 받은 경우(반드시 취소)	
건설기계조종사면허의 효력정지기간 중 건설기계를 조종한 경우(반드시 취소)	
다음에 해당하게 된 경우	건설기계 조종상의 위험과 장해를 일으킬 수 있는 정신질환자 또는 뇌전증환자로서 국토교통부령으로 정하는 사람
	앞을 보지 못하는 사람, 듣지 못하는 사람, 그 밖에 국토교통부령으로 정하는 장애인
	건설기계 조종상의 위험과 장해를 일으킬 수 있는 마약·대마·향정신성의약품 또는 알코올중독자로서 국토교통부령으로 정하는 사람
건설기계의 조종 중 고의 또는 과실로 중대한 사고를 일으킨 경우	
「국가기술자격법」에 따른 해당 분야의 기술자격이 취소되거나 정지된 경우	
건설기계조종사면허증을 다른 사람에게 빌려 준 경우	
술에 취하거나 마약 등 약물을 투여한 상태에서 조종한 경우	

② **건설기계조종사면허의 취소·정지처분기준**

건설기계의 조종 중 고의 또는 과실로 중대한 사고를 일으킨 때			
위반사항	사고 내용		처분기준
인명피해	고의로 인명피해(사망, 중상, 경상 등을 말한다)를 입힌 때		취소
	과실로 3명 이상을 사망하게 한 때		취소
	과실로 7명 이상에게 중상을 입힌 때		취소
	과실로 19명 이상에게 경상을 입힌 때		취소
	사망 1명마다		면허효력정지 45일
	중상 1명마다		면허효력정지 15일
	경상 1명마다		면허효력정지 5일
재산피해	피해금액 50만원마다		면허효력정지 1일 (90일을 초과할 수 없음)

운전이 금지되는 술에 취한 상태의 기준은 운전자의 혈중알코올농도가 0.05% 이상인 경우로 한다.

술에 취한 상태(혈중알콜농도 0.05% 이상 0.1% 미만)에서 건설기계를 조종한 경우에는 면허 효력정지 60일에 처해진다.

교통사고의 중상이라 함은 3주 이상의 가료를 요하는 진단이 있는 경우를 말하며, 경상은 3주 미만의 가료를 요하는 진단이 있는 경우를 말한다.

사고 발생 원인이 불가항력이거나 피해자의 명백한 과실인 경우에는 행정처분을 하지 않는다.

건설기계조종사의 신고의무
건설기계조종사는 성명, 주민등록번호 및 국적의 변경이 있는 경우에는 그 사실이 발생한 날부터 30일 이내에 기재사항변경신고서를 시장·군수 또는 구청장에게 제출하여야 한다.

확인학습

1. 다음 중 건설기계조종사면허의 취소를 반드시 해야 경우는?

   ① 건설기계조종사면허의 효력정지기간 중 건설기계를 조종한 경우
   ② 건설기계의 조종 중 고의 또는 과실로 중대한 사고를 일으킨 경우
   ③ 앞을 보지 못하는 사람
   ④ 건설기계 조종상의 위험과 장해를 일으킬 수 있는 정신질환자

   > HINT ① 건설기계조종사면허의 효력정지기간 중 건설기계를 조종한 경우 또는 거짓이나 그 밖의 부정한 방법으로 건설기계조종사면허를 받은 경우에는 건설기계조종사면허를 반드시 취소하여야 한다(동법 제28조).

2. 건설기계조종사면허의 취소·정지 사유가 아닌 것은?

   ① 등록번호표 식별이 곤란한 건설기계를 조종한 때
   ② 심신 장애자
   ③ 고의 또는 과실로 건설기계에 중대한 사고를 발생케 한 때
   ④ 부정한 방법으로 조종사 면허를 받은 때

   > HINT ① 등록번호표 식별이 곤란한 건설기계를 조종한 때에는 100만원 이하의 벌금에 처한다(건설기계관리법 제42조).

3. 고의로 경상 1명의 인명피해를 입힌 건설기계 조종사에 대한 면허처분 기준으로 맞는 것은?

   ① 면허 효력정지 45일
   ② 면허 효력정지 30일
   ③ 면허 효력정지 90일
   ④ 면허취소

   > HINT ④ 건설기계의 조종 중 고의 또는 과실로 중대한 사고를 일으킨 경우는 면허취소 사유에 해당한다(법 제28조제4호).

4. 건설기계조종사 면허가 취소되었을 경우 그 사유가 발생한 날로부터 며칠 이내에 면허증을 반납해야 하는가?

   ① 7일 이내   ② 10일 이내
   ③ 14일 이내   ④ 30일 이내

   > HINT ② 건설기계조종사면허를 받은 자가 면허 취소 사유가 발생되면 그 사유 발생일부터 10일 이내에 면허증을 반납하여야 한다(건설기계관리법 시행규칙 제80조).

5. 건설기계 운전면허의 효력정지 사유가 발생한 경우 관련법상 효력 정지기간으로 맞는 것은?

   ① 6월 이내   ② 1년 이내
   ③ 5년 이내   ④ 3년 이내

   > HINT ② 시장·군수 또는 구청장은 건설기계조종사가 건설기계조종사면허의 취소·정지의 어느 하나에 해당하는 경우에는 건설기계조종사면허를 취소하거나 '1년 이내의 기간'을 정하여 건설기계조종사면허의 효력을 정지시킬 수 있다(법 제28조).

6. 건설기계의 조종 중 과실로 가스공급시설을 손괴할 경우 조종사면허의 처분기준은?

   ① 면허 취소
   ② 면허 정지
   ③ 면허효력정지 200일
   ④ 면허효력정지 180일

   > HINT ④ 건설기계의 조종 중 고의 또는 과실로「도시가스사업법」에 따른 가스공급시설을 손괴하거나 가스공급시설의 기능에 장애를 입혀 가스의 공급을 방해한 경우 면허효력정지 180일 처분을 받게 된다.

1.① 2.① 3.④ 4.② 5.② 6.④

(6) 건설기계관리법의 벌칙

① 2년 이하의 징역 또는 2천만원 이하의 벌금

내용
등록되지 아니한 건설기계를 사용하거나 운행한 자
등록이 말소된 건설기계를 사용하거나 운행한 자
시·도지사의 지정을 받지 아니하고 등록번호표를 제작하거나 등록번호를 새긴 자
등록을 하지 아니하고 건설기계사업을 하거나 거짓으로 등록을 한 자
시정명령을 이행하지 아니한 자
등록이 취소되거나 사업의 전부 또는 일부가 정지된 건설기계사업자로서 계속하여 건설기계사업을 한 자

② 1년 이하의 징역 또는 1천만원 이하의 벌금

내용
건설기계매매업자의 매매용 건설기계의 운행금지 등의 의무를 위반하여 매매용 건설기계를 운행하거나 사용한 자
건설기계조종사면허를 받지 아니하고 건설기계를 조종한 자
건설기계조종사면허를 거짓이나 그 밖의 부정한 방법으로 받은 자
소형 건설기계의 조종에 관한 교육과정의 이수에 관한 증빙서류를 거짓으로 발급한 자
건설기계조종사면허가 취소되거나 건설기계조종사면허의 효력정지처분을 받은 후에도 건설기계를 계속하여 조종한 자
건설기계의 소유자 또는 점유자는 건설기계를 도로에 계속하여 버려두거나 정당한 사유 없이 타인의 토지에 버려두어서는 아니 된다는 규정을 위반하여 건설기계를 도로나 타인의 토지에 버려둔 자
건설기계폐기업자가 폐기인수 사실을 증명하는 서류의 발급을 거부하거나 거짓으로 발급한 자
건설기계폐기업자가 폐기요청을 받은 건설기계를 폐기하지 아니하거나 등록번호표를 폐기하지 아니한 자

③ 100만원 이하의 벌금

내용
건설기계 등록번호를 지워 없애거나 그 식별을 곤란하게 한 자
구조변경검사 또는 수시검사를 받지 아니한 자
정비명령을 이행하지 아니한 자
형식승인, 형식변경승인 또는 확인검사를 받지 아니하고 건설기계의 제작 등을 한 자
제작 등을 한 건설기계의 사후관리에 관한 명령을 이행하지 아니한 자

청문
국토교통부장관, 시·도지사, 시장·군수 또는 구청장은 다음의 어느 하나에 해당하는 처분을 하려는 경우에는 청문을 하여야 한다.
- 등록번호표 제작자의 지정 취소 또는 사업의 정지
- 검사대행자 지정의 취소 및 사업의 정지
- 건설기계조종사면허의 취소 및 효력정지
- 건설기계사업 등록의 취소 또는 사업의 정지

300만원 이하의 과태료를 부과 대상
- 건설기계임대차 등에 관한 계약서를 작성하지 아니한 자
- 시설 또는 업무에 관한 보고를 하지 아니하거나 거짓으로 보고한 자
- 소속 공무원의 검사·질문을 거부·방해·기피한 자

100만원 이하 과태료 부과 대상
- 수출의 이행여부를 신고하지 아니하거나 폐기 또는 등록을 하지 아니한 자
- 등록번호표를 부착·봉인하지 아니하거나 등록번호를 새기지 아니한 자
- 등록번호표를 부착 및 봉인하지 아니한 건설기계를 운행한 자
- 등록번호표를 가리거나 훼손하여 알아보기 곤란하게 한 자 또는 그러한 건설기계를 운행한 자
- 등록번호의 새김명령을 위반한 자
- 건설기계안전기준에 적합하지 아니한 건설기계를 도로에서 운행하거나 운행하게 한 자
- 특별한 사정없이 건설기계임대차 등에 관한 계약과 관련된 자료를 제출하지 아니한 자
- 건설기계사업자의 의무를 위반한 자

확인학습

1. 다음 중 2년 이하의 징역 또는 2천만 원 이하의 벌금에 해당되지 않는 것은?

   ① 등록되지 아니한 건설기계를 사용하거나 운행한 자
   ② 등록이 말소된 건설기계를 사용하거나 운행한 자
   ③ 시·도지사의 지정을 받지 아니하고 등록번호표를 제작한 자
   ④ 폐기인수 사실을 증명하는 서류의 발급을 거부하거나 거짓으로 발급한 자

   HINT ④ 폐기인수 사실을 증명하는 서류의 발급을 거부하거나 거짓으로 발급한 자는 1년 이하의 징역 또는 1천만 원 이하의 벌금에 처한다(동법 제41조).

2. 다음 중 100만 원 이하의 벌금에 처해지는 것이 아닌 것은?

   ① 건설기계임대차 등에 관한 계약서를 작성하지 아니한 자
   ② 등록번호를 지워 없애거나 그 식별을 곤란하게 한 자
   ③ 사후관리에 관한 명령을 이행하지 아니한 자
   ④ 정비명령을 이행하지 아니한 자

   HINT ① 건설기계임대차 등에 관한 계약서를 작성하지 아니한 자의 경우 300만 원 이하의 과태료를 부과받는다(동법 제44조).

3. 등록번호를 지워 없애거나 그 식별을 곤란하게 한 자에 대한 처벌은?

   ① 100만 원 이하의 벌금
   ② 300만 원 이하의 벌금
   ③ 1년 이하의 징역
   ④ 3년 이하의 금고

   HINT ① 100만원 이하의 벌금에 처해진다(법 제42조).

4. 건설기계조종사 면허를 받지 아니하고 건설기계를 조종한 자에 대한 벌칙은?

   ① 1년 이하의 징역 또는 300만 원 이하의 벌금
   ② 100만 원 이하의 벌금
   ③ 1년 이하의 징역 또는 1천만 원 이하의 벌금
   ④ 300만 원 이하의 과태료

   HINT ③ 건설기계조종사면허를 받지 아니하고 건설기계를 조종한 자는 1년 이하의 징역 또는 1천만 원 이하의 벌금에 처해진다(법 제41조제2호).

5. 건설기계등록번호표를 가리거나 훼손하여 알아보기 곤란하게 한 자 또는 그러한 건설기계를 운행한 자에게 부과하는 과태료로 옳은 것은?

   ① 50만 원 이하
   ② 100만 원 이하
   ③ 300만 원 이하
   ④ 1000만 원 이하

   HINT ② 100만 원 이하의 과태료 처분 대상이다(건설기계관리법 제44조제2항제3호).

1.④ 2.① 3.① 4.③ 5.②

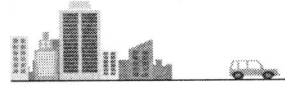

(7) 건설기계 안전기준에 관한 규칙

① **특별표지판**(동 규칙 제168조)
  ㉠ 대형건설기계에는 기준에 적합한 특별표지판을 부착하여야 한다.
  ㉡ 특별표지판의 바탕은 검은색으로, 문자 및 테두리는 흰색으로 도색할 것. 다만, 건설기계의 본체에 도색이 불가능한 경우에는 다음의 어느 하나에 해당하는 특별표지판을 사용하여야 한다.

구분	대상
제1호	두께 4밀리미터 이상의 알루미늄 판을 사용하여 문자 및 테두리는 알루미늄 원판으로 하고, 바탕은 음각 부식 후 검은색으로 도색할 것
제2호	두께 1밀리미터 이상의 철판을 사용하여 문자 및 테두리는 흰색으로 도색하고, 바탕은 검은색으로 도색할 것

  ㉢ 특별표지판은 등록번호가 표시되어 있는 면에 부착할 것. 다만, 건설기계 구조상 불가피한 경우는 건설기계의 좌우 측면에 부착할 수 있다.

② **건설기계 안전에 관한 규칙상 대형건설기계**(규칙 제2조)
  대형건설기계란 다음 어느 하나에 해당하는 건설기계를 말한다.

대상
길이가 16.7미터를 초과하는 건설기계
너비가 2.5미터를 초과하는 건설기계
높이가 4.0미터를 초과하는 건설기계
최소회전반경이 12미터를 초과하는 건설기계
총중량이 40톤을 초과하는 건설기계
총중량 상태에서 축하중이 10톤을 초과하는 건설기계

③ **특별도색**(동 규칙 제169조)
  대형건설기계에는 기준에 적합한 특별도색을 하여야 한다. 다만, 최고주행속도가 시간당 35킬로미터 미만인 건설기계의 경우에는 그러하지 아니하다.

④ **경고표지판**
  대형건설기계에는 조종실 내부의 조종사가 보기 쉬운 곳에 다음의 기준에 적합한 경고표지판을 부착하여야 한다.
  ㉠ 경고표지판의 규격은 가로 165밀리미터 세로 110밀리미터의 직사각형으로 할 것
  ㉡ 경고표지판에는 "주의 조종사 여러분 이 건설기계는「도로법」제77조에 따른 운행제한의 대상이므로 같은 법 제2조에 따른 도로 주행 시에는 도로관리청의 허가를 받아 운행하거나, 운행제한을 받지 아니하도록 분해 후 이동하지 아니하면 처벌을 받을 수 있습니다. 국민의 재산인 도로를 보호하고 교통상의 안전을 도모하기 위하여 주의합시다."라는 내용을 적을 것
  ㉢ 경고표지판의 바탕은 검은색으로, 문자 및 테두리선은 흰색으로 도색하고, 문자는 고딕체로 할 것
  ㉣ 경고표지판의 재질은 두께 0.2밀리미터의 합성수지로 할 것

최대적재중량
건설기계에 적재가 허용되는 물질을 허용된 장소에 최대로 적재하였을 때 적재된 물질의 중량을 말한다.

높이
작업장치를 부착한 자체중량 상태의 건설기계의 가장 위쪽 끝이 만드는 수평면으로부터 지면까지의 최단거리를 말한다.

확인학습

1. 특별표지판을 부착하지 않아도 되는 대형건설기계는?

   ① 길이가 16.7미터를 초과하는 건설기계
   ② 너비가 2.5미터를 초과하는 건설기계
   ③ 총중량이 40톤을 초과하는 건설기계
   ④ 높이가 2.0미터를 넘지않는 건설기계

   > HINT ④ 높이가 4.0미터를 초과하는 건설기계가 대형건설기계이다.
   > ※ 대형건설기계란 다음의 어느 하나에 해당하는 건설기계를 말한다.
   > • 길이가 16.7미터를 초과하는 건설기계
   > • 너비가 2.5미터를 초과하는 건설기계
   > • 높이가 4.0미터를 초과하는 건설기계
   > • 최소회전반경이 12미터를 초과하는 건설기계
   > • 총중량이 40톤을 초과하는 건설기계
   > • 총중량 상태에서 축하중이 10톤을 초과하는 건설기계

2. 대형건설기계 가운데 특별도색을 하지 않아도 되는 것은?

   ① 최저주행속도가 시간당 50킬로미터 미만인 건설기계
   ② 최고주행속도가 시간당 35킬로미터 미만인 건설기계
   ③ 최고주행속도가 시간당 60킬로미터 미만인 건설기계
   ④ 평균주행속도가 시간당 40킬로미터 미만인 건설기계

   > HINT ② 최고주행속도가 시간당 35킬로미터 미만인 건설기계는 특별도색을 하지 않아도 된다.

3. 특별표지판의 바탕색은?

   ① 주황색
   ② 노란색
   ③ 검은색
   ④ 녹색

   > HINT ③ 특별표지판의 바탕은 검은색으로, 문자 및 테두리는 흰색으로 도색하는 것을 원칙으로 한다.

4. 대형건설기계의 경고표지판을 부착하는 곳은?

   ① 조종실 내부
   ② 조종실 외부
   ③ 작업장치
   ④ 링크

   > HINT ① 대형건설기계에는 조종실 내부의 조종사가 보기 쉬운 곳에 기준에 적합한 경고표지판을 부착하여야 한다.

1.④ 2.② 3.③ 4.①

2 도로교통법

(1) 도로교통법의 목적과 정의

① 목적(제1조) : 도로교통법은 도로에서 일어나는 교통상의 모든 위험과 장해를 방지하고 제거하여 안전하고 원활한 교통을 확보함을 목적으로 한다.

② 용어의 정의(제2조)

구분	대상
도로	• 「도로법」에 따른 도로 • 「유료도로법」에 따른 유료도로 • 「농어촌도로 정비법」에 따른 농어촌도로 • 현실적으로 불특정 다수의 사람 또는 차마가 통행할 수 있도록 공개된 장소로서 안전하고 원활한 교통을 확보할 필요가 있는 장소
주차	운전자가 승객을 기다리거나 화물을 싣거나 차가 고장 나거나 그 밖의 사유로 차를 계속 정지 상태에 두는 것 또는 운전자가 차에서 떠나서 즉시 그 차를 운전할 수 없는 상태에 두는 것
정차	운전자가 5분을 초과하지 아니하고 차를 정지시키는 것으로서 주차 외의 정지 상태
초보운전자	처음 운전면허를 받은 날부터 2년이 지나지 아니한 사람. 이 경우 원동기장치자전거면허만 받은 사람이 원동기장치자전거면허 외의 운전면허를 받은 경우에는 처음 운전면허를 받은 것으로 본다.
모범운전자	무사고운전자 또는 유공운전자의 표시장을 받거나 2년 이상 사업용 자동차 운전에 종사하면서 교통사고를 일으킨 전력이 없는 사람으로서 경찰청장이 정하는 바에 따라 선발되어 교통안전 봉사활동에 종사하는 사람
안전표지	교통안전에 필요한 주의 · 규제 · 지시 등을 표시하는 표지판이나 도로의 바닥에 표시하는 기호 · 문자 또는 선 등을 말한다.
교차로	'십'자로, 'T'자로나 그 밖에 둘 이상의 도로가 교차하는 부분
보도	연석선, 안전표지나 그와 비슷한 인공구조물로 경계를 표시하여 보행자가 통행할 수 있도록 한 도로의 부분
차로	차마가 한 줄로 도로의 정하여진 부분을 통행하도록 차선(車線)으로 구분한 차도의 부분
차선	차로와 차로를 구분하기 위하여 그 경계지점을 안전표지로 표시한 선
차도	연석선(차도와 보도를 구분하는 돌 등으로 이어진 선), 안전표지 또는 그와 비슷한 인공구조물을 이용하여 경계를 표시하여 모든 차가 통행할 수 있도록 설치된 도로의 부분
원동기장치자전거	• 「자동차관리법」에 따른 이륜자동차 가운데 배기량 125cc 이하의 이륜자동차 • 배기량 50cc 미만(전기를 동력으로 하는 경우에는 정격출력 0.59 킬로와트 미만)의 원동기를 단 차

차에 해당하는 것
- 자동차
- 건설기계
- 원동기장치자전거
- 자전거
- 우마
- 사람 또는 가축의 힘이나 그 밖의 동력으로 도로에서 운전되는 것. 다만, 철길이나 가설(架設)된 선을 이용하여 운전되는 것, 유모차와 행정자치부령으로 정하는 보행보조용 의자차는 제외한다.

'일시정지'란 차의 운전자가 그 차의 바퀴를 일시적으로 완전히 정지시키는 것을 말한다.

'자동차등'이란 자동차와 원동기장치자전거를 말한다.

확인학습

1. 정차라 함은 주차 이외의 정지상태로서 몇 분을 초과하지 아니하고 차를 정지시키는 것을 말하는가?

   ① 3분
   ② 5분
   ③ 7분
   ④ 10분

   > HINT ② '정차란 운전자가 5분을 초과하지 아니하고 차를 정지시키는 것으로서 주차 외의 정지 상태를 말한다(도로교통법 제2조제25호).

2. 다음 중 도로에 해당되지 않는 것은?

   ① 도로법에 따른 도로
   ② 유료도로법에 따른 도로
   ③ 농어촌도로 정비법에 따른 농어촌도로
   ④ 해상법에 의한 항로

   > HINT ④ 도로교통법상의 도로는 현실적으로 불특정 다수의 사람 또는 차마(車馬)가 통행할 수 있도록 공개된 장소로서 안전하고 원활한 교통을 확보할 필요가 있는 장소를 도로로 규정하고 있다(도로교통법 제2조).

3. 다음 중 중앙선에 대한 내용으로 적절하지 못한 것은?

   ① 차마의 통행 방향을 명확하게 구분하기 위하여 도로에 황색 실선을 표시한 것
   ② 차마의 통행 방향을 명확하게 구분하기 위하여 도로에 황색 점선을 표시한 것
   ③ 차마의 통행 방향을 명확하게 구분하기 위하여 중앙분리대나 울타리 등으로 설치한 시설물
   ④ 가변차로가 설치된 경우 신호기가 지시하는 진행방향의 가장 오른쪽에 있는 황색 점선

   > HINT ④ 중앙선이란 차마의 통행 방향을 명확하게 구분하기 위하여 도로에 황색 실선(實線)이나 황색 점선 등의 안전표지로 표시한 선 또는 중앙분리대나 울타리 등으로 설치한 시설물을 말한다. 다만, 가변차로(可變車路)가 설치된 경우에는 신호기가 지시하는 진행방향의 가장 왼쪽에 있는 황색 점선을 말한다(동법 제2조제5호).

4. 다음 중 올바르지 않는 것은?

   ① 주차라는 것은 운전자가 승객을 기다리거나 화물을 싣거나 차가 고장 나거나 그 밖의 사유로 차를 계속 정지 상태에 두는 것 또는 운전자가 차에서 떠나서 즉시 그 차를 운전할 수 없는 상태에 두는 것을 말한다.
   ② 정차란 운전자가 5분을 초과하지 아니하고 차를 정지시키는 것으로서 주차 외의 정지 상태를 말한다.
   ③ 초보운전은 처음 운전면허를 받은 날부터 2년이 지나지 아니한 사람을 말한다.
   ④ 원동기장치자전거면허만 받은 사람이 원동기장치자전거면허 외의 운전면허를 받은 경우에는 처음 운전면허를 받은 것으로 보지 않는다.

   > HINT ④ 초보운전자란 처음 운전면허를 받은 날(처음 운전면허를 받은 날부터 2년이 지나기 전에 운전면허의 취소처분을 받은 경우에는 그 후 다시 운전면허를 받은 날)부터 2년이 지나지 아니한 사람을 말한다. 이 경우 원동기장치자전거면허만 받은 사람이 원동기장치자전거면허 외의 운전면허를 받은 경우에는 처음 운전면허를 받은 것으로 본다(동법 제2조제27호).

5. 보행자가 도로를 횡단할 수 있도록 안전표시한 도로의 부분은?

   ① 교차로
   ② 횡단보도
   ③ 안전지대
   ④ 규제표시

   > HINT ③ 안전지대란 도로를 횡단하는 보행자나 통행하는 차마의 안전을 위하여 안전표지나 이와 비슷한 인공구조물로 표시한 도로의 부분을 말한다(법 제2조제14호).

1.② 2.④ 3.④ 4.④ 5.③

(2) 신호등과 신호기

① **신호기** : 신호기란 도로교통에서 문자·기호 또는 등화를 사용하여 진행·정지·방향전환·주의 등의 신호를 표시하기 위하여 사람이나 전기의 힘으로 조작하는 장치를 말한다.

② **신호등의 성능**
　㉠ 등화의 밝기는 낮에 150미터 앞쪽에서 식별할 수 있도록 할 것
　㉡ 등화의 빛의 발산각도는 사방으로 각각 45도 이상으로 할 것
　㉢ 태양광선이나 주위의 다른 빛에 의하여 그 표시가 방해받지 아니하도록 할 것

③ **신호등의 신호순서**

구분	순서
적색, 황색, 녹색화살표, 녹색의 사색등화로 표시되는 신호등	녹색→황색→적색 및 녹색화살표→적색 및 황색→적색
적색, 황색, 녹색(녹색화살표)의 삼색등화로 표시되는 신호등	녹색(적색 및 녹색화살표)→황색→적색
적색화살표, 황색화살표, 녹색화살표의 삼색등화로 표시되는 신호등	녹색화살표→황색화살표→적색화살표
적색 및 녹색의 이색등화로 표시되는 신호등	녹색→녹색점멸→적색

④ **보행신호등**

구분	내용
녹색의 등화	보행자는 횡단보도를 횡단할 수 있다.
녹색 등화의 점멸	보행자는 횡단을 시작하여서는 아니 되고, 횡단하고 있는 보행자는 신속하게 횡단을 완료하거나 그 횡단을 중지하고 보도로 되돌아와야 한다.
적색의 등화	보행자는 횡단보도를 횡단하여서는 아니 된다.

> 신호 또는 지시에 따를 의무 도로를 통행하는 보행자와 모든 차마의 운전자는 교통안전시설이 표시하는 신호 또는 지시와 교통정리를 하는 국가경찰공무원·자치경찰공무원 또는 경찰보조자의 신호 또는 지시가 서로 다른 경우에는 경찰공무원등의 신호 또는 지시에 따라야 한다.

확인학습

1 다음의 신호기 순서로 올바른 것은?

| 적색, 황색, 녹색화살표, 녹색의 사색등화로 표시되는 신호등 |

① 녹색 → 황색 → 적색 및 녹색화살표 → 적색 및 황색 → 적색
② 녹색 → 황색 → 적색
③ 황색화살표 → 적색화살표 → 녹색화살표
④ 녹색화살표 → 황색화살표 → 적색화살표

HINT 신호등의 신호순서

구분	순서
적색, 황색, 녹색화살표, 녹색의 사색등화로 표시되는 신호등	녹색 → 황색 → 적색 및 녹색화살표 → 적색 및 황색 → 적색
적색, 황색, 녹색(녹색화살표)의 삼색등화로 표시되는 신호등	녹색(적색 및 녹색화살표) → 황색 → 적색
적색화살표, 황색화살표, 녹색화살표의 삼색등화로 표시되는 신호등	녹색화살표 → 황색화살표 → 적색화살표
적색 및 녹색의 이색등화로 표시되는 신호등	녹색 → 녹색점멸 → 적색

2 신호등이 갖추어야 할 조건이 아닌 것은?

① 등화의 밝기는 낮에 300미터 앞쪽에서 식별할 수 있도록 할 것
② 등화의 빛의 발산각도는 사방으로 각각 45도 이상으로 할 것
③ 태양광선에 의하여 그 표시가 방해받지 아니하도록 할 것
④ 주위의 다른 빛에 의하여 그 표시가 방해받지 아니하도록 할 것

HINT 신호등의 성능
㉠ 등화의 밝기는 낮에 150미터 앞쪽에서 식별할 수 있도록 할 것
㉡ 등화의 빛의 발산각도는 사방으로 각각 45도 이상으로 할 것
㉢ 태양광선이나 주위의 다른 빛에 의하여 그 표시가 방해받지 아니하도록 할 것

3 다음 중 보행신호등에 대한 내용으로 틀린 것은?

① 녹색등이 켜진 경우 보행자는 횡단보도를 횡단할 수 있다.
② 녹색 등화가 점멸할 경우 보행자는 횡단을 시작할 수 없다.
③ 적색 등화의 경우 보행자는 횡단보도를 횡단하여서는 아니 된다.
④ 황색 등화의 경우 횡단하고 있는 보행자는 신속하게 횡단을 완료하거나 그 횡단을 중지하고 보도로 되돌아와야 한다.

HINT ④ 보행자 신호등은 황색이 없다.
※ 보행신호등

구분	내용
녹색의 등화	보행자는 횡단보도를 횡단할 수 있다.
녹색 등화의 점멸	보행자는 횡단을 시작하여서는 아니 되고, 횡단하고 있는 보행자는 신속하게 횡단을 완료하거나 그 횡단을 중지하고 보도로 되돌아와야 한다.
적색의 등화	보행자는 횡단보도를 횡단하여서는 아니 된다.

1.① 2.① 3.④

(3) 보행자의 통행방법

① 보행자의 통행
- 보행자는 보도에서는 **우측통행을** 원칙으로 한다.
- 보행자는 보도와 차도가 구분된 도로에서는 언제나 보도로 통행하여야 한다.
- 보행자는 보도와 차도가 구분되지 아니한 도로에서는 차마와 마주보는 방향의 길가장자리 또는 길가장자리구역으로 통행하여야 한다.

② 도로의 횡단
- 지방경찰청장은 도로를 횡단하는 보행자의 안전을 위하여 횡단보도를 설치할 수 있다.
- 보행자는 횡단보도, 지하도, 육교나 그 밖의 도로 횡단시설이 설치되어 있는 도로에서는 그 곳으로 횡단하여야 한다.
- 보행자는 횡단보도가 설치되어 있지 아니한 도로에서는 가장 짧은 거리로 횡단하여야 한다.
- 보행자는 모든 차의 바로 앞이나 뒤로 횡단하여서는 아니 된다.

③ 어린이 등의 보호
- 어린이의 보호자는 교통이 빈번한 도로에서 어린이를 놀게 하여서는 아니 되며, 영유아(6세 미만인 사람)의 보호자는 교통이 빈번한 도로에서 유아가 혼자 보행하게 하여서는 아니 된다.
- 앞을 보지 못하는 사람의 보호자는 그 사람이 도로를 보행할 때에는 흰색 지팡이를 갖고 다니도록 하거나 앞을 보지 못하는 사람에게 장애인보조견을 동반하도록 하여야 한다.

④ 어린이 보호구역의 지정 및 관리 : 시장 등은 교통사고의 위험으로부터 어린이를 보호하기 위하여 필요하다고 인정하는 경우에는 다음에 해당하는 시설의 주변도로 가운데 일정 구간을 어린이 보호구역으로 지정하여 자동차등의 통행속도를 시속 30킬로미터 이내로 제한할 수 있다.
- 「유아교육법」에 따른 유치원, 「초·중등교육법」에 따른 초등학교 또는 특수학교
- 「영유아보육법」에 따른 어린이집
- 「학원의 설립·운영 및 과외교습에 관한 법률」에 따른 학원
- 「초·중등교육법」에 따른 외국인학교 또는 대안학교, 「제주특별자치도 설치 및 국제자유도시 조성을 위한 특별법」에 따른 국제학교 및 「경제자유구역 및 제주국제자유도시의 외국교육기관 설립·운영에 관한 특별법」에 따른 외국교육기관 중 유치원·초등학교 교과과정이 있는 학교

⑤ 안전을 위한 조치 : 경찰공무원은 다음에 해당하는 사람을 발견한 경우에는 그들의 안전을 위하여 적절한 조치를 하여야 한다.
- ㉠ 교통이 빈번한 도로에서 놀고 있는 어린이
- ㉡ 보호자 없이 도로를 보행하는 영유아
- ㉢ 앞을 보지 못하는 사람으로서 흰색 지팡이를 가지지 아니하거나 장애인 보조견을 동반하지 아니하고 다니는 사람
- ㉣ 횡단보도나 교통이 빈번한 도로에서 보행에 어려움을 겪고 있는 노인(65세 이상인 사람)

도로교통법상 어린이와 유아

구분	나이
어린이	13세 미만
영유아	6세 미만

앞을 보지 못하는 사람에 준하는 사람
- 듣지 못하는 사람
- 신체의 평형기능에 장애가 있는 사람
- 의족 등을 사용하지 아니하고는 보행을 할 수 없는 사람

횡단보도의 설치기준
- 횡단보도에는 횡단보도표시와 횡단보도표지판을 설치할 것
- 횡단보도를 설치하고자 하는 장소에 횡단보행자용 신호기가 설치되어 있는 경우에는 횡단보도표시를 설치할 것
- 횡단보도를 설치하고자 하는 도로의 표면이 포장이 되지 아니하여 횡단보도표시를 할 수 없는 때에는 횡단보도표지판을 설치할 것(이 경우 그 횡단보도표지판에 횡단보도의 너비를 표시하는 보조표지를 설치)
- 횡단보도는 육교·지하도 및 다른 횡단보도로부터 200미터 이내에는 설치하지 아니할 것

확인학습

1. 보행자 통행에 대한 설명으로 옳지 않은 것은?

   ① 보행자는 보도와 차도가 구분된 도로에서는 언제나 보도로 통행하여야 한다.
   ② 보행자는 보도와 차도가 구분되지 아니한 도로에서는 차마와 마주보는 방향의 길가장자리 또는 길가장자리구역으로 통행하여야 한다.
   ③ 보행자는 보도에서는 좌측통행을 원칙으로 한다.
   ④ 행렬 등은 사회적으로 중요한 행사에 따라 시가를 행진하는 경우에는 도로의 중앙을 통행할 수 있다.

   > HINT ③ 보행자는 보도에서는 우측통행을 원칙으로 한다(동법 제8조제3항).

2. 도로교통법상 어린이 보호구역으로 지정된 구역에서 최고 시속 제한 속도는?

   ① 10킬로미터 이내
   ② 20킬로미터 이내
   ③ 30킬로미터 이내
   ④ 50킬로미터 이내

   > HINT ③ 시장 등은 교통사고의 위험으로부터 어린이를 보호하기 위하여 필요하다고 인정하는 경우에는 다음에 해당하는 시설의 주변도로 가운데 일정 구간을 어린이 보호구역으로 지정하여 자동차등의 통행속도를 시속 30킬로미터 이내로 제한할 수 있다(동법 제12조제1항).

3. 도로교통법상 어린이의 나이는?

   ① 9세 이상   ② 10세 미만
   ③ 12세 미만   ④ 13세 미만

   > HINT ④ 도로교통법에서는 어린이는 13세 미만인 사람을 말한다(도로교통법 제2조제23호).

4. 자전거통행방법에 대한 내용으로 적절하지 못한 것은?

   ① 자전거의 운전자는 자전거도로가 따로 있는 곳에서는 그 자전거도로로 통행하여야 한다.
   ② 자전거의 운전자는 자전거도로가 설치되지 아니한 곳에서는 도로 우측 가장자리에 붙어서 통행하여야 한다.
   ③ 안전표지로 자전거 통행이 허용된 경우 자전거의 운전자는 보도를 통행할 수 있다.
   ④ 자전거의 운전자는 길가장자리구역을 통행할 수 없다.

   > HINT ④ 자전거의 운전자는 길가장자리구역(안전표지로 자전거의 통행을 금지한 구간은 제외한다)을 통행할 수 있다(동법 제13조의2 제3항).

5. 다음 중 보행자전용도로 설치권자는?

   ① 지방경찰청장 또는 경찰서장
   ② 도로교통과장
   ③ 경찰청장
   ④ 도로교통관리공단

   > HINT ① 지방경찰청장이나 경찰서장은 보행자의 통행을 보호하기 위하여 특히 필요한 경우에는 도로에 보행자전용도로를 설치할 수 있다(동법 제28조제1항).

6. 어린이의 보호자는 도로에서 어린이가 자전거를 타거나 위험성이 큰 움직이는 놀이기구를 타는 경우에는 어린이의 안전을 위하여 인명보호 장구를 착용하도록 하여야 한다. 여기에 해당되는 것이 아닌 것은?

   ① 킥보드   ② 롤러스케이트
   ③ 스노우보드   ④ 스케이트보드

   > HINT 위험성이 큰 놀이기구 … 킥보드, 롤러스케이트, 인라인스케이트, 스케이트보드

1.③ 2.③ 3.④ 4.④ 5.① 6.③

(4) 차로에 따른 통행차의 기준

① 고속도로 외의 도로

도로	차로구분	통행할 수 있는 차종
편도 4차로	1차로	승용자동차, 중·소형승합자동차
	2차로	
	3차로	대형승합자동차, 적재중량이 1.5톤 이하인 화물자동차
	4차로	적재중량이 1.5톤을 초과하는 화물자동차, 특수자동차, 건설기계, 이륜자동차, 원동기장치자전거, 자전거 및 우마차

② 고속도로

도로	차로구분	통행할 수 있는 차종
편도 4차로	1차로	2차로가 주행차로인 자동차의 앞지르기 차로
	2차로	승용자동차, 중·소형승합자동차의 주행차로
	3차로	대형승합자동차 및 적재중량이 1.5톤 이하인 화물자동차의 주행차로
	4차로	적재중량이 1.5톤을 초과하는 화물자동차, 특수자동차 및 건설기계의 주행차로

고속도로에서의 차량 통행

③ 전용차로통행차 외에 전용차로로 통행할 수 있는 경우
㉠ 긴급자동차가 그 본래의 긴급한 용도로 운행되고 있는 경우
㉡ 전용차로통행차의 통행에 장해를 주지 아니하는 범위에서 택시가 승객을 태우거나 내려주기 위하여 일시 통행하는 경우. 이 경우 택시 운전자는 승객이 타거나 내린 즉시 전용차로를 벗어나야 한다.
㉢ 도로의 파손, 공사, 그 밖의 부득이한 장애로 인하여 전용차로가 아니면 통행할 수 없는 경우

모든 차의 운전자는 통행하고 있는 차로에서 느린 속도로 진행하여 다른 차의 정상적인 통행을 방해할 우려가 있는 때에는 그 통행하던 차로의 오른쪽 차로로 통행하여야 한다.

차로의 순위는 도로의 중앙선쪽에 있는 차로부터 1차로로 한다. 다만, 일방통행도로에서는 도로의 왼쪽부터 1차로로 한다.

고속도로등에서의 정차 및 주차가 허용되는 경우
• 법령의 규정 또는 경찰공무원의 지시에 따르거나 위험을 방지하기 위하여 일시 정차 또는 주차시키는 경우
• 정차 또는 주차할 수 있도록 안전표지를 설치한 곳이나 정류장에서 정차 또는 주차시키는 경우
• 고장이나 그 밖의 부득이한 사유로 길가장자리구역(갓길을 포함한다)에 정차 또는 주차시키는 경우
• 통행료를 내기 위하여 통행료를 받는 곳에서 정차하는 경우
• 도로의 관리자가 고속도로 등을 보수·유지 또는 순회하기 위하여 정차 또는 주차시키는 경우
• 경찰용 긴급자동차가 고속도로 등에서 범죄수사, 교통단속이나 그 밖의 경찰임무를 수행하기 위하여 정차 또는 주차시키는 경우
• 교통이 밀리거나 그 밖의 부득이한 사유로 움직일 수 없을 때에 고속도로 등의 차로에 일시 정차 또는 주차시키는 경우

확인학습

1. 자동차전용도로의 정의로 가장 적합한 것은?

   ① 자동차만 다닐 수 있도록 설치된 도로
   ② 자동차 고속 주행의 교통에만 이용되는 도로
   ③ 보도와 차도의 구분이 없는 도로
   ④ 「농어촌도로 정비법」에 따른 농어촌도로

   HINT ① 자동차전용도로란 자동차만 다닐 수 있도록 설치된 도로를 말한다(법 제2조제2호).

2. 자동차전용 편도 4차로 도로에서 굴삭기와 지게차의 주행차로는?

   ① 1차로
   ② 2차로
   ③ 3차로
   ④ 4차로

   HINT ④ 4차로는 굴삭기와 지게차와 같은 건설기계의 주행차로이다.

3. 고속도로 외의 편도 4차로에서 적재중량이 1.5톤 이하인 화물자동차의 주행차로는?

   ① 1차로
   ② 2차로
   ③ 3차로
   ④ 4차로

   HINT ③ 고속도로 외의 편도 4차로에서 3차로는 대형승합자동차, 적재중량이 1.5톤 이하인 화물자동차의 주행차로이다.

4. 전용차로통행차 외에 전용차로로 통행할 수 있는 경우가 아닌 것은?

   ① 긴급자동차가 그 본래의 긴급한 용도로 운행되고 있는 경우
   ② 전용차로통행차의 통행에 장해를 주지 아니하는 범위에서 택시가 승객을 태우거나 내려주기 위하여 일시 통행하는 경우
   ③ 도로의 파손, 공사, 그 밖의 부득이한 장애로 인하여 전용차로가 아니면 통행할 수 없는 경우
   ④ 후사경 등으로 주위의 교통상황을 확인하는 경우

   HINT ④는 해당되지 않는다.

1.① 2.④ 3.③ 4.④

(5) 차마의 통행방법 등

① 차마의 통행
- 차마의 운전자는 보도와 차도가 구분된 도로에서는 차도로 통행하여야 한다. 다만, 도로 외의 곳으로 출입할 때에는 보도를 횡단하여 통행할 수 있다.
- 도로 외의 곳으로 출입할 때에는 보도를 횡단하여 통행할 경우 차마의 운전자는 보도를 횡단하기 직전에 일시정지하여 좌측과 우측 부분 등을 살핀 후 보행자의 통행을 방해하지 아니하도록 횡단하여야 한다.
- 차마의 운전자는 도로의 중앙 우측 부분을 통행하여야 한다.

② 자전거의 통행방법의 특례
- 자전거의 운전자는 안전표지로 통행이 허용된 경우를 제외하고는 2대 이상이 나란히 차도를 통행하여서는 아니 된다.
- 자전거의 운전자가 횡단보도를 이용하여 도로를 횡단할 때에는 자전거에서 내려서 자전거를 끌고 보행하여야 한다.
- 자전거의 운전자는 자전거도로가 따로 있는 곳에서는 그 자전거도로로 통행하여야 한다.
- 자전거의 운전자는 자전거도로가 설치되지 아니한 곳에서는 도로 우측 가장자리에 붙어서 통행하여야 한다.
- 자전거의 운전자는 길가장자리구역을 통행할 수 있다.

③ 앞지르기 방법
- 모든 차의 운전자는 다른 차를 앞지르려면 앞차의 좌측으로 통행하여야 한다.
- 자전거의 운전자는 서행하거나 정지한 다른 차를 앞지르려면 앞차의 우측으로 통행할 수 있다.

④ 앞지르기 금지의 시기
- 앞차의 좌측에 다른 차가 앞차와 나란히 가고 있는 경우
- 앞차가 다른 차를 앞지르고 있거나 앞지르려고 하는 경우
- 이 법이나 이 법에 따른 명령에 따라 정지하거나 서행하고 있는 차
- 경찰공무원의 지시에 따라 정지하거나 서행하고 있는 차
- 위험을 방지하기 위하여 정지하거나 서행하고 있는 차

⑤ 앞지르기 금지 장소
- 교차로
- 터널 안
- 다리 위
- 도로의 구부러진 곳, 비탈길의 고갯마루 부근 또는 가파른 비탈길의 내리막 등 지방경찰청장이 도로에서의 위험을 방지하고 교통의 안전과 원활한 소통을 확보하기 위하여 필요하다고 인정하는 곳으로서 안전표지로 지정한 곳

자동차등의 도로 통행 속도 제한권자

구분	제한권자
고속도로	경찰청장
고속도로를 제외한 도로	지방경찰청장

차로의 설치
㉠ 차로의 너비는 3미터 이상으로 하여야 한다. 다만, 좌회전전용 차로의 설치 등 부득이하다고 인정되는 때에는 275센티미터 이상으로 할 수 있다.
㉡ 차로는 횡단보도·교차로 및 철길건널목에는 설치할 수 없다. 보도와 차도의 구분이 없는 도로에 차로를 설치하는 때에는 보행자가 안전하게 통행할 수 있도록 그 도로의 양쪽에 길가장자리구역을 설치하여야 한다.

확인학습

1 다음 중 다른 차를 앞지르려면 어느 쪽으로 해야 하는가?

① 앞차의 좌측 ② 앞차의 우측
③ 앞차의 대각선 ④ 앞차의 앞측

> HINT ① 모든 차의 운전자는 다른 차를 앞지르려면 앞차의 좌측으로 통행하여야 한다(동법 제21조제1항).

2 주행 중 앞지르기 금지장소가 아닌 것은?

① 교차로 ② 터널 내
③ 버스 정류장 부근 ④ 급경사의 내리막

> HINT ③ '앞지르기'란 차의 운전자가 앞서가는 다른 차의 옆을 지나서 그 차의 앞으로 나가는 것으로, 모든 차의 운전자는 다른 차를 앞지르려면 앞차의 좌측으로 통행하여야 한다. 주행 중 앞지르기를 금지하는 장소 중 버스 정류장 부근은 해당되지 않는다(동법 제22조제3항).

3 다음 중 안전거리 확보에 대한 설명으로 옳지 않은 것은?

① 모든 차의 운전자는 같은 방향으로 가고 있는 앞차의 뒤를 따르는 경우에는 앞차가 갑자기 정지하게 되는 경우 그 앞차와의 충돌을 피할 수 있는 필요한 거리를 확보하여야 한다.
② 긴급자동차의 운전자는 뒤에서 따라오는 차보다 느린 속도로 가려는 경우에는 도로의 우측 가장자리로 피하여 진로를 양보하여야 한다.
③ 자동차등의 운전자는 같은 방향으로 가고 있는 자전거 옆을 지날 때에는 그 자전거와의 충돌을 피할 수 있는 필요한 거리를 확보하여야 한다.
④ 모든 차의 운전자는 위험방지를 위한 경우와 그 밖의 부득이한 경우가 아니면 운전하는 차를 갑자기 정지시키거나 속도를 줄이는 등의 급제동을 하여서는 아니 된다.

> HINT ② 모든 차(긴급자동차는 제외)의 운전자는 뒤에서 따라오는 차보다 느린 속도로 가려는 경우에는 도로의 우측 가장자리로 피하여 진로를 양보하여야 한다. 다만, 통행 구분이 설치된 도로의 경우에는 그러하지 아니하다(동법 제20조제1항).

4 차마가 도로 이외의 장소에 출입하기 위하여 보도를 횡단하려고 할 때 가장 적절한 통행 방법은?

① 보행자 유무에 구애받지 않는다.
② 보행자가 없으면 빨리 주행한다.
③ 보행자가 있어도 차마가 우선 출입한다.
④ 보도 직전에서 일시정지하여 보행자의 통행을 방해하지 말아야 한다.

> HINT ④ 차마의 운전자는 보도와 차도가 구분된 도로에서는 차도로 통행하여야 한다. 다만, 도로 외의 곳으로 출입할 때에는 보도를 횡단하여 통행할 수 있으며, 도로 외의 곳으로 출입할 경우 차마의 운전자는 보도를 횡단하기 직전에 일시정지하여 좌측과 우측 부분 등을 살핀 후 보행자의 통행을 방해하지 아니하도록 횡단하여야 한다(동법 제13조).

5 차마의 올바른 통행 방법은?

① 차마는 도로의 중앙선 좌측을 통행한다.
② 차마는 도로의 중앙선 우측을 통행한다.
③ 도로 외의 곳에 출입하는 때에는 보도를 서행으로 통과한다.
④ 안전지대 등 안전표지에 의해 진입이 금지된 장소는 일시정지 후 통과한다.

> HINT ② 차마의 운전자는 도로의 중앙선으로부터 우측 부분을 통행하여야 한다.

1.① 2.③ 3.② 4.④ 5.②

(6) 교차로 통행 및 서행, 정차, 주차의 금지

① 교통정리가 없는 교차로에서의 양보운전
- 교통정리를 하고 있지 아니하는 교차로에 들어가려고 하는 차의 운전자는 이미 교차로에 들어가 있는 다른 차가 있을 때에는 그 차에 진로를 양보하여야 한다.
- 교통정리를 하고 있지 아니하는 교차로에 들어가려고 하는 차의 운전자는 그 차가 통행하고 있는 도로의 폭보다 교차하는 도로의 폭이 넓은 경우에는 서행하여야 하며, 폭이 넓은 도로로부터 교차로에 들어가려고 하는 다른 차가 있을 때에는 그 차에 진로를 양보하여야 한다.
- 교통정리를 하고 있지 아니하는 교차로에 동시에 들어가려고 하는 차의 운전자는 우측도로의 차에 진로를 양보하여야 한다.
- 교통정리를 하고 있지 아니하는 교차로에서 좌회전하려고 하는 차의 운전자는 그 교차로에서 직진하거나 우회전하려는 다른 차가 있을 때에는 그 차에 진로를 양보하여야 한다.

② 정차 및 주차의 금지
- 교차로·횡단보도·건널목이나 보도와 차도가 구분된 도로의 보도(「주차장법」에 따라 차도와 보도에 걸쳐서 설치된 노상주차장은 제외한다)
- 교차로의 가장자리나 도로의 모퉁이로부터 5미터 이내인 곳
- 안전지대가 설치된 도로에서는 그 안전지대의 사방으로부터 각각 10미터 이내인 곳
- 버스여객자동차의 정류지임을 표시하는 기둥이나 표지판 또는 선이 설치된 곳으로부터 10미터 이내인 곳. 다만, 버스여객자동차의 운전자가 그 버스여객자동차의 운행시간 중에 운행노선에 따르는 정류장에서 승객을 태우거나 내리기 위하여 차를 정차하거나 주차하는 경우에는 그러하지 아니하다.
- 건널목의 가장자리 또는 횡단보도로부터 10미터 이내인 곳
- 지방경찰청장이 도로에서의 위험을 방지하고 교통의 안전과 원활한 소통을 확보하기 위하여 필요하다고 인정하여 지정한 곳

③ 주차금지의 장소

대상	
터널 안 및 다리 위	
화재경보기로부터 3미터 이내인 곳	
다음의 곳으로부터 5미터 이내인 곳	소방용 기계·기구가 설치된 곳
	소방용 방화 물통
	소화전 또는 소화용 방화 물통의 흡수구나 흡수관을 넣는 구멍
	도로공사를 하고 있는 경우에는 그 공사 구역의 양쪽 가장자리
지방경찰청장이 도로에서의 위험을 방지하고 교통의 안전과 원활한 소통을 확보하기 위하여 필요하다고 인정하여 지정한 곳	

교차로 통행방법

구분	방법
교차로에서 우회전	미리 도로의 우측 가장자리를 서행하면서 우회전
교차로에서 좌회전	미리 도로의 중앙선을 따라 서행하면서 교차로의 중심 안쪽을 이용하여 좌회전
자전거의 운전자의 좌회전 시	미리 도로의 중앙선을 따라 서행하면서 교차로의 중심 안쪽을 이용하여 좌회전

서행할 장소(도로교통법 제31조)
- 교통정리를 하고 있지 아니하는 교차로
- 도로가 구부러진 부근
- 비탈길의 고갯마루 부근
- 가파른 비탈길의 내리막
- 지방경찰청장이 도로에서의 위험을 방지하고 교통의 안전과 원활한 소통을 확보하기 위하여 필요하다고 인정하여 안전표지로 지정한 곳

일시 정지할 장소
- 교통정리를 하고 있지 아니하고 좌우를 확인할 수 없거나 교통이 빈번한 교차로
- 지방경찰청장이 도로에서의 위험을 방지하고 교통의 안전과 원활한 소통을 확보하기 위하여 필요하다고 인정하여 안전표지로 지정한 곳

확인학습

1. 다음 중 교차로 통행방법 대한 설명으로 틀린 것은?
   ① 교통정리를 하고 있지 아니하는 교차로에 들어가려고 하는 차의 운전자는 이미 교차로에 들어가 있는 다른 차가 있을 때에는 그 차에 진로를 양보하여야 한다.
   ② 교통정리를 하고 있지 아니하는 교차로에 동시에 들어가려고 하는 차의 운전자는 좌측도로의 차에 진로를 양보하여야 한다.
   ③ 모든 차의 운전자는 교차로에서 우회전을 하려는 경우에는 미리 도로의 우측 가장자리를 서행하면서 우회전하여야 한다.
   ④ 자전거의 운전자는 교차로에서 좌회전하려는 경우에는 미리 도로의 우측 가장자리로 붙어 서행하면서 교차로의 가장자리 부분을 이용하여 좌회전하여야 한다.

   > HINT ② 교통정리를 하고 있지 아니하는 교차로에 동시에 들어가려고 하는 차의 운전자는 우측도로의 차에 진로를 양보하여야 한다(동법 제26조제3항).

2. 다음 중 서행해야 하는 장소에 해당하지 않는 곳은?
   ① 교통정리를 하고 있지 아니하는 교차로
   ② 도로가 구부러진 부근
   ③ 가파른 비탈길의 오르막
   ④ 지방경찰청장이 도로에서의 위험을 방지하고 교통의 안전과 원활한 소통을 확보하기 위하여 필요하다고 인정하여 안전표지로 지정한 곳

   > HINT ③ 가파른 비탈길의 내리막이 서행해야 하는 장소이다.

3. 다음 중 차를 정차하거나 주차가 가능한 지역은?
   ① 교차로
   ② 건널목
   ③ 안전지대가 설치된 도로에서는 그 안전지대의 사방으로부터 각각 10미터 이내
   ④ 횡단보도로부터 30미터 이내인 곳

   > HINT ④ 횡단보도로부터 10미터 이내인 곳에서는 차를 정차하거나 주차하여서는 아니 된다(동법 제32조제5호).

4. 다음 중 주차금지 장소에 해당되지 않는 곳은?
   ① 다리 아래
   ② 터널 안
   ③ 소방용 기계·기구가 설치된 곳으로부터 5미터 이내의 곳
   ④ 화재경보기로부터 3미터 이내인 곳

   > HINT ① 모든 차의 운전자는 터널 안 및 다리 위에 주차를 해서는 아니 된다(동법 제33조제1호).

5. 교차로 부근에서 긴급자동차가 접근하였을 때 피양 방법으로 옳은 것은?
   ① 교차로의 우측단에 일시 정지하여 진로를 피양한다.
   ② 교차로를 피하여 도로의 우측 가장자리에 일시 정지한다.
   ③ 서행하면서 앞지르기를 하라는 신호를 한다.
   ④ 그대로 진행방향으로 진행을 계속한다.

   > HINT ② 모든 차의 운전자는 교차로나 그 부근에서 긴급자동차가 접근하는 경우에는 교차로를 피하여 도로의 우측 가장자리에 일시정지하여야 한다(법 제29조제4항).

1.② 2.③ 3.④ 4.① 5.②

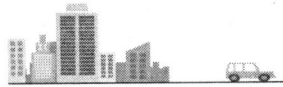

(7) 긴급자동차 및 차의 신호

① **긴급자동차의 종류** : '긴급자동차'란 다음의 자동차로서 그 본래의 긴급한 용도로 사용되고 있는 자동차를 말한다.

종류
소방차
구급차
혈액 공급차량
경찰용 자동차 중 범죄수사, 교통단속, 그 밖의 긴급한 경찰업무 수행에 사용되는 자동차
국군 및 주한 국제연합군용 자동차 중 군 내부의 질서 유지나 부대의 질서 있는 이동을 유도하는 데 사용되는 자동차
수사기관의 자동차 중 범죄수사를 위하여 사용되는 자동차
교도소, 구치소, 보호관찰소, 소년원 등에 해당하는 시설 또는 기관의 자동차 중 도주자의 체포 또는 수용자, 보호관찰 대상자의 호송·경비를 위하여 사용되는 자동차
국내외 요인에 대한 경호업무 수행에 공무로 사용되는 자동차
전파감시업무에 사용되는 자동차
긴급한 우편물의 운송에 사용되는 자동차
전신·전화의 수리공사 등 응급작업에 사용되는 자동차
도로관리를 위하여 사용되는 자동차 중 도로상의 위험을 방지하기 위한 응급작업에 사용되거나 운행이 제한되는 자동차를 단속하기 위하여 사용되는 자동차
민방위업무를 수행하는 기관에서 긴급예방 또는 복구를 위한 출동에 사용되는 자동차
전기사업, 가스사업, 그 밖의 공익사업을 하는 기관에서 위험 방지를 위한 응급작업에 사용되는 자동차

긴급자동차로 의제되는 차량
- 경찰용 긴급자동차에 의하여 유도되고 있는 자동차
- 국군 및 주한 국제연합군용의 긴급자동차에 의하여 유도되고 있는 국군 및 주한 국제연합군의 자동차
- 생명이 위급한 환자 또는 부상자나 수혈을 위한 혈액을 운송 중인 자동차

긴급자동차에 대하여 적용되지 않는 사항
- 자동차등의 속도 제한
- 앞지르기의 금지
- 끼어들기의 금지

통행 우선 순위
긴급자동차>일반 자동차>원동기장치 자전거

② **차의 신호**

구분	표시
좌회전·횡단·유턴 시	왼팔을 수평으로 펴서 차체 밖으로 내민다.
우회전 시	왼팔을 차체 밖으로 내어 팔꿈치를 굽혀 수직으로 올린다.
정지 시	팔을 차체 밖으로 내어 45° 밑으로 편다.
서행 시	45° 밑으로 펴서 위·아래로 흔든다.

가장 우선 시 되는 신호는 경찰관의 수신호이다.

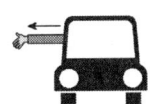   

좌회전, 횡단, 유턴 시   우회전 시   정지 시   서행 시

확인학습

1. 다음 중 긴급자동차가 아닌 것은?

   ① 소방자동차
   ② 구급자동차
   ③ 전파감시업무에 사용되는 자동차
   ④ 긴급배달 우편물 운송차 뒤를 따라 가는 자동차

   > HINT ④ 「도로교통법」상 긴급한 우편물의 운송에 사용되는 자동차가 긴급자동차이다(도로교통법 제2조).

2. 다음 중 사용하는 사람 또는 기관 등의 신청에 의하여 지방경찰청장이 지정으로 긴급자동차가 되는 것은?

   ① 경찰용 자동차 중 범죄수사에 사용되는 긴급자동차
   ② 주한 국제연합군용 자동차 중 군 내부의 질서 유지에 사용되는 긴급자동차
   ③ 수사기관의 자동차 중 범죄수사를 위하여 사용되는 자동차
   ④ 전화의 수리공사 등 응급작업에 사용되는 자동차

   > HINT ④ 전화의 수리공사 등 응급작업에 사용되는 자동차에 사용되는 자동차는 사용하는 사람 또는 기관 등의 신청에 의하여 지방경찰청장이 지정으로 긴급자동차가 된다.

3. 자동차에서 팔을 차체의 밖으로 내어 45° 밑으로 펴서 상하로 흔들고 있을 때의 신호는?

   ① 서행신호   ② 정지신호
   ③ 주의신호   ④ 앞지르기신호

   > HINT ① 오른손을 펴서 45도 각도로 자연스럽게 상하로 왔다 갔다하는 제스쳐는 서행신호이다.

4. 통행의 우선 순위로 적절한 것은?

   ① 건설기계→원동기장치 자전거→승용자동차
   ② 긴급자동차→원동기장치 자전거→승용자동차
   ③ 긴급자동차→일반 자동차→원동기장치 자전거
   ④ 승합자동차→원동기장치 자전거→긴급자동차

   > HINT ③ 통행 우선 순위는 긴급자동차 > 일반 자동차 > 원동기장치 자전거순이다.

5. 긴급자동차의 우선통행에 관한 설명이 잘못된 것은?

   ① 소방자동차, 구급자동차는 항상 우선권과 특례의 적용을 받는다.
   ② 긴급 용무중일 때에만 우선통행 특례의 적용을 받는다.
   ③ 우선특례의 적용을 받으려면 경광등을 켜고 경음기를 울려야 한다.
   ④ 긴급 용무임을 표시할 때는 제한속도 준수 및 앞지르기 금지, 끼어들기 금지 의무 등의 적용은 받지 않는다.

   > HINT ① 긴급자동차란 소방자동차, 구급자동차와 같은 자동차로서 그 본래의 긴급한 용도로 사용되고 있는 자동차를 말한다. 긴급자동차도 본래의 긴급한 용도로 사용 중일 경우에만 우선권과 특례의 적용 대상이 된다.

1.④ 2.④ 3.① 4.③ 5.①

(8) 자동차의 속도와 안전표지

① **자동차 등의 속도**(도로교통법 시행규칙 제19조)
㉠ 자동차등의 운행속도는 다음과 같다.

도로 종류		통행 속도(km/h)	
		최고	최저
고속 도로	편도 1차로	80	50
	편도 2차로 이상	100(화물자동차는 80)	50
	경찰청장이 지정·고시한 노선·구간	120(화물자동차는 90)	50
자동차 전용도로		90	30
일반 도로	편도 1차로	60	
	편도 2차로 이상	80	

자동차의 운전자는 그 차를 운전하여 고속도로를 횡단하거나 유턴 또는 후진하여서는 안 된다. 다만, 긴급자동차 또는 도로의 보수·유지 등의 작업을 하는 자동차 가운데 고속도로등에서의 위험을 방지·제거하거나 교통사고에 대한 응급조치작업을 위한 자동차로서 그 목적을 위하여 반드시 필요한 경우는 예외이다.

㉡ 비·안개·눈 등으로 인한 악천후 시에는 다음의 기준에 의하여 감속운행하여야 한다.

	대상
최고속도의 100분의 20을 줄인 속도로 운행하여야 하는 경우	비가 내려 노면이 젖어있는 경우
	눈이 20밀리미터 미만 쌓인 경우
최고속도의 100분의 50을 줄인 속도로 운행하여야 하는 경우	폭우·폭설·안개 등으로 가시거리가 100미터 이내인 경우
	노면이 얼어 붙은 경우
	눈이 20밀리미터 이상 쌓인 경우

고장자동차의 표지
밤에는 표지와 함께 사방 500미터 지점에서 식별할 수 있는 적색의 섬광신호·전기제등 또는 불꽃신호를 추가로 설치하여야 한다.

② **안전표지**(도로교통법 시행규칙 제8조)

구분	대상
주의표지	도로상태가 위험하거나 도로 또는 그 부근에 위험물이 있는 경우에 필요한 안전조치를 할 수 있도록 이를 도로사용자에게 알리는 표지
규제표지	도로교통의 안전을 위하여 각종 제한·금지 등의 규제를 하는 경우에 이를 도로사용자에게 알리는 표지
지시표지	도로의 통행방법·통행구분 등 도로교통의 안전을 위하여 필요한 지시를 하는 경우에 도로사용자가 이에 따르도록 알리는 표지
보조표지	주의표지·규제표지 또는 지시표지의 주기능을 보충하여 도로사용자에게 알리는 표지
노면표시	도로교통의 안전을 위하여 각종 주의·규제·지시 등의 내용을 노면에 기호·문자 또는 선으로 도로사용자에게 알리는 표지

확인학습

1. 노면이 얼어붙은 경우 또는 폭설로 가시거리가 100미터 이내인 경우 최고속도를 얼마나 감속 운행하여야 하는가?

   ① $\frac{50}{100}$ ② $\frac{30}{100}$
   ③ $\frac{40}{100}$ ④ $\frac{20}{100}$

   HINT ① 노면이 얼어붙거나 폭설 등으로 가시거리가 100미터 이내인 경우에는 최고속도의 100분의 50을 줄인 속도로 감속운행을 하여야 한다(도로교통법 시행규칙 제19조제2항제2호).

2. 「도로교통법」상 폭우·폭설·안개 등으로 가시거리가 100m 이내일 때 최고속도의 감속으로 맞는 것은?

   ① 20% ② 50%
   ③ 60% ④ 80%

   HINT ② 폭우·폭설·안개 등으로 가시거리가 100미터 이내인 경우 최고속도의 100분의 50(50%)을 줄인 속도로 감속운행을 하여야 한다(도로교통법 시행규칙 제19조제2항제2호).

3. 다음 교통안전표지에 대한 설명으로 맞는 것은?

   ① 최고 중량 제한표지
   ② 최고 시속 30km 제한 표지
   ③ 최저 시속 30km 제한 표지
   ④ 차간거리 최저 30m 제한 표지

   HINT ③ 그림은 '최저속도제한표지'이다. 최저속도제한표지는 표지판에 표시한 속도로 자동차의 속도를 지정하는 것으로, 자동차의 최저속도를 제한하는 도로의 구간 또는 필요한 지점 우측에 설치한다.

4. 최고속도의 100분의 50을 줄인 속도로 운행하여야 하는 경우가 아닌 것은?

   ① 안개로 가시거리가 100미터 이내인 경우
   ② 노면이 얼어 붙은 경우
   ③ 눈이 20밀리미터 이상 쌓인 경우
   ④ 폭우로 가시거리가 300미터 이내인 경우

   HINT ④ 폭우로 가시거리가 100미터 이내인 경우에 최고속도의 100분의 50을 줄인 속도로 운행하여야 한다.

5. 자동차 전용도로의 최고 통행 속도는?

   ① 70km/h
   ② 80km/h
   ③ 90km/h
   ④ 100km/h

   HINT ③ 자동차 전용도로의 최저 속도는 30km/h, 최고는 90km/h 이내이다.

6. 일반 도로의 편도 1차로의 법정 속도는?

   ① 60km/h
   ② 50km/h
   ③ 40km/h
   ④ 30km/h

   HINT ① 일반도로의 편도 1차로 법정 속도는 60km/h 이내이며, 편도 2차로 이상은 80km/h 이내이다.

1.① 2.② 3.③ 4.④ 5.③ 6.①

(9) 차량의 등화와 사고 시 조치사항 및 벌칙

① 차의 등화(법 제37조)
  ㉠ 모든 차의 운전자는 다음의 어느 하나에 해당하는 경우에는 대통령령으로 정하는 바에 따라 전조등(前照燈), 차폭등(車幅燈), 미등(尾燈)과 그 밖의 등화를 켜야 한다.

대상
밤(해가 진 후 부터 해가 뜨기 전까지)에 도로에서 차를 운행하거나 고장이나 그 밖의 부득이한 사유로 도로에서 차를 정차 또는 주차하는 경우
안개가 끼거나 비 또는 눈이 올 때에 도로에서 차를 운행하거나 고장이나 그 밖의 부득이한 사유로 도로에서 차를 정차 또는 주차하는 경우
터널 안을 운행하거나 고장 또는 그 밖의 부득이한 사유로 터널 안 도로에서 차를 정차 또는 주차하는 경우

  ㉡ 모든 차의 운전자는 밤에 차가 서로 마주보고 진행하거나 앞차의 바로 뒤를 따라가는 경우에는 대통령령으로 정하는 바에 따라 등화의 밝기를 줄이거나 잠시 등화를 끄는 등의 필요한 조작을 하여야 한다.

② 마주보고 진행하는 경우 등의 등화 조작(도로교통법 시행령 제20조)
  ㉠ 모든 차의 운전사는 밤에 운행할 때에는 다음의 방법으로 등화를 조작하여야 한다.

대상
서로 마주보고 진행할 때에는 전조등의 밝기를 줄이거나 불빛의 방향을 아래로 향하게 하거나 잠시 전조등을 끌 것. 다만, 도로의 상황으로 보아 마주보고 진행하는 차의 교통을 방해할 우려가 없는 경우에는 그러하지 아니하다.
앞차의 바로 뒤를 따라갈 때에는 전조등 불빛의 방향을 아래로 향하게 하고, 전조등 불빛의 밝기를 함부로 조작하여 앞차의 운전을 방해하지 아니할 것

  ㉡ 모든 차의 운전자는 교통이 빈번한 곳에서 운행할 때에는 전조등 불빛의 방향을 계속 아래로 유지하여야 한다.

③ 사고발생 시의 조치(도로교통법 제54조)
  ㉠ 차의 운전 등 교통으로 인하여 사람을 사상하거나 물건을 손괴한 경우에는 그 차의 운전자나 그 밖의 승무원은 즉시 정차하여 사상자를 구호하는 등 필요한 조치를 하여야 한다.
  ㉡ 그 차의 운전자등은 경찰공무원이 현장에 있을 때에는 그 경찰공무원에게, 경찰공무원이 현장에 없을 때에는 가장 가까운 국가경찰관서에 지체 없이 신고하여야 한다. 다만, 운행 중인 차만 손괴된 것이 분명하고 도로에서의 위험방지와 원활한 소통을 위하여 필요한 조치를 한 경우에는 그러하지 아니하다.

자동차의 사전 점검 사항
- 연료의 양은 충분한가
- 냉각 장치에서 물이 새는 일은 없는가
- 냉각수의 양은 충분한가
- 라디에이터의 덮개는 확실한가
- 엔진 오일의 양은 적당한가
- 팬 벨트의 장력은 적당한가
- 타이어의 공기압은 적당한가
- 타이어의 홈 깊이는 충분한가

사고 시 신고사항
- 사고가 일어난 곳
- 사상자 수 및 부상 정도
- 손괴한 물건 및 손괴 정도
- 그 밖의 조치사항 등

확인학습

1. 사고발생 시의 조치에 대한 내용으로 적절하지 못한 것은?

   ① 차의 운전 등 교통으로 인하여 교통사고가 발생한 경우에는 그 차의 운전자나 그 밖의 승무원은 즉시 정차하여 사상자를 구호하는 등 필요한 조치를 하여야 한다.
   ② 경찰공무원은 교통사고를 낸 차의 운전자등에 대하여 그 현장에서 부상자의 구호와 교통안전을 위하여 필요한 지시를 명할 수 없다.
   ③ 교통사고가 일어난 경우에는 누구든지 운전자등의 조치 또는 신고행위를 방해하여서는 아니 된다.
   ④ 경찰공무원은 도로의 손괴, 교통사고의 발생이나 그 밖의 사정으로 고속도로 등에서 교통이 위험 또는 혼잡하거나 그러할 우려가 있을 때에는 교통의 위험 또는 혼잡을 방지하고 교통의 안전 및 원활한 소통을 확보하기 위하여 필요한 범위에서 진행 중인 자동차의 통행을 일시 금지 또는 제한하거나 그 자동차의 운전자에게 필요한 조치를 명할 수 있다.

   > **HINT** ② 경찰공무원은 교통사고를 낸 차의 운전자등에 대하여 그 현장에서 부상자의 구호와 교통안전을 위하여 필요한 지시를 명할 수 있다(동법 제54조제4항).

2. 도로교통법상 누구든지 술에 취한 상태에서 자동차등을 운전하여서는 아니 된다. 여기서 말하는 운전이 금지되는 술에 취한 상태의 기준은?

   ① 0.05%   ② 0.06%
   ③ 0.08%   ④ 0.1%

   > **HINT** ① 운전이 금지되는 술에 취한 상태의 기준은 운전자의 혈중알코올농도가 0.05퍼센트 이상인 경우로 한다(동법 제44조 제4항).

3. 도로교통법에서 말하는 공동 위험행위 금지란?

   ① 도로에서 2명 이상이 공동으로 과로로 운전하는 행위
   ② 도로에서 1명 이상이 공동으로 과로로 운전하는 행위
   ③ 도로에서 1명 이상이 공동으로 1대 이상의 자동차등을 정당한 사유 없이 앞뒤로 또는 좌우로 줄지어 통행하면서 다른 사람에게 위해를 가하는 행위
   ④ 도로에서 2명 이상이 공동으로 2대 이상의 자동차등을 정당한 사유 없이 앞뒤로 또는 좌우로 줄지어 통행하면서 다른 사람에게 위해를 가하는 행위

   > **HINT** 공동 위험행위의 금지
   > ㉠ 자동차등의 운전자는 도로에서 2명 이상이 공동으로 2대 이상의 자동차등을 정당한 사유 없이 앞뒤로 또는 좌우로 줄지어 통행하면서 다른 사람에게 위해(危害)를 끼치거나 교통상의 위험을 발생하게 하여서는 아니 된다.
   > ㉡ 자동차등의 동승자는 공동 위험행위를 주도하여서는 아니 된다.

4. 건널목 안에서 차가 고장이 나서 운행할 수 없게 되었다. 운전자의 조치 사항으로 가장 적절하지 못한 것은?

   ① 철도 공무 중인 직원이나 경찰공무원에게 즉시 알려 차를 이동하기 위한 필요한 조치를 한다.
   ② 차를 즉시 건널목 밖으로 이동 시킨다.
   ③ 승객을 하차시켜 즉시 대피 시킨다.
   ④ 현장을 그대로 보존하고 경찰관서로 가서 고장 신고를 한다.

   > **HINT** ④ 모든 차의 운전자는 건널목을 통과하다가 고장 등의 사유로 건널목 안에서 차를 운행할 수 없게 된 경우에는 즉시 승객을 대피시키고 비상신호기 등을 사용하거나 그 밖의 방법으로 철도공무원이나 경찰공무원에게 그 사실을 알려야 한다(법 제24조제3항).

1.② 2.① 3.④ 4.④

> **핵심 CHECK! CHECK!**   건설기계 관리법규 및 도로교통법

- 도로교통법은 도로에서 일어나는 교통상의 모든 위험과 장해를 방지하고 제거하여 안전하고 원활한 교통을 확보함을 목적으로 한다.
- 정차란 운전자가 5분을 초과하지 아니하고 차를 정지시키는 것으로서 주차 외의 정지 상태를 말한다.
- 초보운전자란 처음 운전면허를 받은 날부터 2년이 지나지 아니한 사람으로, 원동기장치자전거면허만 받은 사람이 원동기장치자전거면허 외의 운전면허를 받은 경우에는 처음 운전면허를 받은 것으로 본다.
- 긴급자동차란 구급차, 소방차, 혈액 공급차량, 경찰용 자동차 중 범죄수사, 교통단속, 그 밖의 긴급한 경찰업무 수행에 사용되는 자동차 등으로 본래의 긴급한 용도로 사용되고 있는 자동차를 말한다.
- 보행자는 보도와 차도가 구분되지 아니한 도로에서는 차마와 마주보는 방향의 길 가장자리 또는 길가장자리 구역으로 통행하여야 한다. 다만, 도로의 통행방향이 일방통행인 경우에는 차마를 마주보지 아니하고 통행할 수 있다.
- 보행자는 모든 차의 바로 앞이나 뒤로 횡단하여서는 아니 된다.
- 시장 등은 교통사고의 위험으로부터 어린이를 보호하기 위하여 필요하다고 인정하는 경우에는 일정 구간을 어린이 보호구역으로 지정하여 자동차등의 통행속도를 시속 30킬로미터 이내로 제한할 수 있다.
- 차마의 운전자는 보도와 차도가 구분된 도로에서는 차도로 통행하여야 한다.
- 모든 차의 운전자는 다른 차를 앞지르려면 앞차의 좌측을 통행하여야 한다.
- 앞차의 좌측에 다른 차가 앞차와 나란히 가고 있거나 앞차가 다른 차를 앞지르고 있거나 앞지르려고 하는 경우에는 앞차를 앞지르지 못한다.
- 교차로, 터널 안, 다리 위, 도로의 구부러진 곳, 비탈길의 고갯마루 부근 또는 가파른 비탈길의 내리막 등 지방경찰청장이 도로에서의 위험을 방지하고 교통의 안전과 원활한 소통을 확보하기 위하여 필요하다고 인정하는 곳으로서 안전표지로 지정한 곳에서는 다른 차를 앞지르지 못한다.
- 모든 차의 운전자는 교차로에서 좌회전을 하려는 경우에는 미리 도로의 중앙선을 따라 서행하면서 교차로의 중심 안쪽을 이용하여 좌회전하여야 한다.
- 교통정리를 하고 있지 아니하는 교차로에 들어가려고 하는 차의 운전자는 그 차가 통행하고 있는 도로의 폭보다 교차하는 도로의 폭이 넓은 경우에는 서행하여야 하며, 폭이 넓은 도로로부터 교차로에 들어가려고 하는 다른 차가 있을 때에는 그 차에 진로를 양보하여야 한다.
- 교통정리를 하고 있지 아니하는 교차로에 동시에 들어가려고 하는 차의 운전자는 우측도로의 차에 진로를 양보하여야 한다.
- 모든 차의 운전자는 교통정리를 하고 있지 아니하고 좌우를 확인할 수 없거나 교통이 빈번한 교차로, 지방경찰청장이 도로에서의 위험을 방지하고 교통의 안전과 원활한 소통을 확보하기 위하여 필요하다고 인정하여 안전표지로 지정한 곳에서는 일시정지 하여야 한다.

> **핵심 CHECK! CHECK!** 　　**건설기계 관리법규 및 도로교통법**

- 교차로·횡단보도·건널목이나 보도와 차도가 구분된 도로의 보도, 교차로의 가장자리나 도로의 모퉁이로부터 5미터 이내인 곳, 안전지대가 설치된 도로에서는 그 안전지대의 사방으로부터 각각 10미터 이내인 곳, 버스여객자동차의 정류지임을 표시하는 기둥이나 표지판 또는 선이 설치된 곳으로부터 10미터 이내인 곳, 건널목의 가장자리 또는 횡단보도로부터 10미터 이내인 곳에서는 차를 정차하거나 주차하여서는 아니 된다.
- 터널 안 및 다리 위, 화재경보기로부터 3미터 이내인 곳, 소방용 방화 물통으로부터 5미터 이내인 곳 등에서는 주차하여서는 아니 된다.
- 차의 운전 등 교통으로 인하여 사람을 사상하거나 물건을 손괴한 경우일 때 그 차의 운전자나 그 밖의 승무원은 즉시 정차하여 사상자를 구호하는 등 필요한 조치를 하여야 한다.
- 운전이 금지되는 술에 취한 상태 기준은 혈중알코올농도가 0.05% 이상이다.
- 고속도로 등을 운행하는 자동차는 모든 동승자에게 좌석안전띠를 매도록 하여야 한다. 다만, 질병 등으로 인하여 좌석안전띠를 매는 것이 곤란하거나 다음과 같은 이유가 있는 경우에는 그러하지 아니하다.
- 건설기계사업이란 건설기계대여업, 건설기계정비업, 건설기계매매업 및 건설기계폐기업을 말한다.
- 건설기계형식이란 건설기계의 구조·규격 및 성능 등에 관하여 일정하게 정한 것을 말한다.
- 건설기계의 소유자는 건설기계를 등록하여야 하며, 등록을 할 때에는 특별시장·광역시장·도지사 또는 특별자치도지사에게 건설기계 등록신청을 하여야 한다.
- 건설기계는 등록을 한 후가 아니면 이를 사용하거나 운행하지 못하나, 등록신청을 하기 위하여 건설기계를 등록지로 운행하는 경우, 신규등록검사 및 확인검사를 받기 위하여 건설기계를 검사장소로 운행하는 경우, 수출을 하기 위하여 건설기계를 선적지로 운행하는 경우, 신개발 건설기계를 시험·연구의 목적으로 운행하는 경우, 판매 또는 전시를 위하여 건설기계를 일시적으로 운행하는 경우는 예외로 한다.
- 건설기계의 등록사항 중 변경사항이 있는 경우 그 소유자 또는 점유자는 시·도지사에게 신고하여야 한다.
- 등록된 건설기계에는 등록번호표를 부착 및 봉인하고, 등록번호를 새겨야 한다.
- 등록번호표의 제작과 등록번호의 새김을 업으로 하려는 자는 시·도지사의 지정을 받아야 한다.
- 등록된 건설기계의 소유자는 다음에 해당하는 경우에는 10일 이내에 등록번호표의 봉인을 떼어낸 후 그 등록번호표를 시·도지사에게 반납하여야 한다.
- 건설기계를 조종하려는 사람은 시·도지사에게 건설기계조종사면허를 받아야 한다.
- 18세 미만인 사람, 건설기계 조종상의 위험과 장해를 일으킬 수 있는 정신질환자 또는 뇌전증환자로서 국토교통부령으로 정하는 사람, 앞을 보지 못하는 사람, 듣지 못하는 사람, 건설기계 조종상의 위험과 장해를 일으킬 수 있는 마약·대마·향정신성의약품 또는 알코올중독자 등은 건설기계조종사면허를 받을 자격이 없다.

건설기계 관리법규 및 도로교통법

07

단원확인문제

1 "시·도지사가 등록을 말소하려는 경우에는 미리 그 뜻을 건설기계의 소유자 및 이해관계인에게 알려야 하며, 통지 후 (   )개월이 지난 후가 아니면 이를 말소할 수 없다."에서 (   ) 안에 들어갈 것은?

① 1   ② 2
③ 3   ④ 6

🌲 HINT ① 시·도지사는 등록을 말소하려는 경우에는 미리 그 뜻을 건설기계의 소유자 및 이해관계인에게 알려야 하며, 통지 후 1개월(저당권이 등록된 경우에는 3개월)이 지난 후가 아니면 이를 말소할 수 없다(건설기계관리법 제6조 제4항).

2 건설기계의 소유자가 보유한 건설기계등록사항에 변경이 발생한 경우 그 변경이 있은 날부터 언제까지 건설기계등록사항변경신고서를 제출해야 하는가?

① 10일   ② 20일
③ 30일   ④ 3개월

🌲 HINT 건설기계법 관리법 시행령 제5조(등록사항의 변경신고) 건설기계의 소유자는 건설기계등록사항에 변경이 있는 때에는 그 변경이 있은 날부터 30일(상속의 경우에는 상속개시일부터 3개월)이내에 건설기계등록사항변경신고서에 다음의 서류를 첨부하여 등록을 한 시·도지사에게 제출하여야 한다. 다만, 전시·사변 기타 이에 준하는 국가비상사태하에 있어서는 5일 이내에 하여야 한다.
1. 변경내용을 증명하는 서류
2. 건설기계등록증
3. 건설기계검사증

3 다음 중 건설기계의 임시운행을 할 수 있는 요건이 아닌 것은?

① 등록신청을 하기 위하여 건설기계를 등록지로 운행하는 경우
② 신규등록검사 및 확인검사를 받기 위하여 건설기계를 검사장소로 운행하는 경우
③ 신개발 건설기계를 시험·연구의 목적으로 운행하는 경우
④ 말소된 건설기계의 등록을 신청하는 경우

🌲 HINT ④는 해당되지 않는다(건설기계관리법 시행규칙 제6조).

4 시·도지사는 건설기계등록원부를 건설기계의 등록을 말소한 날부터 언제까지 보관을 해야 하는가?

① 5년   ② 10년
③ 15년   ④ 20년

🌲 HINT ② 시·도지사는 건설기계등록원부를 건설기계의 등록을 말소한 날부터 10년간 보존하여야 한다(건설기계관리법 시행규칙 제12조).

5 다음 중 건설기계의 기종별 표시방법 가운데 지게차의 번호는?

① 04   ② 08
③ 13   ④ 21

🌲 HINT ① 지게차의 기종별 표시번호는 '04'이다(건설기계관리법 시행규칙 별표2 건설기계등록번호표의 규격·재질 및 표시방법).

ANSWER 1.① 2.③ 3.④ 4.② 5.①

6 시·도지사가 정기검사를 받지 않은 건설기계의 소유자에게 언제까지 정기검사를 받을 것을 명할 수 있는가?

① 정기검사의 유효기간이 끝난 날부터 1개월 이내에 국토교통부령으로 정하는 바에 따라 10일 이내의 기한을 정하여
② 정기검사의 유효기간이 끝난 날부터 2개월 이내에 국토교통부령으로 정하는 바에 따라 10일 이내의 기한을 정하여
③ 정기검사의 유효기간이 끝난 날부터 3개월 이내에 국토교통부령으로 정하는 바에 따라 20일 이내의 기한을 정하여
④ 정기검사의 유효기간이 끝난 날부터 3개월 이내에 국토교통부령으로 정하는 바에 따라 10일 이내의 기한을 정하여

> HINT ④ 시·도지사는 정기검사를 받지 아니한 건설기계의 소유자에게 정기검사의 유효기간이 끝난 날부터 3개월 이내에 국토교통부령으로 정하는 바에 따라 10일 이내의 기한을 정하여 정기검사를 받을 것을 최고하여야 한다(건설기계관리법 제13조제5항).

7 건설기계의 소유자가 등록된 건설기계의 주요 구조를 변경 또는 개조하고자 할 경우 어떤 기준에 적합해야 하는가?

① 도로교통법
② 건설기계수급조절기준
③ 건설기계안전기준
④ 건설기계임대차 표준계약서

> HINT ③ 건설기계의 소유자가 등록된 건설기계의 주요 구조를 변경 또는 개조하고자 하는 때에는 건설기계안전기준에 적합하여야 한다(건설기계관리법 제17조제1항).

8 다음 중 1톤 이상의 지게차의 정기검사 유효기간은?

① 1년 ② 2년
③ 4년 ④ 8년

> HINT ② 1톤 이상의 지게차의 정기검사 유효기간은 2년이다.

9 구조변경검사를 받고자 하는 자는 주요구조를 변경 또는 개조한 날부터 언제까지 시·도지사에게 구조변경 검사신청서를 제출하여야 하는가?

① 10일 ② 20일
③ 30일 ④ 50일

> HINT ② 구조변경검사를 받고자 하는 자는 주요구조를 변경 또는 개조한 날부터 20일 이내 건설기계구조변경 검사신청서에 변경전·후의 주요제원대비표, 변경전·후의 건설기계의 외관도, 변경한 부분의 도면의 서류를 첨부하여 시·도지사에게 제출하여야 한다(건설기계관리법 시행규칙 제25조제1항).

10 건설기계를 구입한 자가 별도로 계약을 하지 않은 경우 무상으로 사후관리를 받을 수 있는 기간은?

① 6개월 ② 12개월
③ 18개월 ④ 3년

> HINT ② 건설기계형식에 관한 승인을 얻거나 그 형식을 신고한 자는 건설기계를 판매한 날부터 12개월(당사자간에 12개월을 초과하여 별도 계약하는 경우에는 그 해당기간)동안 무상으로 건설기계의 정비 및 정비에 필요한 부품을 공급하여야 한다(건설기계관리법 시행규칙 제55조제1항).

11 건설기계를 구입한 자가 무상으로 사후관리를 받을 수 있는 경우는?

① 취급설명서대로 관리하지 않은 경우
② 정기적으로 교체해야 하는 부품인 경우
③ 소모성 부품인 경우
④ 12개월 이내에 건설기계의 주행거리가 1만 킬로미터를 주행한 경우

ANSWER 6.④ 7.③ 8.② 9.② 10.② 11.④

HINT ④ 취급설명서에 따라 관리하지 아니함으로 인하여 발생한 고장 또는 하자와 정기적으로 교체하여야 하는 부품 또는 소모성 부품에 대하여는 유상으로 정비하거나 정비에 필요한 부품을 공급할 수 있다. 또한 12개월 이내에 건설기계의 주행거리가 2만 킬로미터(원동기 및 차동장치의 경우에는 4만 킬로미터)를 초과하거나 가동시간이 2천 시간을 초과하는 때에는 12개월이 경과한 것으로 본다(건설기계관리법 시행규칙 제55조).

12 다음 중 건설기계 소유자의 금지 행위가 아닌 것은?

① 주택가 주변의 도로에 세워 두어 교통소통을 방해하는 행위
② 공터 등에 세워 두고 소음을 일으키는 행위
③ 정당한 사유 없이 타인의 토지에 버려두는 행위
④ 주택가 주변의 넓은 공터에 세워 두는 행위

HINT ④ 건설기계의 소유자 또는 점유자는 건설기계를 주택가 주변의 도로·공터 등에 세워 두어 교통소통을 방해하거나 소음 등으로 주민의 조용하고 평온한 생활환경을 침해하여서는 아니된다(건설기계관리법 제33조).

13 건설기계조종사가 국적의 변경이 있는 경우 며칠 이내에 변경사항을 시장·군수 또는 구청장에게 제출하여야 하는가?

① 10일 이내
② 20일 이내
③ 30일 이내
④ 50일 이내

HINT ③ 건설기계조종사는 성명, 주민등록번호 및 국적의 변경이 있는 경우에는 그 사실이 발생한 날부터 30일 이내(군 복무·국외거주·수형·질병 기타 부득이한 사유가 있는 경우에는 그 사유가 종료된 날부터 30일 이내)에 기재사항변경신고서를 시장·군수 또는 구청장에게 제출하여야 한다(건설기계관리법 시행규칙 제82조제1항).

14 건설기계조종사의 적성검사 기준 가운데 언어분별력 기준은?

① 50%
② 60%
③ 70%
④ 80%

HINT 적성검사의 기준 등
건설기계조종사의 적성검사의 기준은 다음과 같다.

구분
두눈을 동시에 뜨고 잰 시력(교정시력을 포함)이 0.7이상이고 두눈의 시력이 각각 0.3이상일 것
55데시벨(보청기를 사용하는 사람은 40데시벨)의 소리를 들을 수 있고, 언어분별력이 80퍼센트 이상일 것
시각은 150도 이상일 것

15 교육이수만으로 조종사 면허를 받을 수 있는 소형건설기계 중 반드시 자동차 운전면허소지자이어야 하는 것은?

① 5톤 미만의 불도저
② 3톤 미만의 굴삭기
③ 3톤 미만의 지게차
④ 5톤 미만의 로더

HINT ③ 3톤 미만의 지게차의 경우에는 자동차운전면허가 있어야 한다(건설기계관리법 시행규칙 별표 21).

16 건설기계형식 승인은 누가 하는가?

① 국토교통부장관
② 시·도지사
③ 시장·군수 또는 구청장
④ 고용노동부장관

HINT ① 건설기계를 제작·조립 또는 수입하려는 자는 해당 건설기계의 형식에 관하여 국토교통부령으로 정하는 바에 따라 국토교통부장관의 승인을 받아야 한다(건설기계관리법 제18조제2항).

ANSWER 12.④ 13.③ 14.④ 15.③ 16.①

17 건설기계관리법령상 건설기계조종사 면허취소 또는 효력정지를 시킬 수 있는 자는?

① 대통령 ② 경찰서장
③ 시·군·구청장 ④ 국토교통부장관

> HINT ③ 시장·군수 또는 구청장은 건설기계조종사가 건설기계 조종사면허의 취소·정지에 해당하는 경우에는 국토교통부령으로 정하는 바에 따라 건설기계조종사면허를 취소하거나 1년 이내의 기간을 정하여 건설기계조종사면허의 효력을 정지시킬 수 있다(건설기계관리법 제28조).

18 국내에서 제작된 건설기계를 등록할 때 필요한 서류에 해당하지 않는 것은?

① 건설기계제작증
② 수입면장
③ 건설기계제원표
④ 매수증서(관청으로부터 매수한 건설기계만)

> HINT 건설기계관리법 시행령 제3조(등록의 신청 등)
> 법 제3조 제1항에 따라 건설기계를 등록하려는 건설기계의 소유자는 건설기계등록신청서에 다음 각 호의 서류를 첨부하여 건설기계소유자의 주소지 또는 건설기계의 사용본거지를 관할하는 특별시장·광역시장·도지사 또는 특별자치도지사에게 제출하여야 한다. 이 경우 시·도지사는 「전자정부법」 제36조 제1항에 따른 행정정보의 공동이용을 통하여 건설기계등록원부 등본(등록이 말소된 건설기계의 경우에 한한다)을 확인하여야 하고, 그 외의 첨부서류에 대하여도 행정정보의 공동이용을 통하여 확인할 수 있는 경우에는 그 확인으로 첨부서류를 갈음하여야 하며, 신청인이 확인에 동의하지 아니하는 경우에는 이를 첨부하도록 하여야 한다.
> 1. 건설기계의 출처를 증명하는 다음 각목의 1의 서류
>   가. 건설기계제작증(국내에서 제작한 건설기계의 경우에 한한다)
>   나. 수입면장 기타 수입사실을 증명하는 서류(수입한 건설기계의 경우에 한한다)
>   다. 삭제 〈2006.6.12.〉
>   라. 매수증서(관청으로부터 매수한 건설기계의 경우에 한한다)
> 2. 건설기계의 소유자임을 증명하는 서류. 다만, 제1호 각목의 서류가 건설기계의 소유자임을 증명할 수 있는 경우에는 당해 서류로 갈음할 수 있다.
> 3. 건설기계제원표
> 4. 「자동차손해배상 보장법」 제5조에 따른 보험 또는 공제의 가입을 증명하는 서류(「자동차손해배상 보장법 시행령」 제2조에 해당되는 건설기계의 경우에 한하되, 법 제25조제2항에 따라 시장·군수 또는 구청장에게 신고한 매매용·건설기계를 제외한다)

19 검사대행자 지정을 받고자 할 때 신청서에 첨부할 사항이 아닌 것은?

① 검사업무규정안
② 시설 소유 증명서
③ 기술자 보유 증명서
④ 장비 보유 증명서

> HINT 건설기계관리법 시행규칙 제33조(검사대행자등)
> 법 제14조제1항의 규정에 의하여 검사대행자의 지정을 받고자 하는 자는 별지 제22호서식의 건설기계검사 대행자지정신청서에 다음의 서류를 첨부하여 국토교통부장관에게 제출하여야 한다.
> 1. 삭제 〈2002.3.11.〉
> 2. 제3항의 규정에 의한 시설의 소유권 또는 사용권이 있음을 증명하는 서류
> 3. 보유하고 있는 기술자의 명단 및 그 자격을 증명하는 서류
> 4. 검사업무규정안

20 타이어식 굴삭기의 정기검사 유효기간으로 옳은 것은?

① 1년 ② 2년
③ 3년 ④ 4년

> HINT ① 타이어식 굴삭기의 정기검사 유효기간은 1년이다.

ANSWER 17.③ 18.② 19.④ 20.①

21 건설기계의 기종별 기호표시가 틀린 것은?

① 01 : 굴삭기
② 06 : 덤프트럭
③ 07 : 기중기
④ 09 : 롤러

> **HINT** 건설기계등록번호 표시방법(건설기계관리법 시행규칙 별표 2)

01	불도저	14	콘크리트믹서트럭
02	굴삭기	15	콘크리트펌프
03	로더	16	아스팔트믹싱플랜트
04	지게차	17	아스팔트피니셔
05	스크레이퍼	18	아스팔트살포기
06	덤프트럭	19	골재살포기
07	기중기	20	쇄석기
08	모터그레이더	21	공기압축기
09	롤러	22	천공기
10	노상안정기	23	항타 및 항발기
11	콘크리트뱃칭플랜트	24	사리채취기
12	콘크리트피니셔	25	준설선
13	콘크리트살포기	26	특수 건설기계
		27	타워크레인

22 건설기계조종사면허에 관한 설명으로 옳은 것은?

① 건설기계조종사면허는 국토교통부장관이 발급한다.
② 콘크리트믹서트럭을 조종하고자 하는 자는 자동차 제1종 대형 면허를 받아야 한다.
③ 기중기면허를 소지하면 굴삭기도 조종할 수 있다.
④ 기중기로 도로를 주행하고자 할 때는 자동차 제1종 면허를 받아야 한다.

> **HINT** ① 건설기계를 조종하려는 사람은 시장·군수 또는 구청장에게 건설기계조종사면허를 받아야 한다(건설기계관리법 제26조제1항).
> ③ 기중기 면허와 굴삭기 면허는 별개이다.
> ④ 기중기로 도로를 주행하고자 할 때는 자동차 제1종 면허는 필요하지 않다(시행규칙 제73조제1항).
>
> 건설기계관리법 시행규칙 제73조(건설기계조종사면허의 특례)
> 법 제26조 제1항 단서의 규정에 의하여 「도로교통법」 제80조의 규정에 의한 운전면허를 받아 조종하여야 하는 건설기계의 종류는 다음과 같다.
> 1. 덤프트럭
> 2. 아스팔트살포기
> 3. 노상안정기
> 4. 콘크리트믹서트럭
> 5. 콘크리트펌프
> 6. 천공기(트럭적재식을 말한다)

23 건설기계조종사면허 신청 시의 첨부서류가 아닌 것은?

① 증명사진
② 신체검사서
③ 주민등록등본
④ 소형건설기계조종교육이수증(소형건설기계조종사면허증을 발급 신청하는 경우)

> **HINT** 건설기계관리법 시행규칙 제71조(건설기계조종사면허)··· 건설기계조종사면허를 받고자 하는 자는 건설기계조종사면허증발급신청서에 다음의 서류를 첨부하여 주소지를 관할하는 시장·군수 또는 구청장에게 제출하여야 한다.
> 1. 신체검사서
> 2. 소형건설기계조종교육이수증(소형건설기계조종사면허증을 발급신청하는 경우에 한정)
> 3. 건설기계조종사면허증(건설기계조종사면허를 받은 자가 면허의 종류를 추가하고자 하는 때에 한한다)
> 4. 6개월 이내에 촬영한 탈모상반신 사진 2매

ANSWER 21.① 22.② 23.③

24 건설기계의 검사를 연장 받을 수 있는 기간을 잘못 설명한 것은?

① 해외 임대를 위하여 일시 반출된 경우 : 반출기간 이내
② 압류된 건설기계의 경우 : 압류기간 이내
③ 건설기계대여업을 휴지한 경우 : 당해 사업의 개시신고를 하는 때
④ 타워크레인이 해체된 경우 : 조립 후 신고하는 기간

> HINT ①②③ 검사를 연기하는 경우에는 그 연기기간을 6월 이내[남북경제협력 등으로 북한지역의 건설공사에 사용되는 건설기계와 해외임대를 위하여 일시 반출되는 건설기계의 경우에는 반출기간 이내, 압류된 건설기계의 경우에는 그 압류기간 이내, 타워크레인 또는 천공기(터널보링식 및 실드굴진식으로 한정한다)가 해체된 경우에는 해체되어 있는 기간 이내]로 한다. 이 경우 그 연기기간 동안 검사유효기간이 연장된 것으로 본다.
> 건설기계소유자가 당해 건설기계를 사용하는 사업을 영위하는 경우로서 당해 사업의 휴지를 신고한 경우에는 당해 사업의 개시신고를 하는 때까지 검사유효기간이 연장된 것으로 본다.

25 건설기계 조종사가 신상에 변동이 있을 때 그 사실이 발생할 날로부터 며칠 이내에 신고하여야 하는가?

① 10일
② 14일
③ 21일
④ 30일

> HINT ④ 건설기계조종사는 성명, 주민등록번호 및 국적의 변경이 있는 경우에는 그 사실이 발생한 날부터 30일이내에 기재사항변경신고서를 시장·군수 또는 구청장에게 제출하여야 한다(건설기계관리법 시행규칙 제82조제1항).

26 정기검사 신청을 받은 검사대행자는 며칠 이내에 검사일시 및 장소를 신청인에게 통지하여야 하는가?

① 20일
② 15일
③ 5일
④ 3일

> HINT ③ 정기검사신청을 받은 시·도지사 또는 검사대행자는 신청을 받은 날부터 5일 이내에 검사일시와 검사장소를 지정하여 신청인에게 통지하여야 한다(건설기계관리법 시행규칙 제23조제2항).

ANSWER 24.④ 25.④ 26.③

27 소형건설기계 조종교육의 내용으로 틀린 것은?

① 건설기계관리법규 및 자동차관리법
② 건설기계 기관, 전기 및 작업장치
③ 유압 일반
④ 조종 실습

> HINT ① 자동차관리법은 해당되지 않는다.
> ※ 소형건설기계조종교육의 내용(건설기계관리법 시행규칙 별표 20)

소형건설기계	교육 내용	시간
3톤 미만의 굴삭기, 3톤 미만의 로더 및 3톤 미만의 지게차	가. 건설기계기관, 전기 및 작업장치	2(이론)
	나. 유압 일반	2(이론)
	다. 건설기계관리법규 및 도로통행방법	2(이론)
	라. 조종실습	6(실습)
3톤 이상 5톤 미만의 로더, 5톤 미만의 불도저 및 콘크리트펌프(이동식으로 한정한다)	가. 건설기계기관, 전기 및 작업장치	2(이론)
	나. 유압 일반	2(이론)
	다. 건설기계관리법규 및 도로통행방법	2(이론)
	라. 조종실습	12(실습)
5톤 미만의 천공기(트럭적재식은 제외한다)	가. 건설기계기관, 전기 및 작업장치	2(이론)
	나. 유압 일반	2(이론)
	다. 건설기계관리법규 및 도로통행방법	2(이론)
	라. 조종실습	12(실습)
공기압축기, 쇄석기 및 준설선	가. 건설기계기관, 전기, 유압 및 작업장치	2(이론)
	나. 건설기계관리법규 및 작업 안전	4(이론)
	다. 장비 취급 및 관리 요령	2(이론)
	라. 조종실습	12(실습)
3톤 미만의 타워크레인	가. 타워크레인 구조 및 기능일반	2(이론)
	나. 양중작업 일반	2(이론)
	다. 타워크레인 설치·해체 일반	4(이론)
	라. 조종실습	12(실습)

28 자가용 건설기계 등록번호표의 색상은?

① 주황색판에 흰색 문자
② 적색판에 흰색 문자
③ 백색판에 검정색 문자
④ 녹색판에 흰색 문자

> HINT 건설기계등록번호표의 규격·재질 및 표시방법(건설기계관리법 시행규칙 별표 2)

구분	내용
자가용	녹색판에 흰색문자
영업용	주황색판에 흰색문자
관용	흰색판에 검은색문자

29 고속도로에서 일어나는 위험을 방지하고 교통의 안전과 원활한 소통을 확보하기 위하여 필요하다고 인정하는 경우 구간을 정하여 자동차 등의 속도를 정할 수 있는 자는?

① 경찰청장
② 도로교통관리공단
③ 지방경찰청장
④ 경찰서장

> HINT ① 경찰청장은 고속도로에서 일어나는 위험을 방지하고 교통의 안전과 원활한 소통을 확보하기 위하여 필요하다고 인정하는 경우에는 속도를 제한할 수 있다(도로교통법 제17조제2항제1호).

30 다음 중 다른 차를 앞지르지 못하는 장소가 아닌 곳은?

① 교차로
② 다리 위
③ 터널 안
④ 평행한 도로

> HINT ④ 모든 차의 운전자는 교차로, 터널 안, 다리 위 및 도로의 구부러진 곳, 비탈길의 고갯마루 부근 또는 가파른 비탈길의 내리막 등 지방경찰청장이 도로에서의 위험을 방지하고 교통의 안전과 원활한 소통을 확보하기 위하여 필요하다고 인정하는 곳으로서 안전표지로 지정한 곳에서는 다른 차를 앞지르지 못한다(도로교통법 제22조제3항).

ANSWER 27.① 28.④ 29.① 30.④

31 다음 중 안전거리 확보에 대한 설명으로 옳지 않은 것은?

① 모든 차의 운전자는 같은 방향으로 가고 있는 앞차의 뒤를 따르는 경우에는 앞차가 갑자기 정지하게 되는 경우 그 앞차와의 충돌을 피할 수 있는 필요한 거리를 확보하여야 한다.
② 긴급자동차의 운전자는 뒤에서 따라오는 차보다 느린 속도로 가려는 경우에는 도로의 우측 가장자리로 피하여 진로를 양보하여야 한다.
③ 자동차등의 운전자는 같은 방향으로 가고 있는 자전거 옆을 지날 때에는 그 자전거와의 충돌을 피할 수 있는 필요한 거리를 확보하여야 한다.
④ 모든 차의 운전자는 위험방지를 위한 경우와 그 밖의 부득이한 경우가 아니면 운전하는 차를 갑자기 정지시키거나 속도를 줄이는 등의 급제동을 하여서는 아니 된다.

> HINT ② 모든 차(긴급자동차는 제외)의 운전자는 뒤에서 따라오는 차보다 느린 속도로 가려는 경우에는 도로의 우측 가장자리로 피하여 진로를 양보하여야 한다. 다만, 통행구분이 설치된 도로의 경우에는 그러하지 아니하다(도로교통법 제20조제1항).

32 다음 중 교차로 통행방법 대한 설명으로 틀린 것은?

① 교통정리를 하고 있지 아니하는 교차로에 들어가려고 하는 차의 운전자는 이미 교차로에 들어가 있는 다른 차가 있을 때에는 그 차에 진로를 양보하여야 한다.
② 교통정리를 하고 있지 아니하는 교차로에 동시에 들어가려고 하는 차의 운전자는 좌측도로의 차에 진로를 양보하여야 한다.
③ 모든 차의 운전자는 교차로에서 우회전을 하려는 경우에는 미리 도로의 우측 가장자리를 서행하면서 우회전하여야 한다.
④ 자전거의 운전자는 교차로에서 좌회전하려는 경우에는 미리 도로의 우측 가장자리로 붙어 서행하면서 교차로의 가장자리 부분을 이용하여 좌회전하여야 한다.

> HINT ② 교통정리를 하고 있지 아니하는 교차로에 동시에 들어가려고 하는 차의 운전자는 우측도로의 차에 진로를 양보하여야 한다(도로교통법 제26조제3항).

33 다음 중 보행자전용도로 설치권자는?

① 지방경찰청장 또는 경찰서장
② 도로교통과장
③ 경찰청장
④ 도로교통관리공단

> HINT ① 지방경찰청장이나 경찰서장은 보행자의 통행을 보호하기 위하여 특히 필요한 경우에는 도로에 보행자전용도로를 설치할 수 있다(도로교통법 제28조제1항).

34 다음 중 주차금지 장소에 해당되지 않는 곳은?

① 다리 아래
② 터널 안
③ 소방용 기계·기구가 설치된 곳으로부터 5미터 이내의 곳
④ 화재경보기로부터 3미터 이내인 곳

> HINT ① 모든 차의 운전자는 터널 안 및 다리 위에 주차를 해서는 아니 된다(도로교통법 제33조제1호).

ANSWER   31.②   32.②   33.①   34.①

35 다음 중 고속도로에서 차를 정차하거나 주차할 수 있는 경우가 아닌 것은?

① 정차 또는 주차할 수 있도록 안전표지를 설치한 곳이나 정류장에서 정차 또는 주차시키는 경우
② 통행료를 내기 위하여 통행료를 받는 곳에서 정차하는 경우
③ 경찰용 긴급자동차가 고속도로 등에서 범죄수사, 교통단속이나 그 밖의 경찰임무를 수행하기 위하여 정차 또는 주차시키는 경우
④ 졸음으로 인하여 운전을 하기 어려운 경우

> HINT ④는 해당되지 않는다.

36 모든 차의 운전자는 같은 방향으로 가고 있는 앞차의 뒤를 따르는 경우에는 앞차가 갑자기 정지하게 되는 경우 그 앞차와의 충돌을 피할 수 있는 필요한 거리를 확보하도록 되어 있는 거리는?

① 안전거리
② 급제동 금지거리
③ 진로방해 거리
④ 공주거리

> HINT ① 모든 차의 운전자는 같은 방향으로 가고 있는 앞차의 뒤를 따르는 경우에는 앞차가 갑자기 정지하게 되는 경우 그 앞차와의 충돌을 피할 수 있는 필요한 거리를 확보하여야 하는 데 이를 안전거리라 한다(동법 제19조제1항).

37 다음 중 교차로에서 좌회전을 올바르게 한 것은?

① 운전자가 편한 대로 한다.
② 교차로 중심 바깥쪽으로 서행한다.
③ 교차로의 중심 안쪽을 이용한다.
④ 앞차의 주행방향을 따라간다.

> HINT ③ 모든 차의 운전자는 교차로에서 좌회전을 하려는 경우에는 미리 도로의 중앙선을 따라 서행하면서 교차로의 중심 안쪽을 이용하여 좌회전하여야 한다. 다만, 지방경찰청장이 교차로의 상황에 따라 특히 필요하다고 인정하여 지정한 곳에서는 교차로의 중심 바깥쪽을 통과할 수 있다.

38 야간에 차가 서로 마주보고 진행하는 경우의 등화조작 방법 중 맞는 것은?

① 전조등, 보호등, 실내조명등을 조작한다.
② 전조등을 켜고 보조등을 끈다.
③ 전조등 불빛을 하향으로 한다.
④ 전조등 불빛을 상향으로 한다.

> HINT 도로교통법 시행령 제20조(마주보고 진행하는 경우 등의 등화 조작)
> ㉠ 모든 차의 운전자는 밤에 운행할 때에는 다음의 방법으로 등화를 조작하여야 한다.
>   1. 서로 마주보고 진행할 때에는 전조등의 밝기를 줄이거나 불빛의 방향을 아래로 향하게 하거나 잠시 전조등을 끌 것. 다만, 도로의 상황으로 보아 마주보고 진행하는 차의 교통을 방해할 우려가 없는 경우에는 그러하지 아니하다.
>   2. 앞차의 바로 뒤를 따라갈 때에는 전조등 불빛의 방향을 아래로 향하게 하고, 전조등 불빛의 밝기를 함부로 조작하여 앞차의 운전을 방해하지 아니할 것
> ㉡ 모든 차의 운전자는 교통이 빈번한 곳에서 운행할 때에는 전조등 불빛의 방향을 계속 아래로 유지하여야 한다. 다만, 지방경찰청장이 교통의 안전과 원활한 소통을 확보하기 위하여 필요하다고 인정하여 지정한 지역에서는 그러하지 아니하다.

ANSWER 35.④ 36.① 37.③ 38.③

39 철길 건널목 통과 방법에 대한 설명으로 옳지 않은 것은?

① 철길 건널목에서는 앞지르기를 하여서는 안 된다.
② 철길 건널목 부근에서는 주·정차를 하여서는 안 된다.
③ 철길 건널목에 일시 정지표지가 없을 때에는 서행하면서 통과한다.
④ 철길 건널목에서는 반드시 일시 정지 후 안전함을 확인한 후에 통과한다.

HINT 도로교통법 제24조(철길 건널목의 통과)
㉠ 모든 차의 운전자는 철길 건널목을 통과하려는 경우에는 건널목 앞에서 일시정지하여 안전한지 확인한 후에 통과하여야 한다. 다만, 신호기 등이 표시하는 신호에 따르는 경우에는 정지하지 아니하고 통과할 수 있다.
㉡ 모든 차의 운전자는 건널목의 차단기가 내려져 있거나 내려지려고 하는 경우 또는 건널목의 경보기가 울리고 있는 동안에는 그 건널목으로 들어가서는 아니 된다.
㉢ 모든 차의 운전자는 건널목을 통과하다가 고장 등의 사유로 건널목 안에서 차를 운행할 수 없게 된 경우에는 즉시 승객을 대피시키고 비상신호기 등을 사용하거나 그 밖의 방법으로 철도공무원이나 경찰공무원에게 그 사실을 알려야 한다.

40 다음 보기가 가리키는 것은?

① 차량중량제한
② 최고속도제한
③ 전방우선도로
④ 회전교차로양보선

HINT ① 보기는 규제표지 중 차량중량제한 표지로 표지판에 표시한 중량을 초과하는 차의 통행을 제한하는 것을 의미한다.

41 신호등이 없는 교차로에 좌회전하려는 버스와 그 교차로에 진입하여 직진하고 있는 건설기계가 있을 때 어느 차가 우선권이 있는가?

① 건설기계
② 형편에 따라서 우선순위가 정해짐
③ 사람이 많이 탄 차가 우선
④ 좌회전 차가 우선

HINT ① 교통정리를 하고 있지 아니하는 교차로에 들어가려고 하는 차의 운전자는 이미 교차로에 들어가 있는 다른 차가 있을 때에는 그 차에 진로를 양보하여야 한다(도로교통 제26조제1항).

ANSWER 39.③ 40.① 41.①

PART 08

안전관리

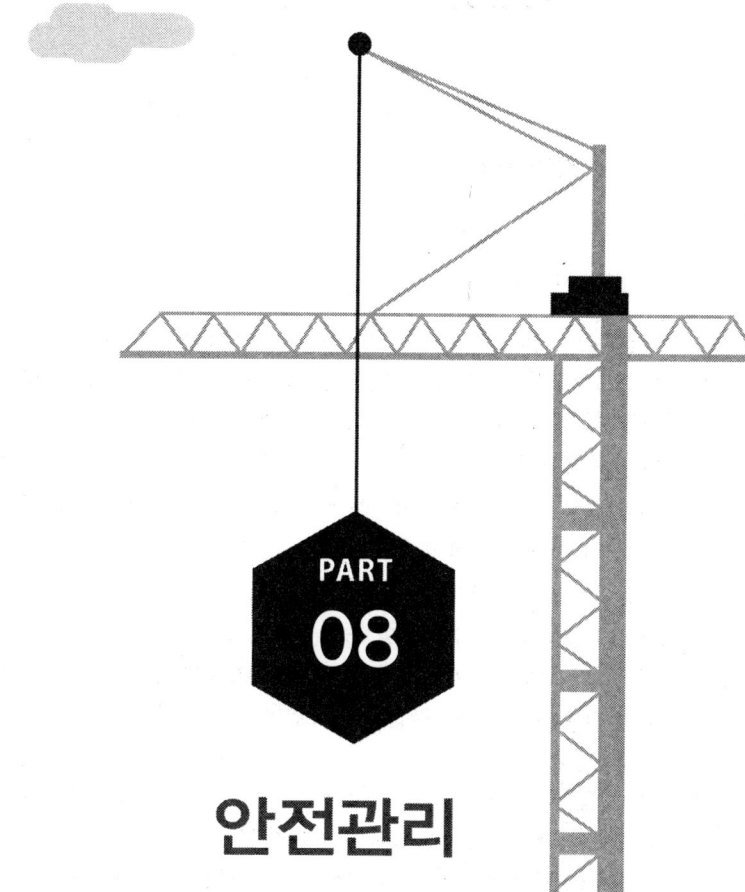

08 안전관리

1 산업안전일반

(1) 산업안전 개념

① **산업안전**: 산업 안전이란 사업장에서 산업재해를 일으킬 가능성이 있는 건설물, 기계, 장치, 재료, 불안전한 행동과 상태 등의 모든 잠재위험으로부터 안전성을 확보하고 쾌적한 작업환경을 조성함으로써 산업재해를 방지하는 활동을 말한다.

② **산업재해**: 근로자들이 일을 하는 과정에서 입은 신체적 피해나 정신적 피해를 산업 재해라고 하며 부상, 질병, 사망, 직업병 등이 포함된다. 산업 재해는 모든 산업 분야에서 발생할 수 있다.

③ **사고의 발생요인**: 재해를 일으키는 사고의 발생요인은 크게 직접적인 요인과 간접적인 요인 두 가지로 구분한다. 직접적인 요인은 불안전한 상태와 불안전한 행동이 있으며, 간접적인 요인에는 사회적 환경, 개인적 결함, 유전적인 요인 등이 있다.
  ㉠ **직접적인 요인**: 사고의 직접적인 요인은 작업자의 '불안전한 행동'이나 기계설비의 '불안전한 상태'에서 비롯된다.
  ㉡ **간접적인 요인**: 직접적인 요인인 불안전한 상태나 행동은 간접적인 요인인 인적, 설비적, 작업적, 관리적 요인에서 기인한다.

④ **산업사고 유형**: 산업현장의 사고 유형은 추락, 전도, 충돌, 낙하, 붕괴, 도괴, 절단, 감전, 폭발, 파열, 화재, 익사, 중독질식, 광산사고, 협착, 비래, 무리한 동작, 교통사고, 업무상 질병 등으로 나눌 수 있다.

⑤ **재해예방 4원칙**
  ㉠ **손실우연의 법칙**: 사고로 인한 상해의 종류 및 정도는 우연적이다.
  ㉡ **원인계기의 원칙**: 사고는 여러 가지 원인이 연속적으로 연계되어 일어난다.
  ㉢ **예방가능의 원칙**: 사고는 예방이 가능하다.
  ㉣ **대책선정의 원칙**: 사고예방을 위한 안전대책이 선정되고 적용되어야 한다.

하인리히의 도미노 이론
1930년대 미국의 안전전문가인 '하인리히'는 연쇄반응모형인 도미노 이론을 적용하여 재해 발생 원인을 설명하였다. 그에 주장에 따르면 재해는 유전적·환경적 환경, 개인적의 결함, 불안전한 행동과 상태, 사고가 연쇄적인 반응을 일으켜 나타나는 결과로 정의하였다.

[도미노 이론]

불안전한 행동
안전 지식이나 작업에 필요한 지식 부족, 경험의 미숙련, 정확한 작업을 하려고 하는 마음의 부족, 피로 등이 작업자의 불안전한 행동을 유발하며 이는 작업 중의 긴장감과 작업의 정확도를 저하시키기 때문에 사고와 직결되는 것이다.

불안전한 상태
결함이 있는 기계, 결함이 있는 보호 장구의 착용, 정리 정돈이 잘 되어 있지 않은 작업장 같은 기계적 또는 물리적인 결함이 있는 위험한 상태를 말한다.

재해의 복합 발생 요인
- 사람의 결함
- 시설의 결함
- 환경의 결함

확인학습

1 재해의 간접 원인이 아닌 것은?

① 신체적 원인   ② 불안전한 행동
③ 교육적 원인   ④ 기술적 원인

🌲 HINT ② 재해에는 그 재해를 일으킨 원인이 있게 마련인데, 간접원인이란 직접적으로 재해를 일으킨 것이 아니라 그러한 직접원인을 유발시킨 원인을 가리킨다.
작업 시 '불안전한 행동'과 '불안전한 상태'는 사고의 직접적인 원인으로 작용한다. 이처럼 작업자 또는 작업환경이 불안전하게 되는 간접적인 원인에는 신체적, 교육적, 기술적, 관리적 요인에서 기인한다고 볼 수 있다.

2 안전관리상 인력운반으로 중량물을 들어올리거나 운반 시 발생할 수 있는 재해와 가장 거리가 먼 것은?

① 낙하   ② 협착(압상)
③ 단전(정전)   ④ 충돌

🌲 HINT ③ 단전은 전기의 공급이 중단된 것을 의미한다.

3 다음 중 연천인율 공식은?

① $\dfrac{연간 재해자수}{연평균 근로자수} \times 100$

② $\dfrac{연간 근로자수}{연평균 근로자수} \times 100$

③ $\dfrac{연간 실업자수}{연평균 근로자수} \times 100$

④ $\dfrac{연간 재해자수}{연평균 사망자수} \times 100$

🌲 HINT ① 연천인율이란 1년간 평균 근로자 1,000명당 재해자 건수를 말한다.

$$연천인율 = \dfrac{연간 재해자수}{연평균 근로자수} \times 100$$

4 산업재해를 예방하기 위한 재해예방 4원칙으로 적당치 못한 것은?

① 대량 생산의 원칙
② 예방 가능의 원칙
③ 원인 계기의 원칙
④ 대책 선정의 원칙

🌲 HINT ① 재해예방 4원칙은 손실우연의 법칙, 원인계기의 원칙, 예방가능의 원칙, 대책선정의 원칙이다.

5 재해의 원인 가운데 생리적 원인에 해당하는 것은?

① 작업복의 부적당
② 안전수칙 미준수
③ 작업자의 피로
④ 안전장치의 불량

🌲 HINT ③ 작업자의 피로는 생리적 원인에 해당한다.

6 다음 중 사고의 직업 원인에 해당하는 것은?

① 유전적인 요소
② 성격결함
③ 사회적 환경요인
④ 불안전한 행동

🌲 HINT ④ 사고의 직접적인 요인은 작업자의 불안전한 행동이나 불안전한 상태에서 비롯된다.

1.② 2.③ 3.① 4.① 5.③ 6.④

(2) 산업재해

① 산업재해

㉠ 재해란 사고(Accident)의 결과로 발생하는 인적 피해나 물적 피해를 말한다.

㉡ 「산업안전보건법」상 정의 : '근로자가 업무에 관계되는 건설물·설비·원재료·가스·증기·분진 등에 의하거나 작업 또는 그 밖의 업무로 인하여 사망 또는 부상하거나 질병에 걸리는 것'이라 정의되어 있다. 즉 근로자들이 일을 하는 과정에서 입은 신체적 피해나 정신적 피해를 산업 재해라고 하며 부상, 질병, 사망, 직업병 등이 포함된다.

㉢ 산업재해의 통상적 분류 기준

구분	내용
사망	업무 중 안전사고로 사망하거나 혹은 부상의 결과로 사망한 것
중경상	부상으로 인하여 8일 이상의 노동 상실을 가져온 상해 정도
경상해	부상으로 1일 이상 7일 이하의 노동 상실을 가져온 상해 정도
무상해	응급 처치 이하의 상처로 작업에 종사하면서 치료를 받는 상해 정도

② 재해지표 : 재해율, 사망만인율, 사고재해율, 사고 사망만인율, 질병만인율, 도수율, 강도율, 근로손실일수

- 재해율 : 연간 근로자수 100명당 발생하는 재해자수의 비율
- 사고성 사망만인율 : 연간 근로자수 10,000명당 발생하는 업무상 사고사망자수의 비율
- 연천인율 : 근로자 1,000명당 1년 간에 발생하는 재해자수를 나타낸 것

$$연천인율 = \frac{1년간의 \ 사상자 \ 수}{1년간의 \ 평균 \ 근로자 \ 수} \times 1,000$$

- 도수율 : 100만 시간당 재해발생건수
- 강도율 : 근로 1,000 시간당 재해로 인하여 근로를 하지 못하게 된 일수

③ 산업재해 발생 시 조치 순서 : 기계정지 → 피해자 구출 → 응급조치 → 병원이송 → 관계자 통보 → 2차 재해 방지 → 현장보존

④ 사고예방대책의 기본 원리 5단계

㉠ 1단계 : 안전관리 기구의 조직
㉡ 2단계 : 불안전 요소 사실의 발견
㉢ 3단계 : 사고 보고서 및 현장조사, 사고기록, 인적·물적 조건의 분석, 작업 공정의 분석, 교육과 훈련의 분석 등을 분석 평가하여 사고의 직접 및 간접 원인을 규명
㉣ 4단계 : 효과적인 개선방법의 선정
㉤ 5단계 : 기술(Engineering), 교육(Education), 규제(Enforcement)의 3E를 통한 시정책의 적용

중대재해

산업재해 중 사망 등 재해 정도가 심한 것으로서

- 사망자가 1명 이상 발생한 재해
- 3개월 이상의 요양이 필요한 부상자가 동시에 2명 이상 발생한 재해
- 부상자 또는 직업성질병자가 동시에 10명 이상 발생한 재해를 말한다.

재해유형

- 떨어짐(추락) : 높이가 있는 곳에서 사람이 떨어짐
- 넘어짐(전도) : 사람이 미끄러지거나 넘어짐
- 깔림·뒤집힘(전도) : 물체의 쓰러짐이나 뒤집힘
- 부딪힘(충돌) : 물체에 부딪힘
- 물체에 맞음(비래) : 날아오거나 떨어진 물체에 맞음
- 무너짐(붕괴·도괴) : 건축물이나 쌓여진 물체가 무너짐
- 끼임(협착) : 기계설비에 끼이거나 감김

형태별 응급처치법

- 화학화상은 산성이나 염기성 물질과 같은 화학물질에 피부와 연부조직이 손상되는 것으로 눈에 산성이나 염기성 물질이 들어가면 비비지 말고 눈꺼풀을 벌려서 15분 이상 씻도록 하고 응급처치가 끝나면 양쪽 눈에 보호대를 대고 병원으로 이송한다.
- 전기화상의 응급처치 시에는 환자의 손상양상에 따라 치료하게 되는데 심정지가 발생한 환자는 심폐 소생술을 시행한다.
- 화상환자의 경우 물집은 세균에 의해 감염을 일으키므로 벗기거나 터트리지 않으며 로션, 된장, 간장, 소주 등은 2차 감염을 일으킬 수 있으므로 바르지 않도록 주의한다.

확인학습

1 재해가 발생하였을 때 조치요령으로 올바른 것은?

① 운전정지→2차재해 방지→응급처치→피해자구조
② 운전정지→응급조치→병원이송→관계자 통보
③ 운전정지→피해자구조→응급조치→2차 재해방지
④ 운전정지→병원이송→관계자 통보→2차 재해 방지

> HINT ③ 산업재해가 발생한 경우 기계정지(운전정지)→피해자 구출→응급조치→병원이송→관계자 통보→2차 재해 방지→현장보존의 순서로 조치를 진행하여야 한다.

2 산업재해의 통상적인 분류 중 통계적 분류를 설명한 것 중 틀린 것은?

① 사망 : 업무로 인해서 목숨을 잃게 되는 경우
② 중경상 : 부상으로 인하여 30일 이상의 노동 상실을 가져온 상해정도
③ 경상해 : 부상으로 1일 이상 7일 이하의 노동 상실을 가져온 상해 정도
④ 무상해 사고 : 응급처치 이하의 상처로 작업에 종사하면서 치료를 받는 상해 정도

> HINT ② 중경상은 부상으로 인하여 8일 이상의 노동 상실을 가져온 상해 정도이다.

3 작업자가 작업을 할 때 반드시 알아두어야 할 사항이 아닌 것은?

① 안전수칙   ② 1인당 작업량
③ 기계기구의 성능   ④ 경영관리

> HINT ④ 경영관리는 경영에서 업무수행을 효과적으로 수행할 수 있도록 체계적으로 관리하는 것으로 작업을 할 때 반드시 알아야 하는 내용이라 보기 어렵다.

4 인력운반으로 중량물을 들어올리거나 운반 시 발생할 수 있는 재해와 가장 거리가 먼 것은?

① 낙하   ② 협착
③ 단전   ④ 충돌

> HINT ③ 단전은 전기의 공급이 중단된 것을 의미한다.
> ② 협착이란 기계의 움직이는 부분 사이 또는 움직이는 부분과 고정부분 사이에 신체 또는 신체의 일부분이 끼이거나, 물리는 것을 말한다.

5 작업상의 안전수칙으로 적합하지 않은 것은?

① 차를 받칠 때는 고임목으로 고인다.
② 벨트 등의 회전부위에 주의한다.
③ 배터리액이 눈에 들어갔을 때는 알칼리유로 씻는다.
④ 기관 시동 시에는 소화기를 비치한다.

> HINT ③ 배터리액은 묽은 황산액으로 눈이나 피부를 손상시킨다. 따라서 배터리 액을 보충하는 경우에는 보안경을 사용하도록 하며, 만일 배터리액이 묻은 경우 즉시 많은 물로 적어도 15분 이상 세정한 후 전문의 진료를 받아야 한다.

6 안전점검을 실시할 때 유의사항으로 틀린 것은?

① 안전점검한 내용은 상호 이해하고 공유할 것
② 안전점검 시 과거에 안전사고가 발생하지 않았던 부분은 점검을 생략할 것
③ 과거에 재해가 발생한 곳에는 그 요인이 없어졌는지 확인할 것
④ 안전 점검이 끝나면 강평을 실시하여 안전 사항을 주지할 것

> HINT ② 작업장은 위험이 상존하는 지역으로 안전사고예방을 위한 안전점검은 필수적이다. 안전점검은 작업환경을 측정하고, 보호구 착용을 감독하며 간과하기 쉬운 부분들까지도 꼼꼼하게 확인하여야 하므로 과거에 안전사고가 발생하지 않은 부분이라도 항상 확인하고 주의를 주어야 한다.

1.③ 2.② 3.④ 4.③ 5.③ 6.②

(3) 안전표지

① **안전표지** : 안전표지는 산업현장에서 산업재해를 예방하기 위하여 위험한 곳이나 위험요소가 있는 부분에 색채를 사용하여 누구나 쉽게 알아보고 구분하도록 하여 사고나 재해를 사전에 방지할 목적으로 만든다.

② **산업안전표지** : 산업안전표지란 사업장에서 근로자가 판단이나 행동의 잘못을 일으키기 쉬운 장소 또는 실수로 인해 중대한 재해를 일으킬 위험이 있는 장소에 근로자의 안전을 지키기 위해 표시하는 표지를 말한다.

③ **산업안전표지의 종류** : 산업안전표지는 사용 목적에 따라 금지, 경고, 지시, 안내 4가지로 나뉜다.

④ 표지의 색채와 용도

색채	용도	사용례
빨간색	금지	정지신호, 소화설비 및 장소, 유해행위 금지
노란색	경고	화학물질 취급장소 유해경고, 위험경고
파란색	지시	특정 행위 지시 및 사실의 고지
녹색	안내	비상구 및 피난소, 사람 또는 차량의 통행표지
흰색	-	파란색 또는 녹색에 대한 보조색
검은색	-	문자 및 빨간색 또는 노란색에 대한 보조색

> 사업주는 안전·보건표지를 설치하거나 부착할 때에는 근로자가 쉽게 알아볼 수 있는 장소·시설 또는 물체에 설치하거나 부착하여야 한다.

금지표시 : 출입금지, 보행금지, 차량통행금지, 사용금지, 탑승금지, 금연, 화기금지, 물체이동금지

경고표시 : 인화성물질 경고, 산화성물질 경고, 폭발성물질 경고, 급성독성물질 경고, 부식성물질 경고, 고압전기 경고, 매달린 물체 경고, 낙하물 경고, 고온 경고, 저온 경고

지시표시 : 보안경 착용, 방독마스크 착용, 방진마스크 착용, 보안면 착용, 안전모 착용, 귀마개 착용, 안전화 착용, 안전장갑 착용, 안전복 착용

안내표시 : 녹십자 표지, 응급구호표지, 들 것, 비상용 기구, 비상구, 좌측 비상구, 우측 비상구

확인학습

1. 적색 원형으로 만들어지는 안전 표지판은?
   ① 경고표시   ② 안내표시
   ③ 지시표시   ④ 금지표시

   HINT ④ 「산업안전보건법」에서 정하는 안전표지판 중 적색 원형으로 만드는 표지는 금지표시판이다.

2. 산업안전보건에서 안전표지의 종류가 아닌 것은?
   ① 위험표지   ② 경고표지
   ③ 지시표지   ④ 금지표지

   HINT ① 산업안전표지는 사용 목적에 따라 금지, 경고, 지시, 안내 4가지로 나뉜다(산업안전보건법 시행규칙 별표 1의2).

3. 보기의 표지가 가리키는 것은?

   ① 차량통행금지   ② 탑승금지
   ③ 고압전기 경고   ④ 매달린 물체 경고

   HINT ① 그림은 차량통행금지이다.

4. 산업안전보건표지에서 그림이 나타내는 것은?

   ① 비상구 없음 표지   ② 방사선 위험 표지
   ③ 탑승금지 표지   ④ 보행금지 표지

   HINT ④ 그림은 금지표시 중 '보행금지'이다(산업안전보건법 시행규칙 별표 1의2).

5. 응급구호 표지의 바탕색으로 맞는 것은?
   ① 녹색   ② 흰색
   ③ 흑색   ④ 노랑색

   HINT ① 응급구호 표지는 흰색 바탕에 녹색으로 표시되어 있다(산업안전보건법 시행규칙 별표 1의2).

6. 다음 그림이 뜻하는 것은?

   ① 마스크 착용   ② 안전화 착용
   ③ 보안경 착용   ④ 귀마개 착용

   HINT ③ 보안경 착용 표시이다.

7. 다음 그림이 뜻하는 것은?

   ① 고압 전기 경고
   ② 부식성물질 경고
   ③ 방사성물질 경고
   ④ 낙하물 경고

   HINT ① 고압 전기 경고 표시이다.

1.④ 2.① 3.① 4.④ 5.① 6.③ 7.①

(4) 기계의 사용

① **기계의 위험성**: 기계 설비는 원동기와 동력 전달 장치 및 부속 장치 등으로 구성되어 수직 운동, 회전 운동, 왕복 운동 등을 하게 되므로 이들에 의한 사고로 재해가 발생할 가능성이 아주 높다.

② **위험점**: 기계로 인한 사고는 각종 기계의 위험점에 의하여 발생한다. 위험점이란 작업이 직접 이루어지는 부분으로 기계를 이용한 가공 작업은 작업자가 직접 가공재를 위험점에 보내게 되므로, 작업자가 실수로 위험점에 손을 넣거나 몸의 균형을 잃어 위험점에 접촉되면 신체적 상해를 입게 된다(예 절삭용 기계가 회전 운동이나 왕복 운동을 하고 있을 때에 작업자의 부주의로 인하여 기계나 기구의 운동 부위에 신체의 일부나 옷이 말려 들어가 다치거나, 날카로운 절삭 공구에 상해를 입는 사고가 발생할 수 있다).

풀 프루프와 페일 세이프

구분	내용
풀 프루프	기계의 취급을 잘못하여도 그것이 사고나 재해와 연결되지 않도록 설계된 장치를 말한다.
페일 세이프	기계나 부품에 고장이나 기능 불량이 생겨도 항상 안전하게 작동하는 구조와 기능을 말한다.

③ **기계 설비 안전 대책**: 기계 설비의 본질적 안전은 근로자가 기계를 작동하는 중에 과오나 실수를 하여도 기계가 이를 교정하여 사고나 재해가 일어나지 않도록 하는 것이다. 즉, 기계는 그 자체 또는 외부에 이상이 생겨도 안전성이 확보되어 사고나 재해가 발생하지 않도록 설계 제작되어야 한다.
  ㉠ 조작상 위험이 없도록 설계해야 한다.
  ㉡ 풀 프루프(Fool Proof)의 기능을 가져야 한다.
  ㉢ 안전 기능이 기계 설비에 내장되어 있어야 한다.
  ㉣ 페일 세이프(Fail Safe)의 기능을 가져야 한다.

위험점의 종류

작업자에게 입히는 상해를 기준으로 기계 설비의 위험점을 분류하면 협착점, 끼임점, 절단점, 물림점, 접선 물림점, 회전 말림점 등이 있다.

④ **기계 방호장치**: 기계·기구 및 공구를 사용할 경우에 작업자에게 상해를 입힐 우려가 있는 부분으로부터 작업자를 보호하기 위하여 설치하는 기계적 안전장치를 방호장치라고 한다. 이러한 기계 방호장치의 종류로는 리미트 스위치, 인터록 장치, 급정지 장치 등이 있다.

구분	내용
리미트 스위치	과도하게 한계를 벗어나 계속적으로 감아올리는 일 등이 없도록 제한하는 장치로서, 과부하 방지 장치, 과전류 차단 장치, 압력 제한 장치 등이 있다.
인터록 장치	미리 정해진 조건에 만족되지 못하면 자동적으로 그 기계를 작동할 수 없도록 하는 기구를 말한다.
손처내기식 안전장치	프레스 작업 시 근로자의 신체와 생명을 보호하는 장치를 말한다.

안전사고 발생의 원인
- 적합한 공구를 사용하지 않았을 때
- 안전장치 및 보호 장치가 잘되어 있지 않을 때
- 정리정돈 및 조명 장치가 잘되어 있지 않을 때

⑤ **방호장치의 일반원칙**
  ㉠ **기계특성과 성능의 보장**: 기계의 특성에 적합해야 하고 성능이 보장되어야 한다.
  ㉡ **작업의 편의성**: 방호장치로 인해 작업에 방해가 되어서는 안 된다.
  ㉢ **외관상 안전화**: 작업자의 심리적 안정감과 안전한 행동유발을 위해 외관상 안전화를 유지한다.
  ㉣ **작업점 방호**: 작업부분은 완전히 정확하게 방호되어야 한다.

확인학습

1 기계장치의 안전관리를 위해 정지 상태에서 점검하는 사항이 아닌 것은?

① 볼트 너트의 헐거움
② 벨트 장력 상태
③ 장치의 외관상태
④ 이상음 및 진동상태

> HINT ④ 이상음이나 진동상태는 기계장치가 작동하는 경우에 알 수 있는 사항이다.

2 연삭기 작업 시 올바르지 않은 작업은?

① 연삭숫돌의 교체 후 바로 작업을 시작한다.
② 가공물은 급격한 충격을 피하고 점진적으로 접촉시킨다.
③ 소음이나 진동이 심하면 즉시 점검을 한다.
④ 사용 전에 연삭숫돌을 점검하여 균열이 있는 것은 사용하지 말아야 한다.

> HINT ① 연삭숫돌의 교체 시는 3분 이상 시운전을 하여야 한다. 또한 사용 전에 연삭숫돌을 점검하여 균열이 있는 것은 사용하여 미연이 사고를 방지하도록 한다.

3 기계에 사용되는 방호덮개 장치의 구비 조건 중 가장 관계가 적은 것은?

① 마모나 외부로부터 충격에 쉽게 손상되지 않을 것
② 탈착이 쉬워 필요시 제거 후 사용이 편리하게 할 것
③ 검사나 급유조정 등 정비가 용이할 것
④ 최소의 손질로 장시간 사용할 수 있을 것

> HINT ② 방호덮개 등 방호장치를 제거하거나, 기능을 해제할 경우에는 책임자의 허가를 받도록 하여 임의로 제거하지 못하도록 하여야 하며, 제거 사유가 소멸된 때에는 지체 없이 원상태로 복귀하여야 한다.

4 회전중인 물체를 정지시킬 때 안전한 방법은?

① 발로 정지시킨다.
② 손으로 정지시킨다.
③ 스스로 정지하도록 한다.
④ 공구로 정지시킨다.

> HINT ③ 회전하는 기계를 정지시키고자 할 때에는 기계가 스스로 완전히 정지하기 전까지 손대지 말아야 하며 손이나 공구, 기타 물건으로 정지시키려 하지 말아야 사고를 예방할 수 있다.

5 작업복 등이 말려드는 위험이 주로 존재하는 기계 및 기구와 가장 거리가 먼 것은?

① 회전축
② 기어
③ 벨트
④ 프레스

> HINT ④ 벨트, 기어, 회전축과 같이 회전 운동을 하는 기계 부품을 다루는 경우 고정된 부분과 회전하는 부분 사이에 손가락이 끼이거나 회전하는 벨트 풀리, 기어에 손, 옷자락, 긴 머리카락 등이 말려드는 위험이 존재한다.
> 프레스는 수직 직선 운동을 하는 기구에 손이 들어가 끼이는 협착 사고가 발생한다.

1.④ 2.① 3.② 4.③ 5.④

(5) 중량물 취급

① **중량물** : 중량물이란 부피에 비하여 무게가 나가는 물건으로 인력으로 들거나 물체를 이동시킬 경우 작업자는 운반 작업으로 인한 부상을 입을 가능성이 크기 때문에 하역운반기계·운반용구를 사용한다.

㉠ 작업계획서 작성 : 중량물 취급작업에 따른 추락, 낙하, 전도, 협착 및 붕괴 등의 위험을 예방할 수 있는 안전대책에 관한 작업계획서를 작성하고 이를 당해 근로자에게 주지시켜야 한다.

㉡ 일반적 중량물 취급 안전
- 긴 것은 옆으로 눕혀 놓는다.
- 세워둘 때에는 전도 조치를 해둔다.
- 구르는 것은 반드시 고임목을 한다.
- 취급물의 성질상 안정성이 나쁜 것은 눕혀 놓는다.

③ **크레인 작업 시 안전 대책**

㉠ 운전은 지정된 작업자가 하며, 안전모, 안전화 등의 보호구를 착용한다.
㉡ 운반하고자 하는 중량물의 결속상태 및 줄걸이 상태를 확인한다.
㉢ 작업시작 전 훅해지장치, 브레이크 등의 상태를 확인한다.
㉣ 미리 운반경로를 확인하고 운전방향과 누름스위치 방향을 확인 하면서 스위치를 조작한다.
㉤ 중량물이 심하게 흔들리는 상태에서 운전을 금지한다.
㉥ 중량물을 끌어당기거나 밀어서 하는 작업을 금지한다.
㉦ 운반 중인 중량물 하부에 근로자의 출입을 금지 시킨다.
㉧ 운반 중인 중량물이 작업자의 머리 위로 통과하지 않도록 한다.
㉨ 운반 중인 중량물이 보이지 않을 경우 어떠한 동작도 하지 않는다.
㉩ 마그넷 크레인으로 철판을 운반할 때에는 한 장씩 만 운반한다.

④ **지게차 운전 작업 시 안전 대책**

㉠ 운반 중인 중량물이 낙하하지 않도록 고정한다.
㉡ 운전석에는 운전자 1인만 탑승한다.
㉢ 포크 위에 올라타서 고소작업을 하지 않는다.
㉣ 과적을 금지한다.
㉤ 부피가 큰 중량물 운반으로 시야가 확보되지 않을 경우 유도자배치 또는 후진으로 이동한다.
㉥ 자격이 필요한 지게차는 반드시 유자격자가 운전한다.

중량물 취급 방법
- 운반구에 의한 방법
- 인력에 의한 방법
- 동력기계에 의한 방법

제품이나 원재료를 적재하는 방법
- 즉시 사용할 것은 밑에 적재하지 않도록 한다.
- 모양을 갖추어서 적재한다.
- 무거운 것부터 가벼운 것으로, 큰 것부터 작은 것 순으로 적재한다.

작업장 화물 적재 기준
- 침하 우려가 없는 튼튼한 기반 위에 적재할 것
- 건물의 칸막이나 벽 등이 화물의 압력에 견딜 만큼의 강도를 지니지 아니한 경우에는 칸막이나 벽에 기대어 적재하지 않도록 할 것
- 불안정할 정도로 높이 쌓아 올리지 말 것
- 하중이 한쪽으로 치우치지 않도록 쌓을 것

확인학습

1. 중량물 운반작업 시 착용하여야 할 안전화는?
   ① 중작업용
   ② 보통작업용
   ③ 경작업용
   ④ 절연용

   HINT ① 물체의 낙하나 충격, 물체에의 끼임, 감전 에 의한 위험이 있는 작업 시 착용하는 안전화는 작업내용이나 목적에 적합하며 발에 잘 맞고 가벼운 것을 선택하는 것이 적절하다. 중량물 운반 시 중량물에 발이 다칠 위험서이 있으므로 중작업용 안전화를 착용하여 발을 보호하도록 한다. 안전화는 다음과 같은 종류가 있다.

구분	대상
경작업용	비교적 가벼운 물체를 취급 시 사용한다.
보통작업용	공구나 기계를 사용하는 일반 작업장에서 사용한다.
중작업용	건설업처럼 무거운 화물이나 강재 운반하는 작업 시 착용한다.

2. 무거운 짐을 이동할 때 적당하지 않은 것은?
   ① 힘겨우면 기계를 이용한다.
   ② 기름이 묻은 장갑을 끼고 한다.
   ③ 지렛대를 이용한다.
   ④ 2인 이상이 작업할 때는 힘센 사람과 약한 사람과의 균형을 잡는다.

   HINT ② 기름이 묻은 장갑은 미끄러질 위험이 있으므로 사용하지 않는다. 중량물을 취급할 경우 급격히 몸의 위치를 변경시키는 것을 삼가하고 몸의 이동을 작게 하며 가능한 허리에 부담을 주지 않는 자세로 작업에 임한다. 즉, 가능한 한 신체를 대상물에 접근시켜 중심을 낮게 하는 자세를 취하고, 바닥에서 물건을 들 경우 한쪽 발을 조금만 앞으로 내밀면서 무릎을 구부리고 허리를 숙여 물건을 깊이 안은 채 무릎을 펴면서 일어선다. 손수레를 사용할 경우 반드시 평평한 면을 쌓아 올리고, 등받이가 짧은 손수레에 얹으면 짐이 무너지게 되므로 운반물의 높이에 맞춘 등받이 길이의 손수레를 사용한다.

3. 물품을 운반할 때 주의할 사항으로 틀린 것은?
   ① 가벼운 화물은 규정보다 많이 적재하여도 된다.
   ② 안전사고 예방에 가장 유의한다.
   ③ 정밀한 물품을 쌓을 때는 상자에 넣도록 한다.
   ④ 약하고 가벼운 것을 위에 무거운 것을 밑에 쌓는다.

   HINT ① 화물이 아무리 가볍더라도 규정보다 많은 양을 적재해서는 안 된다.

4. 작업장에서 중량물을 들어 올리는 방법 중 안전상 가장 올바른 것은?
   ① 최대한 사람의 힘을 모아 들어올린다.
   ② 지렛대를 이용한다.
   ③ 로프로 묶고 잡아당긴다.
   ④ 체인블록을 이용하여 들어올린다.

   HINT ④ 중량물을 운반하거나 취급하는 경우에는 하역운반기계를 사용하여야 한다. 이러한 기계장치의 사용은 인력작업을 감소시키고, 물체를 취급하는 것을 쉽고 안전하게 해준다. 체인 블록(Chain-block)이란 체인으로 짐을 감아 올리거나 내리는 권상장치로, 보기 중에서 무거운 물건을 들어올리는데 가장 적절한 장치는 체인블록이다.

5. 크레인으로 무거운 물건을 위로 달아 올릴 때 주의할 점이 아닌 것은?
   ① 달아 올릴 화물의 무게를 파악하여 제한하중 이하에서 작업한다.
   ② 매달린 화물이 불안전하다고 생각될 때는 작업을 중지한다.
   ③ 신호의 규정이 없으므로 작업자가 적절히 한다.
   ④ 신호자의 신호에 따라 작업한다.

   HINT ③ 크레인 작업 시에는 반드시 지정된 신호수에 의해 명확한 신호를 받아 작업한다.

1.① 2.② 3.① 4.④ 5.③

2 작업상의 안전

(1) 보호구

① **보호구** : 보호구(Personal Protective Equipment)는 근로자가 신체에 직접 착용하여 각종 물리적·기계적·화학적 위험요소로부터 몸을 보호하기 위한 보호장구를 총칭한다.

② **보호구의 지급** : 사업주는 작업조건에 맞는 보호구를 작업하는 근로자 수 이상으로 지급하고 착용하도록 하여야 하는 의무가 있다.

보호구	작업 내용
안전모	물체가 떨어지거나 날아올 위험 또는 근로자가 추락할 위험이 있는 작업
안전대(安全帶)	높이 또는 깊이 2미터 이상의 추락할 위험이 있는 장소에서 하는 작업
안전화	물체의 낙하·충격, 물체에 끼임, 감전 또는 정전기에 의한 위험이 있는 작업
보안경	물체가 흩날릴 위험이 있는 작업
보안면	용접 시 불꽃이나 물체가 흩날릴 위험이 있는 작업
절연용 보호구	감전의 위험이 있는 작업
방열복	고열에 의한 화상 등의 위험이 있는 작업
방진마스크	선창 등에서 분진이 심하게 발생하는 하역작업
방한모·방한복·방한화·방한장갑	섭씨 영하 18도 이하인 냉동창고에서 하는 하역작업

③ **보호구의 구비요건**
- 착용이 간편할 것
- 작업에 방해가 되지 않도록 할 것
- 유해·위험요소에 대한 방호성능이 충분할 것
- 재료의 품질이 양호할 것
- 구조와 끝마무리가 양호할 것
- 외양과 외관이 양호할 것

④ **보호구의 보관 방법**
- 직사광선을 피하고 통풍이 잘 되는 장소에 보관할 것
- 부식성, 유해성, 인화성 액체, 기름, 산 등과 혼합하여 보관하지 말 것
- 발열성 물질을 보관하는 주변에 가까이 두지 말 것
- 모래, 진흙 등이 묻은 경우는 깨끗이 씻고 그늘에서 건조할 것
- 땀으로 오염된 경우에 세척하고 건조하여 변형되지 않도록 할 것

안전화의 종류
- 가죽안전화 – 물체의 낙하·충격에 의한 위험방지
- 고무안전화 – 기본기능 및 방수, 내화학성 블록
- 정전화 – 기본기능 및 정전기의 인체대전방지
- 절연화 – 기본기능 및 감전방지

구분	기능
가죽제 안전화	물체의 낙하충격에 의한 위험방지 및 날카로운 것에 대한 찔림방지
고무제 안전화	기본기능 및 방수, 내화학성
정전화	기본기능 및 정전기의 인체대전방지
절연화	기본기능 및 감전방지

- **방진마스크** : 분진이 많이 발생하는 작업장에서 사용한다.
- **방독마스크** : 유해가스가 발생하는 작업장에서 사용한다.

확인학습

1. 보호구 구비조건으로 틀린 것은?
   ① 착용이 간편해야 한다.
   ② 작업에 방해가 안 되어야 한다.
   ③ 구조와 끝마무리가 양호해야 한다.
   ④ 유해 위험요소에 대한 방호성능이 경미해야 한다.

   > HINT ④ 보호구는 산업재해 예방을 작업자 개인이 착용하고 작업하는 보조장구로 위험상황에 따라 발생할 수 있는 재해를 예방하고, 그 유해·위험의 영향이나 재해의 정도를 감소시키기 위한 장비이다. 따라서 유해 위험요소에 대한 방호성능이 우수해야 한다.

2. 다음 중 작업복의 조건으로서 가장 알맞은 것은?
   ① 작업자의 편안함을 위하여 자율적인 것이 좋다.
   ② 도면, 공구 등을 넣어야 하므로 주머니가 많아야 한다.
   ③ 작업에 지장이 없는 한 손발이 노출되는 것이 간편하고 좋다.
   ④ 주머니가 적고 팔이나 발이 노출되지 않는 것이 좋다.

   > HINT ④ 작업을 할 때는 해당 근로자에게 작업에 알맞은 작업복을 착용하는 것이 원칙이며 근로자를 보호하기에 알맞은 구조로 되어 있어야 한다. 즉 주머니가 적고 팔이나 발이 노출되지 않는 것이 좋다.

3. 감전되거나 화상을 입을 위험이 있는 작업 시 작업자가 착용해야 할 것은?
   ① 구명구   ② 보호구
   ③ 구명조끼   ④ 비상벨

   > HINT ② 감전의 위험이 있는 작업을 할 경우에는 절연용 방호구를 착용하여 감전재해를 예방하여야 한다.

4. 전기용접 작업 시 보안경을 사용하는 이유로 가장 적절한 것은?
   ① 유해 광선으로부터 눈을 보호하기 위하여
   ② 유해 약물로부터 눈을 보호하기 위하여
   ③ 중량물의 추락 시 머리를 보호하기 위하여
   ④ 분진으로부터 눈을 보호하기 위하여

   > HINT ① 전기용접작업은 유해광선이 발생하기 때문에 유해광선으로부터 눈을 보호하기 위하여 차광보안경을 착용한다.

5. 전기 아크 용접에서 눈을 보호하기 위한 보안경 선택으로 맞는 것은?
   ① 도수 안경
   ② 방진 안경
   ③ 차광용 안경
   ④ 실험실용 안경

   > HINT ③ 용접을 하는 경우에는 눈이나 피부를 보호하기 위해서 차광용 안경을 착용해야 한다. 차광용 안경이란 아크 용접이나 가스용접, 용광로 등에서 작업 시 유해한 자외선을 차단하고, 가시광선을 약화시켜 작업자의 눈을 보호하는 보호구를 말한다.
   > 또한 용접 시에는 용접 장갑과 얼굴을 보호하는 용접 보안면, 용접 앞치마를 착용하고 의복은 구멍이 있거나 유류 등 인화물질이 묻지 않아야 한다.

6. 안전한 작업을 위해 보안경을 착용해야 하는 작업은?
   ① 엔진 오일 보충 및 냉각수 점검 작업
   ② 제동등 작동 점검 시
   ③ 장비의 하체 점검 작업
   ④ 전기저항 측정 및 매선 점검 작업

   > HINT ③ 장비의 하체 부분을 점검하는 경우 오일 등이 눈에 떨어질 수 있으므로 보안경을 착용하도록 한다.

1.④ 2.④ 3.② 4.① 5.③ 6.③

(2) 수공구 작업 시 주의사항

① **수공구로 인한 사고**: 수공구로 인한 사고 사례를 살펴보면 수공구로 신체부위를 가격하여 사고가 일어나거나 수공구 및 재료 파편의 비래에 의한 사고가 주로 발생한다. 또한 부적절한 수공구 작업으로 고소작업 시 추락, 충돌 유발에 의한 사고가 발생하는 것으로 나타났다.

수공구 작업 위험 요인
- 중량물 취급
- 진동
- 반복성
- 부적절한 작업자세

② **장비별 준수사항**

구분	내용
드라이버	기름이 묻은 손잡이는 사고를 유발할 수 있으므로 항상 드라이버 손잡이를 청결하게 유지한다.
플라이어	보안경이나 안면 보호구를 착용한 상태에서 사용을 하도록 하며 수직 각도로 자른다.
망치	잘못된 사용은 내리치는 표면을 깨지게 할 수 있으며, 심각한 부상을 초래할 수도 있으므로 사용할 용도에 따라 망치를 선택한다. 망치의 내리치는 표면이 맞는 표면에 평행하도록 망치를 수직으로 내리친다.
렌치	적당한 자세를 잡고 충분한 힘을 가해 당기며 미끄러지지 않도록 정확히 꽉 조여 사용한다. 작동중인 기계에서는 렌치를 사용하지 않는다. 공구를 대신하여 사용하지 않는다. 렌치 대신 플라이어를, 또는 망치 대신 렌치를 사용하지 않도록 한다.
스패너	볼트, 너트를 조이거나 푸는 작업을 하는 공구인 스패너는 부적당한 형상 및 치수의 펜치를 사용하거나 해머 대용으로 사용하지 않도록 주의한다.

수공구 작업 중 장갑 착용 시 문제점
- 악력이 10~20% 감소
- 손의 민첩성 등 손의 감각이 둔해짐
- 회전력(토크, torque)이 감소
- 손의 크기에 맞지 않으면 스트레스

③ **작업복장**

㉠ 작업복은 깨끗한 것을 착용하고 더러운 옷이나 찢어진 옷은 착용하지 않는다.
㉡ 목에다 수건을 걸치거나 허리에 수건을 차지 않는다.
㉢ 머리카락이 기계에 말려 들어갈 위험이 있는 작업장에서는 모자를 착용한다.
㉣ 팔소매, 옷깃 등을 단정하게 한다.
㉤ 작업의 위험성이나 유해성에 적합한 성능을 가진 것을 올바르게 선정한다.
㉥ 보관장소를 정해둔다. 특히 현장에 방치하면 안 된다.
㉦ 보호구의 수는 작업인원수에 비해 부족하지 않도록 준비한다.
㉧ 파손된 것은 즉시 수리하든가 교환한다.
㉨ 방독마스크의 정화통이나 방진마스크의 필터는 항상 여분을 비치한다.
㉩ 더럽혀진 것은 반드시 손질한다.

확인학습

1 작업장의 안전수칙 중 틀린 것은?

① 공구는 오래 사용하기 위하여 기름을 묻혀서 사용한다.
② 작업복과 안전장구는 반드시 착용한다.
③ 각종 기계를 불필요하게 공회전 시키지 않는다.
④ 기계의 청소나 손질은 운전을 정지시킨 후 실시한다.

> HINT ① 해머와 같은 타격용 공구에 기름을 바를 경우 미끄러워져서 사고의 위험성이 있으므로 사용하기 전에 기름 등 이물질을 제거한 후 사용한다.

2 수공구의 일반적인 안전수칙이다. 해당되지 않는 것은?

① 손이나 공구에 묻은 기름, 물 등을 닦아낼 것
② 주위를 정리 정돈할 것
③ 규격에 맞는 공구를 사용할 것
④ 수공구는 그 목적 외에 다목적으로 사용할 것

> HINT ④ 해당업무에 맞지 않는 공구는 사용하지 않도록 한다.

3 스패너 작업 시 유의할 사항으로 틀린 것은?

① 스패너의 입이 너트의 치수에 맞는 것을 사용해야 한다.
② 스패너의 자루에 파이프를 이어서 사용해서는 안 된다.
③ 스패너와 너트 사이에는 쐐기를 넣고 사용하는 것이 편리하다.
④ 너트에 스패너를 깊이 물리도록 하여 조금씩 앞으로 당기는 식으로 풀고 조인다.

> HINT ③ 스패너는 볼트, 너트 또는 나사의 조립 또는 분해에 사용하는 수공구로 너트를 조일 때는 스패너 이외의 다른 도구를 사용하는 것은 바람직하지 않다.

4 일반 수공구 사용 시 주의사항으로 틀린 것은?

① 용도 이외에는 사용하지 않는다.
② 사용 후에는 정해진 장소에 보관한다.
③ 수공구는 손에 잘 잡고 떨어지지 않게 작업한다.
④ 볼트 및 너트의 조임에 파이프렌치를 사용한다.

> HINT ④ 볼트와 너트를 조이는 공구는 스패너 또는 몽키 렌치이다. 스패너는 볼트, 너트 또는 나사의 조립 또는 분해에 사용하는 둥근형 또는 뾰족형 수공구이며, 몽키 렌치는 볼트·너트 또는 나사를 조이거나 풀 때 사용하는 입의 벌림 폭을 조절할 수 있는 수공구이다.

5 해머작업 시 안전수칙 설명으로 틀린 것은?

① 열처리 된 재료는 해머로 때리지 않도록 주의한다.
② 녹이 있는 재료를 작업할 때는 보호안경을 착용하여야 한다.
③ 자루가 불안정한 것(쐐기가 없는 것 등)은 사용하지 않는다.
④ 장갑을 끼고 시작은 강하게, 점차 약하게 타격한다.

> HINT ④ 작업에 맞는 무게의 해머를 사용하고, 한두 번 가볍게 친 다음에 사용한다.

1.① 2.④ 3.③ 4.④ 5.④

3 기타 안전관련 사항

(1) 화재안전

① 화재의 구분

용어	내용
A급화재 (일반화재)	목재, 섬유류, 종이, 고무, 플라스틱 등과 같이 타고난 후에 재가 남는 화재를 말하며 보통 화재라 한다.
B급화재 (유류 및 가스화재)	휘발유, 등유 등과 같은 인화성 액체와 LPG, 도시가스와 같은 가연성 가스 등에서 발생한 타고난 후에 재가 남지 않는 화재를 말한다. 모래를 덮는 등, 질식소화법으로 진화한다.
C급화재 (전기화재)	변압기, 전기다리미, 안전기 등 전기설비에서 발생한 화재를 말한다. 물은 소화효과가 없다.
D급화재 (금속화재)	철분, 금속가루, 마그네슘, 칼륨, 나트륨에 붙은 불이며, 물을 사용할 경우 폭발 위험을 야기 할 수 있다. 금속가루의 경우 폭발을 동반하기도 한다. 질식소화법이나 약제분말을 사용한다.

발화점과 인화점

용어	내용
발화점	물질을 가열하여 발화가 일어나는 최저온도를 말한다. 발화점은 일정하지 않고 물질마다 차이가 있다.
인화점	가연성 증기가 발생하는 최저온도를 말한다. 주로 액체 가연물의 위험성을 판단하는 요소이다.

② 화재와 소화기

구분	종류	소화기 표시	소화방법
A 화재	일반화재	백색	냉각소화법
B 화재	유류화재	황색	질식소화법
C 화재	전기화재	청색	분말소화, 질식소화법
D 화재	금속화재	-	질식소화법

연소의 3요소
- 가연물
- 점화원
- 산소(공기)

③ 소화방법의 구분
  ㉠ **냉각소화법** : 타는 물질의 온도를 발화점 또는 인화점 이하로 냉각시켜 연소를 중단시키는 방법을 말하며 대표적 냉각소화제는 물이 있다.
  ㉡ **제거소화법** : 가연성 물질을 연소장소에서 제거하여 불의 확산을 저지하는 방법을 말한다. 가스밸브를 잠근다거나 가연성 고체 가연물을 다른 장소로 이동하난 것이 대표적인 방법이다.
  ㉢ **질식소화법** : 가연물질이 연소하는데 필요한 산소의 양을 감소시켜 소화하는 방법으로 거품으로 산소공급 차단하거나 포소화약제를 사용하는 방식이 있다.

확인학습

1 이미 소화하기 힘든 정도로 화재가 진행된 화재 현장에서 제일 먼저 하여야 할 조치로 가장 올바른 것은?

① 소화기 사용　② 화재 신고
③ 인명 구조　④ 분말 소화기 사용

> HINT ③ 화재 현장에서 제일 먼저 하여야 할 조치는 인명구조이다.

2 다음 중 화재의 3가지 요소는?

① 가연성 물질, 점화원, 산소
② 산화물질, 산화원, 산소
③ 불연성 물질, 점화원, 질소
④ 가연성 물질, 점화원, 질소

> HINT ① 연소가 이루어지기 위해서는 가연성 물질과 산소, 점화원의 3가지가 있어야 한다. 이러한 연소의 3가지 가운데 한 가지라도 없어지면 연소가 중단되기 때문에 소화는 이러한 성질을 이용해 진화를 한다.

3 화재의 분류에서 전기화재에 해당하는 것은?

① A급 화재　② B급 화재
③ C급 화재　④ D급 화재

> HINT ③ 화재는 A급 화재, B급 화재, C급 화재, D급 화재로 크게 구분한다. A급 화재는 목재, 섬유와 같이 타고난 후 재가 남는 화재를 말하며 B급 화재는 휘발유, 등유와 같이 인화성 액체로 인한 화재를 말한다. C급 화재는 전기 사용으로 인해 발생한 화재이고 D급 화재는 마그네슘, 칼륨과 같은 물을 사용할 경우 폭발하는 특성을 나타내는 화재를 말한다.

4 전기 화재 시 적절하지 못한 소화 장비는?

① 물　② 이산화탄 소화기
③ 모래　④ 분말소화기

> HINT ① 전기설비, 변압기 등으로 인한 화재는 C급 화재이며, 분말소화기를 이용해 불을 끌 수 있다.

5 금속나트륨으로 인한 화재가 발생한 경우 가장 적합한 방식의 소화법은?

① 할론 소화기
② 물
③ 건조사
④ 분말 소화기

> HINT ③ 칼슘, 나트륨, 알킬알루미늄 등 금속으로 인한 화재는 D급 화재로서 물과 반응하여 수소 등 가연성 가스 발생하는 화재이다. D급 화재는 팽창질석, 마른 모래 등에 의한 질식소화법으로 소화해야 한다.

6 유류 화재 시 소화 방법으로 가장 부적절한 것은?

① B급 화재 소화기를 사용한다.
② 다량의 물을 부어 끈다.
③ 모래를 뿌린다.
④ ABC소화기를 사용 한다.

> HINT ② 유류화재의 경우 물을 부으면 불이 더 넓게 번져 위험하다. 따라서 B급 화재 소화기를 사용해야 한다.

7 다음 중 인화성 물질이 아닌 것은?

① 아세틸렌 가스
② 가솔린
③ 프로판가스
④ 산소

> HINT ④ 연소가 이루어지기 위해서는 가연물(가연성 물질), 산소(공기), 점화원(열)의 3가지가 필요한데 이들 3가지를 연소의 3요소라 부른다. 아세틸렌 가스, 가솔린, 프로판 가스는 가연성 물질이다.

1.③　2.①　3.③　4.①　5.③　6.②　7.④

(2) 전기안전

① 전기사고 발생 요인
- 전열기·조명기구 등의 과열로 주위 가연물에 착화되는 경우
- 배선의 과열로 전선피복에 착화되는 경우
- 전동기, 변압기 등 전기기기의 과열
- 선간단락, 누전, 정전기 등

② 건설현장의 전기기계·기구의 사용 위험요인
- 건설현장은 습기가 많고, 침수 우려가 많다.
- 전기사용 공구의 전원 케이블 손상이 많다.
- 작업장소가 높거나 위험한 곳이 많다.
- 작업장소와 분전반 사이의 거리가 멀다.
- 작업자가 감전 위험에 대한 상식이 매우 부족하다.
- 많은 작업자가 전동공구를 사용한다.

③ 지중전선로의 직접 매설식에서 매설깊이

구분	깊이
차량이나 기타 중량에 의한 압력을 받는 장소	1.2m 이상
차량이나 기타 중량에 의한 압력을 받지 않는 장소	0.6m 이상

④ 감전재해 발생 시 조치단계

구분	대상
전원상태 확인	2차 재해를 방지하기 위해서는 재해자가 고장난 기기나 벗겨진 전선에 직접 또는 누전된 기기 등의 외부에 간접적으로 접촉되어 있지는 않는지 확인 후 접근한다.
재해자의 상태 관찰	감전사고는 다른 사고와는 달리 감전되는 순간 심장 또는 호흡이 정지되는 경우가 많으므로, 호흡상태·맥박상태 등을 신속하고 정확하게 관찰하도록 한다.
신속한 응급처치	관찰한 결과 의식이 없거나 호흡·심장이 정지했을 경우, 또 출혈이 심할 경우에는 관찰을 중지하고 즉시 필요한 인공호흡·심장마사지 등의 응급조치를 시행한다.
재해자의 구출	재해자를 구조하기 전에 먼저 전원스위치를 내리고, 재해자를 안전한 장소로 대피시킨 후 재해자의 상태 확인한 후 의료기관에 신고를 하도록 한다.

⑤ 감전예방대책
㉠ 전기기기 및 배선 등의 모든 충전부는 노출시키지 않는다.
㉡ 젖은 손으로 전기기기를 만지지 않는다.
㉢ 전기기기 사용 시에는 반드시 접지를 시킨다.
㉣ 물기 있는 곳에서는 전기기기를 사용하지 않는다.
㉤ 누전차단기를 설치하여 감전 사고 시 재해를 예방한다.
㉥ 불량하거나 고장난 전기기기는 사용하지 않는다.

접지
접지는 감전 등의 전기사고 예방 목적으로 하는 방식으로 접지선을 연결한 접지극을 땅속에 매설하여, 누전사고가 일어나게 되면 누설전류의 대부분을 땅으로 흘려 보내 기기에 걸리는 전압을 감소시켜 감전재해를 방지해 주는 역할을 한다. 접지를 할 때는 상당한 기술이 요구되나, 인근의 땅에 완벽하게 매설되어 있는 수도관이나 철골 등을 접지극으로 활용하거나, 접지극이 있는 콘센트를 이용하면 된다.

누전
누전이란 전류가 흘러야 할 정상적인 도선으로 흐르지 않고 전선피복이 손상되어 전기가 새고 있거나, 손상된 피복으로 다른 전기기계나, 전기기구, 금속재료 등으로 흘러가는 현상을 말한다.

전기작업 시 주의사항
- 전기 기계·기구의 접지
- 과전류 차단장치 설치
- 전기기기 및 배선 등 충전부의 노출금지
- 누전차단기의 설치

애자
전선을 고정하는 장치를 말한다. 전압이 높을수록 애자를 더많이 사용하게 된다.

확인학습

1. 전선을 철탑의 완금(ARP)에 고정시키고 전기적으로 절연하기 위하여 사용하는 것은?

   ① 가공전선 ② 애자
   ③ 완철 ④ 클램프

   > HINT ② 애자는 전선 등 도체의 전기적 절연 및 지지를 위하여 장치하는 절연기구이다.

2. 전기공사 공사 중 긴급 전화번호는?

   ① 131 ② 116
   ③ 123 ④ 321

   > HINT ③ 전기공사 공사 중 긴급한 상황이 발생한 경우 한국전기안전공사(국번 없이 123)에 알려야 한다.

3. 작업 중 보호포가 발견되었을 때 보호포로부터 몇 m 밑에 배관이 있는가?

   ① 30cm ② 60cm
   ③ 1m ④ 1.5m

   > HINT ② 60cm이다.

4. 철탑 부근에서 굴착 작업 시 유의하여야 할 사항 중 가장 올바른 것은?

   ① 철탑 기초가 드러나지만 않으면 굴착하여도 무방하다.
   ② 철탑 부근이라 하여 특별히 주의해야 할 사항이 없다.
   ③ 한국전력에서 철탑에 대한 안전 여부 검토 후 작업을 해야 한다.
   ④ 철탑은 강항 충격을 주어야만 넘어질 수 있으므로 주변 굴착은 무방하다.

   > HINT ③ 한국전력에서 철탑에 대한 안전 여부 검토 후 작업을 진행하는 것이 순서이다.

5. 지중전선로 중에 직접 매설식에 의하여 시설 할 경우에는 토관이 깊이를 최소 몇 m 이상으로 하여야 하는가? (단, 차량 및 기타 중량물의 압력을 받을 우려는 없는 장소)

   ① 0.6m
   ② 0.9m
   ③ 1.0m
   ④ 1.2m

   > HINT ① 지중전선로는 차량, 기타 중량물에 의한 압력에 견디고 그 지중전선로의 매설표시 등으로 굴착공사로부터의 영향을 받지 않도록 시설하여야 한다(전기설비기술기준 제38조제1항). 차량이나 기타 중량에 의한 압력을 받지 않는 장소에서 지중 전선로의 깊이는 0.6m 이상이다.

6. 전선로 부근에서 작업을 할 때 다음 사항 중 틀린 것은?

   ① 전선은 바람에 흔들리게 되므로 이를 고려하여 이격거리를 증가시켜 작업하여 한다.
   ② 전선이 바람에 흔들리는 정도는 바람이 강할수록 많이 흔들린다.
   ③ 전선은 철탑 또는 전주에서 멀어질수록 많이 흔들린다.
   ④ 전선은 자체 무게가 있어 바람에는 흔들리지 않는다.

   > HINT ④ 전선은 자체 무게가 있어도 바람이 강할 경우 흔들릴 수 있다.

1.② 2.③ 3.② 4.③ 5.① 6.④

(3) 전기공사

① **송전선**: 전기를 발전하는 발전소와 그 전기의 전압을 바꾸는 변전소, 혹은 변전소와 변전소 등을 연결하여 전기를 보내는 역할을 하는 것을 말한다.
　㉠ 가공 송전선: 송전 철탑과 같이 외부에 노출되어 있는 송전선을 말한다.
　㉡ 지중 송전선: 송전선이 케이블로 지하에 매립된 형태로 인구가 밀집되어 있는 도시에 주로 설치된다.

② **배전선로**: 배전용 변전소에서 주택이나 상점, 공장으로 보내는 전선로를 말한다.

③ **인입선**: 전력 회사의 저압 배전선 전주에서 가정으로 끌어들여진 최초의 설치용 철물까지의 배선을 인입선이라 한다. 인입선에는 2개의 전선으로 끌어들이는 단상 2선식과 3개의 전선으로 끌어 들이는 단상 3선식이 있다.

④ **전력선 주변에서 근접작업 시 작업자가 지켜야 할 사항**
　㉠ 고가사다리차 등을 이용한 작업에 지장이 된다하여 전력선을 만지는 경우가 있으나, 피복이 있는 전선도 접촉하면 감전되므로 절대로 밧줄로 묶거나, 막대기, 쇠붙이 등으로 지지하면 안 된다.
　㉡ 철근, 파이프의 운반이나 취급 중에 부근의 전력선 주변에 근접되지 않도록 주의하고, 이삿짐 운반용 고가사다리차나 크레인 등 중장비 사용시에는 부근의 전력선에 근접되지 않도록 작업위치를 잘 선정해야한다.

⑤ **지중전선 작업시 주의사항**
　㉠ 위치 표시: 지중전선로의 매설개소에는 필요에 따라 매설깊이 전선로 방향 등을 지상에서 쉽게 확인할 수 있도록 표주 등으로 표시하는 것이 타당하며, 도로에 시설하는 케이블에는 명칭/관리자/전압/매설년도/연락처를 표시하여 한다.
　㉡ 지중 전선로는 전선에 케이블을 사용하고, 또한 관로식 · 암거식 또는 직접 매설식에 의하여 시설하여야 한다.

⑥ **인입선 주의사항**
　㉠ 인입선 지지물은 까치가 집을 짓는 장소가 될 수 있으므로 까치집 방지 시설물 등을 설치하여 단락사고를 방지한다.
　㉡ 전주 또는 전선에 걸린 장애물을 제거시 추락사고 및 부주의에 의한 감전사고의 우려가 있으므로 안전관리자의 책임하에 작업한다.
　㉢ 지중에 매설된 케이블은 차량이 통과할 때 중량물의 압력으로 손상될 우려가 있으므로 1.2m 이상 깊이로 매설한다.
　㉣ 케이블이 매설된 부근에서의 굴착작업은 케이블이 손상될 위험성이 있으므로 관계자의 감독하에 작업한다.

전기 흐름
발전(발전소) → 송전(송전선로) → 배전(배전선로)
→ 인입(가정, 공장 등)

확인학습

1 굴착장비를 이용하여 도로 굴착작업 중 "고압선 위험" 표지시트가 발견되었다. 다음 중 맞는 것은?

① 표지시트 좌측에 전력케이블이 묻혀 있다.
② 표지시트 우측에 전력케이블이 묻혀 있다.
③ 표지시트와 직각방향에 전력케이블이 묻혀 있다.
④ 표지시트 직하에 전력케이블이 묻혀 있다.

> **HINT** ④ 표지 시트는 지하에 매설된 전선로가 굴착작업 등으로 인한 손상을 방지하기 위한 것으로 시트 아래에 전력 케이블선이 매설되어 있다는 사실을 알려주는 표시이다.

2 굴착도중 전력케이블 표지시트가 나왔을 경우의 조치사항으로 적합한 것은?

① 표지시트를 제거하고 계속 굴착한다.
② 표지시트를 제거하고 보호판이나 케이블이 확인될 때 까지 굴착한다.
③ 즉시 굴착을 중지하고 해당 시설 관련기관에 연락한다.
④ 표지시트를 원상태로 다시 덮고 인근 부위를 재 굴착한다.

> **HINT** ③ 표지 시트는 지하에 매설된 전선로가 굴착작업 등으로 인한 손상을 방지하기 위한 것으로 시트 아래에 전력 케이블선이 매설되어 있다는 사실을 알려주는 표시이다. 굴착 시 표지시트가 나온 경우 굴착을 중지하고 관계 기관에 연락을 하여야 한다.

3 감전사고의 요인을 열거한 것으로 가장 거리가 먼 것은?

① 충전부에 직접 접촉될 경우나 안전거리 이내로 접근하였을 때
② 전기 기계·기구의 절연변화, 손상, 파손 등에 의한 표면누설로 인하여 누전되어 있는 것에 접촉하여 인체가 통로로 되었을 경우
③ 콘덴서나 고압케이블 등의 잔류전하에 의할 경우
④ 송전선로의 철탑을 손으로 만졌을 경우

> **HINT** ④ 접지는 감전 등의 전기사고 예방 목적으로 하는 방식으로 접지선을 연결한 접지극을 땅속에 매설하여, 누전사고가 일어나게 되면 누설전류의 대부분을 땅으로 흘려보내 기기에 걸리는 전압을 감소시켜 감전재해를 방지해 주는 역할을 한다. 접지를 할 때는 상당한 기술이 요구되나, 인근의 땅에 완벽하게 매설되어 있는 수도관이나 철골 등을 접지극으로 활용하거나, 접지극이 있는 콘센트를 이용하면 된다.
> 전기는 송전철탑으로 흐르지 않고 전선으로만 흐른다. 즉, 전선과는 절연되어 있고 대지와 접지되어 있어서 감전사고의 위험은 없다.

1.④ 2.③ 3.④

(4) 도로 굴착 작업 시 도시가스 안전주의 사항

① **배관설비기준** : 배관은 그 배관의 유지관리에 지장이 없고, 위해의 우려가 없도록 설치하되, 배관을 매설하는 경우에는 설치 환경에 따라 다음 기준에 따른 적절한 매설 깊이나 설치간격을 유지하여야 한다.

구분	내용
공동주택 등의 부지 안	0.6m 이상
폭 8m 이상의 도로	1.2m 이상

배관
도시가스를 공급하기 위하여 배치된 관(管)으로써 본관, 공급관, 내관 또는 그 밖의 관을 말한다.

도시배관 표면색상

구분	색상	
지상배관	황색	
매설배관	저압	황색
	중압	적색

② 도시가스배관 압력 구분

구분	내용
고압	1메가파스칼(MPa) 이상의 압력
중압	0.1메가파스칼 이상 1메가파스칼 미만의 압력
저압	0.1메가파스칼 미만의 압력

③ 배관의 표시 기준
  ㉠ 배관의 안전을 확보하기 위하여 매설된 배관의 주위에는 그 배관이 매설되어 있음을 명확하게 알 수 있도록 표시해야 한다.
  ㉡ 배관의 외부에 사용가스명, 최고사용압력 및 도시가스의 흐름방향을 표시할 것. 다만, 지하에 매설하는 경우에는 흐름방향을 표시하지 아니할 수 있다.

④ 매설심도

구분	내용
차량이 통행하는 폭 8m 이상의 도로	1.2m 이상
차량이 통행하는 폭 4m 이상 8m 미만의 도로	1.0m 이상
차량이 통행하는 폭 4m 미만의 도로	0.8m 이상
공동주택 및 단독주택의 부지 내	0.6m 이상

⑤ 굴착공사 종류별 작업방법 중 파일박기 및 빼기작업
  ㉠ 공사착공 전에 도시가스사업자와 현장 협의를 통하여 공사 장소, 공사기간 및 안전조치에 관하여 서로 확인할 것
  ㉡ 도시가스배관과 수평 최단거리 2m 이내에서 파일박기를 하는 경우에는 도시가스사업자의 입회 아래 시험굴착으로 도시가스배관의 위치를 정확히 확인할 것
  ㉢ 도시가스배관의 위치를 파악한 경우에는 도시가스배관의 위치를 알리는 표지판을 설치할 것
  ㉣ 도시가스배관과 수평거리 30cm 이내에서는 파일박기를 하지 말 것
  ㉤ 항타기는 도시가스배관과 수평거리가 2m 이상 되는 곳에 설치할 것. 다만, 부득이하여 수평거리 2m 이내에 설치할 때에는 하중진동을 완화할 수 있는 조치를 할 것
  ㉥ 파일을 뺀 자리는 충분히 메울 것

확인학습

1. 도로 폭이 8m 이상의 큰 도로에서 장애물 등이 없을 경우 일반 도시가스 배관의 최소 매설 깊이는?

   ① 0.6m 이상　② 1.2m 이상
   ③ 1.5m 이상　④ 2m 이상

   > HINT ② 차량이 통행하는 폭 8m이상의 도로에서 배관을 지하로 매몰할 경우 지면과의 이격거리는 1.2m 이상으로 한다.

2. 가스배관과 수평거리 몇 cm이내에서는 파일 박기를 할 수 없도록 도시가스사업법에 규정되어 있는가?

   ① 30　② 90
   ③ 120　④ 180

   > HINT ① 도시가스배관과 수평거리 30cm 이내에서는 파일박기를 하지 말아야 한다.

3. 도시가스배관 중 중압의 압력은 얼마인가?

   ① 1 MPa 이상
   ② 0.1 MPa~1 MPa 미만
   ③ 0.1 MPa 미만
   ④ 1 MPa 미만

   > HINT ② 도시가스배관 중 중압이란 0.1메가파스칼(MPa) 이상 1메가파스칼 미만의 압력을 말한다(도시가스사업법 시행규칙 제2조제1항).

4. 도시가스 배관을 지하에 매설시 중압인 경우 배관의 표면 색상은?

   ① 적색　② 백색
   ③ 청색　④ 검정색

   > HINT ① 도로매설 시 저압배관의 색깔은 황색이며, 중압과 고압은 모두 적색으로 표시되어 있다.

5. 매몰된 배관의 침하여부는 침하관측공을 설치하고 관측한다. 침하관측공은 줄파기를 하는 때에 설치하고 침하측정은 며칠에 1회 이상을 원칙으로 하는가?

   ① 3일　② 7일
   ③ 10일　④ 15일

   > HINT ③ 매몰된 배관의 침하 여부는 침하관측공을 설치하고 관측을 한다. 침하관측공은 줄파기를 하는 때에 설치하고 침하 측정은 매 10일에 1회 이상을 원칙으로 하되, 큰 충격을 받았거나 변형 양(量)이 있는 경우에는 1일 1회씩 3일간 연속하여 측정한 후 이상이 없으면 10일에 1회 측정해야 한다(도시가스사업법 시행규칙 별표16).

1.② 2.① 3.② 4.① 5.③

(5) 용접

① 용접 : 접합하고자 하는 2개 이상의 물체나 재료의 접합 부분 사이에 용융된 용가재를 첨가하여 접합시키는 것을 말한다. 용접은 열로 인하여 제품의 변형이 발생할 수 있고, 품질 검사가 곤란하며, 폭발과 같은 현상이 발생할 수 있어 작업 안전에 유의하여야 한다.

　㉠ 용접의 장점
　　• 자재가 절약
　　• 제품의 성능과 수명이 향상
　　• 이음효율이 향상
　　• 기밀, 수밀, 유밀성이 우수

　㉡ 용접의 단점
　　• 품질검사가 곤란
　　• 용접공의 기술에 의해서 이음부의 강도가 결정
　　• 유해광선, 폭발위험

② 가스 용접

　㉠ 정의 : 연료가스와 산소의 혼합물의 연소열을 이용해서 금속을 접합하는 방법을 말하며, 산소-프로판 용접, 산소-아세틸렌 용접 등이 있다. 가스 용접은 전원 설비 불필요하며, 설치비용 저렴하고 아크 용접에 비해서 유해 광선의 발생이 적다는 장점이 있지만 폭발의 위험성이 큰 단점이 있다.

　㉡ 산소-아세틸렌 용접 : 아세틸렌 용접은 산소와 아세틸렌이 화합했을 때 발생하는 높은 열을 이용해서 금속을 용접·절단하는 장치로 산소용기, 아세틸렌용기, 감압장치(압력조정장치), 안전기, 호스 및 취관 등으로 되어 있다.

　㉢ 산소-아세틸렌 용접시 주의시항
　　• 호스연결부는 호스밴드, 클립 등의 조임 기구를 사용하여 확실하게 체결하도록 한다.
　　• 용접작업 시 발생하는 불꽃이나 불똥의 비산거리를 고려하여 인화성물질과 충분한 이격거리를 확보하고 이동식 소화기 비치하도록 한다.
　　• 작업 시 불받이포를 사용하여 불꽃의 비산을 방지하도록 한다.
　　• 역화(불꽃의 역행)에 의한 사고를 방지하기 위해 역화방지기를 설치한다.
　　• 용기 전도 시 아세톤이 아세틸렌 가스와 함께 분출하는 위험이 있으므로 반드시 똑바로 세워서 보관한다.
　　• 아세틸렌은 1kg/㎠ (게이지 압력) 이상의 압력으로 사용하지 않는다.

③ 아크용접 : 전기 아크의 열을 이용하여 금속재료를 국부적으로 융해시켜 용접하는 방법을 말한다.

용접의 종류

용접 ─┬─ 아크용접
　　　├─ 가스용접 ─┬─ 산소 아세틸렌 용접
　　　│　　　　　├─ 산소 수소 용접
　　　│　　　　　└─ 산소 프로판 용접
　　　└─ 특수용접

용가재
용접작업을 할 때에 부가되는 금속 재료를 말한다.

용접의 위험 요인
• 용고열 및 불티에 의한 화재·폭발
• 충전부 접촉에 의한 감전
• 용접흄(Fume), 유해가스, 유해광선, 소음, 고열에 의한 건강 장해
• 유독물 체류장소 및 밀폐장소에서의 중독 또는 산소 결핍
• 용접 작업에 의한 화상

산소-아세틸렌 용기와 호스의 색

구분	아세틸렌	산소
용기색	황색	녹색
호스색	적색	흑색

아세틸렌의 특성
폭발한계 농도의 하한이 10% 이하 또는 상하한의 차가 20% 이상인 가연성가스로 점화원 존재 시언제든지 폭발할 수 있으며, 산소 없이도 자체점화에 의하여 폭발하는 분해폭발성을 갖는 가스이다.

아크 용접의 위험성
용접작업 중 뜨거운 슬래그 파편이 날아 피부에 접촉되면 화상을 입을 수 있고 역시 용접부 및 그 부근의 모재에 직접 접촉되는 경우 화상을 입을 수 있다.

확인학습

1 전기 아크 용접에서 눈을 보호하기 위한 보안경 선택으로 맞는 것은?

① 도수 안경
② 방진 안경
③ 차광용 안경
④ 실험실용 안경

> ③ 용접을 하는 경우에는 눈이나 피부를 보호하기 위해서 차광용 안경을 착용해야 한다. 차광용 안경이란 아크 용접이나 가스용접, 용광로 등에서 작업 시 유해한 자외선을 차단하고, 가시광선을 약화시켜 작업자의 눈을 보호하는 보호구를 말한다.
> 또한 용접 시에는 용접 장갑과 얼굴을 보호하는 용접보안면, 용접 앞치마를 착용하고 의복은 구멍이 있거나 유류 등 인화물질이 묻지 않아야 한다.

2 아세틸렌가스 용접의 단점 설명으로 옳은 것은?

① 이동이 불가능하다.
② 불꽃의 온도와 열효율이 낮다.
③ 특수 용접에 비해 설비비가 비싸다.
④ 유해광선이 아크 용접보다 많이 발생한다.

> ② 아세틸렌 가스 용접은 가스의 연소열을 이용하는 것으로 산화제로 산소를 사용한다. 가스 용접은 고온의 화염을 접합부에 조사하여 금속을 용해시키기 때문에 가열 영역이 광범위하게 미친다. 즉 열을 집중적으로 사용하는 것이 아니라 광범위하게 사용하므로 용접이 느리고 열효율이 낮은 편이다. 따라서 열전도율이 낮은 재료를 용접하는 때 유효하다.
> ④ 용접봉과 접합할 재료 사이에 발생하는 전기 아크의 열을 이용하여 용접하는 방법을 아크용접이라 한다. 아크(Arc)란 2개의 탄소봉 끝을 접촉시키고 강한 전류를 흘리면서 약간 떼면 양극은 약 3,500℃, 음극은 2,800℃로 가열되어 강한 백광(白光)을 내는데 이것이 바로 아크이다. 교류 용접은 용접기의 효율이 25~40% 정도로서 직류 용접기에 비하여 안정성이 떨어지지만 가격은 저렴하여 직류 용접기보다 널리 사용되고 있다.

3 전기 용접 아크 광선에 대한 설명 중 틀린 것은?

① 전기 용접 아크에는 다량의 자외선이 포함되어 있다.
② 전기 용접 아크를 볼 때에는 헬멧이나 실드를 사용하여야한다.
③ 전기 용접 아크 빛에 의해 눈이 따가울 때에는 따듯한 물로 눈을 닦는다.
④ 전기 용접 아크 빛이 직접 눈으로 들어오면 전광성 안염 등의 눈병이 발생한다.

> ③ 아크 용접시 발생하는 아크 광선(Arc Ray)은 높은 온도와 빛으로 인하여 눈과 피부에 손상을 줄 수 있는 인자이다. 용접작업으로 인한 응급상황 발생 시에는 병원으로 옮겨 전문의의 치료를 받도록 하여야 한다. 그 전에 눈을 깨끗한 물로 충분히 씻어내고 얼음 찜질을 한다.

4 산소-아세틸렌 용접장치의 아세틸렌 용기 색상은?

① 적색
② 흑색
③ 황색
④ 청색

> ③ 산소-아세틸렌 용접장치의 아세틸렌 용기의 색은 황색이다.
> ※ 산소-아세틸렌 용기와 호스의 색

구분	아세틸렌	산소
용기색	황색	녹색
호스색	적색	흑색

1.③ 2.② 3.③ 4.③

핵심 CHECK! CHECK! 　**안전관리**

- 산업 안전이란 사업장에서 산업재해를 일으킬 가능성이 있는 건설물, 기계, 장치, 재료, 불안전한 행동과 상태 등의 모든 잠재위험으로부터 안전성을 확보하고 쾌적한 작업환경을 조성함으로써 산업재해를 방지하는 활동을 말한다.
- 산업 현장에서 일어나는 사고는 대개가 작업자에 불안전한 행동과 불안전한 상태가 원인이이다.
- 근로자들이 일을 하는 과정에서 입은 신체적 피해나 정신적 피해를 산업 재해라고 하며 부상, 질병, 사망, 직업병 등이 포함된다.
- 도미노 이론이란 재해가 유전적·환경적 환경, 개인적의 결함, 불안전한 행동과 상태, 사고가 도미노처럼 연쇄적인 반응을 일으켜 나타난다는 내용이다.
- 재해를 일으키는 사고의 발생요인은 크게 직접적인 요인과 간접적인 요인 두 가지로 구분한다. 직접적인 요인은 불안전한 상태와 불안전한 행동이 있으며, 간접적인 요인에는 사회적 환경, 개인적 결함, 유전적인 요인 등이 있다.
- 보호구란 작업 중에 발생되는 여러 가지 재해와 건강 장해를 방지하기 위하여 근로자 개개인이 착용하는 용구를 말한다.
- 산업안전표지는 사용 목적에 따라 금지, 경고, 지시, 안내 4가지로 나뉜다.
- 기계로 인한 사고는 각종 기계의 위험점에 의하여 발생하며, 그 종류에는 협착점, 끼임점, 절단점, 물림점, 접선 물림점, 회전 말림점 등이 있다.
- 사업주는 인체에 해로운 물질, 부패하기 쉬운 물질 또는 악취가 나는 물질 등에 의하여 오염될 우려가 있는 작업장의 바닥이나 벽을 수시로 세척하고 소독하여야 한다.
- 보호구는 착용이 간편하며, 작업에 방해가 되지 않아야 하고 유해 및 위험 요소에 대한 방호성능이 충분해야 한다.
- 사업주는 작업조건에 맞는 보호구를 작업하는 근로자 수 이상으로 지급하고 착용하도록 하여야 하는 의무가 있다.
- 근로자가 작업하는 장소에 채광 및 조명을 하는 경우 명암의 차이가 심하지 않고 눈이 부시지 않은 방법으로 하여야 한다.
- 추락에 의한 위험을 방지하기 위해서 근로자가 추락하거나 넘어질 위험이 있는 장소에 비계를 조립하는 등의 방법으로 작업발판을 설치하여야 한다.
- 수공구로 인한 사고를 예방하기 위해서는 수공구를 본래 용도 이외에는 사용하지 않으며, 목적에 맞는 최소한의 무게를 갖는 것을 택한다.
- 지게차를 운전 시 평탄하지 않은 땅, 경사로, 좁은 통로 등에서는 급주행, 급브레이크, 급선회를 절대 하지 않는다.

핵심 CHECK! CHECK! 안전관리

- 화재의 3요소는 점화원(열), 산소공급원(산소), 가연물(연료)이다.
- A급 화재란 목재, 섬유류, 종이, 고무, 플라스틱 등과 같이 타고난 후에 재가 남는 화재를 말하며 보통 화재라 한다.
- B급 화재란 휘발유, 등유 등과 같은 인화성 액체와 LPG, 도시가스와 같은 가연성 가스 등에서 발생한 타고난 후에 재가 남지 않는 화재를 말한다.
- C급 화재란 변압기, 전기다리미, 안전기 등 전기설비에서 발생한 화재를 말한다.
- D급 화재란 철분, 금속가루, 마그네슘, 칼륨, 나트륨에 붙은 불이며, 물을 사용할 경우 폭발 위험을 야기할 수 있다.
- 도시가스사업이 허가된 지역에서 굴착공사를 하려는 자는 굴착공사를 하기 전에 해당 지역을 공급권역으로 하는 도시가스사업자가 해당 토지의 지하에 도시가스배관이 묻혀 있는지에 관하여 확인하여야 한다.

단원확인문제

1 다음 중 안전의 제일 이념에 해당하는 것은?

① 품질 향상
② 재산 보호
③ 인간 존중
④ 생산성 향상

> HINT ③ 안전의 가장 주된 목적은 인간 존중에 있다. 이러한 정신은 「산업안전보건법」에 잘 나타나 있는데 "산업안전보건법은 산업안전·보건에 관한 기준을 확립하여 산업재해를 예방하고 쾌적한 작업환경을 조성함으로써 근로자의 안전과 보건을 유지·증진함을 목적으로 한다."라고 규정하여 인간 존중 정신을 나타내고 있다.

2 다음은 산업 재해에 대한 설명이다. 가장 알맞은 것은?

① 근로자가 일을 하다가 다치거나 사망하게 되는 경우, 또는 질병에 걸리게 되는 경우를 말한다.
② 인간에 의한 모든 사고를 말한다.
③ 태풍이나 홍수, 지진과 같은 재해를 말한다.
④ 산업 현장의 위험 요소를 예방하고 관리하는 과학적이고 기술적인 모든 활동을 말한다.

> HINT ① 산업재해란 근로자들이 일을 하는 과정에서 입은 신체적 피해나 정신적 피해를 산업 재해라고 하며 부상, 질병, 사망, 직업병 등이 포함된다.

3 현장에서 작업자가 작업 안전상 꼭 알아두어야 할 사항은?

① 장비의 제원
② 종업원의 작업환경
③ 종업원의 기술정도
④ 안전 규칙 및 수칙

> HINT ④ 현장에서 작업을 하는 작업자는 안전 수칙에 따라야 한다. 작업 내용을 모두 표준화 할 수 없지만, 반드시 지켜야 할 복장, 정리정돈, 작업장 등의 안전수칙은 존재하므로 이를 미리 숙지하여 재해 예방을 하여야 한다.

4 다음 중 수공구의 올바른 사용법이라 보기 어려운 것은?

① 적은 힘으로도 사용할 수 있어야 한다.
② 손잡이는 두께, 길이, 모양 등이 서로 달라야 한다.
③ 근로자에게 적합한 직무를 부여한다.
④ 작업의 특성·용도에 맞는 수공구를 사용한다.

> HINT ② 손잡이는 두께, 길이, 모양 등이 다루기 쉬워야 한다.
> ※ 수공구의 올바른 사용방법
> • 작업의 특성·용도에 맞는 수공구를 사용한다.
> • 손잡이는 두께, 길이, 모양 등이 다루기 쉬워야 한다.
> • 적은 힘으로도 사용할 수 있어야 한다.
> • 진동과 소음이 적어야 한다.
> • 근로자에게 적합한 직무를 부여한다.
> • 충분한 작업공간을 제공한다.

ANSWER   1.③ 2.① 3.④ 4.②

5 수공구를 이용한 작업에서 적절하지 못한 자세는?

① 수공구를 선택하기 전에 어떤 작업을 하는지 확인한다.
② 수공구를 사용할 때 손목을 굽히거나 비틀림, 어깨 들림 등의 나쁜 자세를 취하지 않도록 한다.
③ 손목을 굽히거나 비틀지 않고 똑바른 자세를 취할 수 있도록 작업방향을 바꾼다.
④ 손잡이는 표면이 매끄러운 것이 좋다.

> HINT ④ 손잡이는 표면이 너무 매끈하거나 부드럽지 않도록 하며 고무나 나무 등의 재료를 사용한다.

6 다음 중 기계 작동 시 지켜야할 안전 수칙으로 틀린 것은?

① 고장중인 기계는 고장·사용금지 등의 표지를 붙여 둔다.
② 원동기와 기계의 가동은 각 직원의 위치와 안전장치의 적정여부를 확인한 다음 행한다.
③ 기계를 작동시키고 다른 일을 한다.
④ 자기 담당기계 이외의 기계는 움직이거나 손을 대지 않는다.

> HINT ③ 움직이는 기계를 방치한 채 다른 일을 하면 위험하므로 기계가 완전히 정지한 다음 자리를 뜬다. 만일 기계의 조정이 필요하면 원동기를 끄고 완전히 정지할 때까지 기다려야 하며 손이나 막대기로 정지시키지 않아야 한다.

7 다음 중 드릴 작업 시 안전 수칙으로 보기 어려운 것은?

① 전기드릴을 사용할 때는 반드시 접지하도록 한다.
② 드릴 작업 시에는 반드시 장갑을 착용한다.
③ 드릴을 회전시킨 후 테이블을 고정하지 않도록 한다.
④ 얇은 판에 구멍을 뚫을 때에는 나무판을 밑에 받치고 뚫도록 한다.

> HINT ② 드릴 작업시에는 장갑을 끼고 작업하지 않는다.
> ※ 드릴 작업 안전 수칙
> • 시동 전에 드릴이 올바르게 고정되어 있는지 확인한다.
> • 장갑을 끼고 작업하지 않는다.
> • 드릴을 회전시킨 후 테이블을 고정하지 않도록 한다.
> • 드릴회전 중에는 칩을 입으로 불거나 손으로 털지 않도록 한다.
> • 큰 구멍을 뚫을 때에는 먼저 작은 구멍을 뚫은 다음에 뚫도록 한다.
> • 얇은 판에 구멍을 뚫을 때에는 나무판을 밑에 받치고 뚫도록 한다.
> • 이송레버를 파이프에 걸고 무리하게 돌리지 않는다.
> • 전기드릴을 사용할 때는 반드시 접지하도록 한다.

8 아세틸렌 용접기에서 가스가 누설되는가를 검사하는 방법으로 가장 좋은 것은?

① 비눗물 검사
② 기름 검사
③ 촛불 검사
④ 물 검사

> HINT ① 아세틸렌 용접기 가스 누출의 점검은 비눗물 등을 사용하며 화기를 사용하지 않는다.

ANSWER 5.④ 6.③ 7.② 8.①

9 아세틸렌 용접장치를 사용하여 용접 또는 절단할 경우 아세틸렌 발생기로부터 ( ) 이내, 발생기실로부터 ( ) 이내의 장소에서는 흡연 등의 불꽃이 발생하는 행위를 금지하여야 한다. ( ) 안에 들어갈 알맞은 것은?

① 3m, 1m
② 5m, 3m
③ 8m, 5m
④ 10m, 20m

> **HINT** ② 아세틸렌 용접장치를 사용하여 금속의 용접·용단(溶斷) 또는 가열작업을 하는 경우에 발생기에서 5미터 이내 또는 발생기실에서 3미터 이내의 장소에서는 흡연, 화기의 사용 또는 불꽃이 발생할 위험한 행위를 금지시켜야 한다(산업안전보건기준에 관한 규칙 제290조제3호).

10 안전점검의 일상점검표에 포함되어 있는 항목이 아닌 것은?

① 전기 스위치
② 작업자의 복장상태
③ 가동 중 이상소음
④ 폭풍 후 기계의 작동 유무

> **HINT** ④ 전기 스위치, 작업자의 복장, 가동 중 이상 유무는 일상점검 사항이지만 폭풍 후 기계의 작동 유무는 일상점검에 해당한다고 보기 어렵다.

11 용접 시 주의사항으로 틀린 것은?

① 가열된 용접봉 홀더는 물에 넣어 냉각시킨다.
② 슬러지를 제거할 때는 보안경을 착용한다.
③ 피부 노출이 없어야 한다.
④ 우천 시 옥외 작업을 하지 않는다.

> **HINT** ① 용접이란 2개 또는 그 이상의 물체나 재료를 접합하는 것을 말한다. 작업방법을 보면 용융 또는 반용융 상태로 접합하는 방법과 상온상태의 부재를 접촉시킨 다음 압력을 작용시켜 접촉면을 밀착하면서 접합하는 금속적 이음, 두 물체 사이에 용가재(용착부를 만들기 위하여 녹여서 첨가하는 금속)를 첨가하여 간접적으로 접합하는 방법이 있다.
> 아크 용접작업 중 충전부 접촉에 의한 감전 재해가 발생할 수 있는 위험요소가 많이 존재하고 있으므로 항상 감전위험에 유의해야 한다. 따라서 용접봉 홀더를 물에 접촉시키면 안 된다.

12 가스관련법상 가스배관 주위를 굴착하고자 할 때 가스 배관 주위 몇 m 이내에는 인력으로 굴착하여야 하는가?

① 0.3   ② 0.5
③ 1   ④ 1.2

> **HINT** ③ 도시가스배관 주위를 굴착하는 경우 도시가스배관의 좌우 1m 이내 부분은 인력으로 굴착하도록 되어 있다(도시가스사업법 시행규칙 별표16).

13 도시가스사업법에서 정의한 배관구분에 해당되지 않는 것은?

① 본관   ② 공급관
③ 내관   ④ 가정관

> **HINT** ④ 도시가스사업법상 배관은 본관, 공급관, 내관 기리고 그 밖의 관으로 구분한다(도시가스사업법 시행규칙 제2조제1항제1호).

ANSWER 9.② 10.④ 11.① 12.③ 13.④

14 체인블록을 사용할 때 가장 옳다고 생각되는 것은?

① 체인이 느슨한 상태에서 급격히 잡아당기면 재해가 발생할 수 있다.
② 밧줄은 무조건 굵은 것을 사용하여야 한다.
③ 기관을 들어 올릴 때에는 반드시 체인으로 묶어야 한다.
④ 이동시에는 무조건 최단거리 코스로 빠른 시간 내에 이동시켜야 한다.

> HINT ① 로프나 체인블럭 등을 이용한 작업시 무리하게 잡아당길 경우 대상물이 갑자기 당겨져 작업자와 충돌할 위험성이 크기 때문에 로프나 체인블럭 등을 이용하여 무리하게 잡아당겨서는 안 된다.

15 중량물 운반에 대한 설명으로 틀린 것은?

① 무거운 물건을 운반할 경우 주위 사람에게 인지하게 한다.
② 무거운 물건을 상승시킨 채 오랫동안 방치하지 않는다.
③ 규정 용량을 초과해서 운반하지 않는다.
④ 흔들리는 중량물은 사람이 붙잡아서 이동한다.

> HINT ④ 크레인으로 중량물(후반, 형강, 파이프, 철구조물 등) 운반작업 중 흔들리는 중량물에 충돌하여 사고가 발생할 수 있다.
> ※ 중량물 운반 안전수칙
> • 운전은 지정된 작업자가 하며, 안전모, 안전화 등의 보호구를 착용한다.
> • 작업시작 전 훅해지장치, 브레이크 등의 상태를 확인한다.
> • 미리 운반경로를 확인한다.
> • 운반하고자 하는 중량물의 결속상태 및 줄걸이 상태를 확인한다.
> • 중량물이 심하게 흔들리는 상태에서 운전을 금지한다.
> • 중량물을 끌어당기거나 밀어서 하는 작업을 금지한다.
> • 운반 중인 중량물 하부에 근로자의 출입을 금지 시킨다.
> • 운반 중인 중량물이 작업자의 머리 위로 통과하지 않도록 한다.
> • 운반 중인 중량물이 보이지 않을 경우 어떠한 동작도 하지 않는다.

16 안전점검의 종류에 해당되지 않는 것은?

① 수시점검
② 정기점검
③ 특별점검
④ 구조점검

> HINT ④ 안전점검이란 안전을 확보하기 위하여 실태를 명확히 파악하여 설비 자체의 불안전상태와 인간의 불안전행동으로부터 일어나는 결함을 사전에 발견하거나 안전상태를 확인하는 제반적인 활동 또는 수단을 말한다. 안전점검에는 수시점검, 정기점검, 임시점검, 특별점검으로 구분할 수 있다.
> ※ 안전점검의 종류
>
> | 구분 | 내용 |
> | --- | --- |
> | 정기점검 (계획점검) | 이상의 조기 발견 |
> | 수시점검 (일상점검) | 안전성 유지를 위해 작업 전후 또는 도중에 실시하는 점검 |
> | 임시점검 (이상발견 시 점검) | 정기점검 실시 후 다음 정기점검 기일 이전에 임시로 실시하는 부정기 특별점검 |
> | 특별점검 (정밀점검) | 신설·이전·변경 및 고장 시에 실시하는 점검 |

17 다음 보기에서 작업자의 올바른 안전 자세로 모두 짝지어진 것은?

> ㉠ 자신의 안전과 타인의 안전을 고려한다.
> ㉡ 작업에 임해서는 아무런 생각 없이 작업한다.
> ㉢ 작업장 환경 조정을 위해 노력한다.
> ㉣ 작업 안전사항을 준수한다.

① ㉠, ㉡, ㉢
② ㉠, ㉢, ㉣
③ ㉠, ㉡, ㉣
④ ㉠, ㉡, ㉢, ㉣

> HINT ㉡ 작업에 임해서는 아무런 생각 없이 작업을 하는 것보다 자신에게 부여된 작업을 작업 전에 숙지하고 그에 따라 안전작업을 하도록 노력해야 한다.

ANSWER 14.① 15.④ 16.④ 17.②

18 산업재해의 분류에서 사람이 평면상으로 넘어졌을 때(미끄러짐 포함)를 말하는 것은?

① 낙하
② 충돌
③ 전도
④ 추락

> HINT ③ 전도란 엎어져 넘어지거나 넘어지는 것을 말한다.

19 크레인 작업 방법 중 적합하지 않은 것은?

① 경우에 따라서는 수직 방향으로 달아 올린다.
② 신호수의 신호에 따라 작업한다.
③ 제한하중 이상의 것은 달아 올리지 않는다.
④ 항상 수평으로 달아 올려야 한다.

> HINT ④ 크레인(Crane)이란 동력을 사용하여 중량물을 매달아 상하 및 좌우(수평 또는 선회하는 것을 말한다)로 운반하는 것을 목적으로 하는 기계 또는 기계장치를 말한다. 크레인은 권상적업 시 잘못된 줄걸이 방법으로 화물이 낙하할 위험이 있으며, 운전자와 신호수의 신호가 불일치로 인하여 화물에 사람이 충돌할 위험이 있어 작업 시 주의가 요구된다. 크레인 작업에는 항상 수평으로 물건을 들어 올리는 것은 아니며, 수직으로도 들어 올릴 수 있다. 수직 인양 작업을 할 경우에는 수직용 클램프를, 수평 인양 작업 시에는 수평용 클램프를 장착하여 작업을 하면 된다. 따라서 인양 작업이 수직 작업인지 수평작업인지를 미리 파악하여 용도에 맞는 클램프를 준비하여야 한다.

20 건설기계로 작업 중 가스배관을 손상시켜 가스가 누출되고 있을 경우 긴급 조치사항으로 가장 거리가 먼 것은?

① 가스배관을 손상한 것으로 판단되면 즉시 기계작동을 멈춘다.
② 가스가 다량 누출되고 있으면 우선적으로 주위 사람들을 대피시킨다.
③ 가스가 누출되면 가스배관을 손상시킨 장비를 빼내고 안전한 장소로 이동한다.
④ 즉시 해당 도시가스회사에 신고한다.

> HINT ③ 가스가 누출된 경우 배관에 손을 대면 더 많은 가스가 누출되어 자칫 위험에 처할 수 있다.

21 가연성 가스 저장실에 관한 안전사항으로 옳은 것은?

① 기름 걸레를 이용하여 통과 통 사이에 끼워 충격을 적게 한다.
② 휴대용 전등을 사용한다.
③ 담배를 피운다.
④ 조명은 백열등으로 하고 실내 스위치를 설치한다.

> HINT ② 가연성 가스가 쉽게 폭발할 수 있는 요소인 실내 스위치(전기)나 화기, 기름 등을 다루어서는 안 된다.

ANSWER 18.③ 19.④ 20.③ 21.②

22 인화성 물질이 아닌 것은?

① 산소
② 프로판 가스
③ 아세틸렌 가스
④ 이소부탄 가스

HINT ① 산소는 물질이 쉽게 연소하도록 도와주는 가스이다.

ANSWER 22.①

PART

부록

기출문제 파이널 테스트

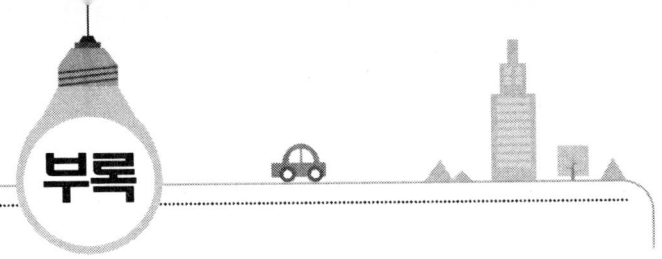

부록

기출문제 파이널 테스트

1 디젤기관의 구성 요소가 아닌 것은?

① 분사 펌프
② 공기 청정기
③ 점화 플러그
④ 흡기 다기관

> HINT ③ 점화 플러그는 가솔린기관의 점화장치이다.

2 4행정으로 1사이클을 완성하는 기관에서 각 행정의 순서는?

① 압축 – 흡입 – 폭발 – 배기
② 흡입 – 압축 – 폭발 – 배기
③ 흡입 – 압축 – 배기 – 폭발
④ 흡입 – 폭발 – 압축 – 배기

> HINT ② 4행정 사이클 기관은 피스톤이 상사점과 하사점을 2번 왕복하는 동안 크랭크축이 2회전하면서 흡입, 압축, 폭발, 배기 순으로 4행정을 1사이클로 하여 동력을 발생시키는 기관이다.

3 기관에서 엔진오일이 연소실로 올라오는 이유는?

① 피스톤링 마모
② 피스톤핀 마모
③ 커넥팅로드 마모
④ 크랭크축 마모

> HINT ① 피스톤에는 2개 내지 3개의 피스톤 링이 결합된다. 이 중 3개 링이 있는 경우 위쪽 2개의 링이 '압축 링(Compression Ring)'이며, 아래에 위치한 링은 '오일 링(Oil Ring)'이다. 오일 링은 연소실로 오일이 유입되는 것을 방지하는 오일 제어 작용을 한다.

4 디젤기관에서 압축 행정 시 밸브는 어떤 상태가 되는가?

① 흡입밸브만 닫힌다.
② 배기 밸브만 닫힌다.
③ 흡입과 배기밸브 모두 열린다.
④ 흡입과 배기밸브 모두 닫힌다.

> HINT ④ 압축 행정에서 흡기밸브와 배기밸브는 모두 닫혀져 있어야 한다.
>
> | 행정 | 피스톤 | 흡기 밸브 | 배기 밸브 |
> |---|---|---|---|
> | 흡입 | 내려감 | 열림 | 닫힘 |
> | 압축 | 올라옴 | 닫힘 | 닫힘 |
> | 폭발 | 내려감 | 닫힘 | 닫힘 |
> | 배기 | 올라옴 | 닫힘 | 열림 |

5 디젤기관의 단점이 아닌 것은?

① 소음이 크다.
② rpm이 높다.
③ 진동이 크다.
④ 마력 당 무게가 무겁다.

> HINT ② RPM(revolution per minute)은 1분당 엔진 회전수로서 엔진 회전수가 높으면 그만큼 고출력을 내는데 유리하다. 디젤기관이 경우 압축 착화 연소를 하기 때문에 연소과정이 가솔린기관보다 길고, 행정구간이 긴 롱 스트로크 엔진을 사용하면서 피스톤이 실린더를 왕복하는 시간이 길어져 운동성이 저하되므로 가솔린 엔진보다 rpm이 낮게 된다.

ANSWER 1.③ 2.② 3.① 4.④ 5.② 6.② 7.④

6 디젤 엔진은 연소실에 연료를 어떤 상태로 공급하는가?

① 기화기와 같은 기구를 사용하여 연료를 공급한다.
② 노즐로 연료를 안개와 같이 분사한다.
③ 가솔린 엔진과 같은 연료공급펌프로 공급한다.
④ 액체 상태로 공급한다.

> HINT ② 연료 장치는 기관의 작동에 필요한 연료를 공기와 적당한 비율로 혼합시켜 연소실로 공급하는 장치인데, 가솔린기관의 연료 장치와 디젤기관의 연료 장치는 서로 다르다. 디젤기관은 실린더 내부에 공기만을 고온으로 압축시켜, 분사 노즐을 통해 연료가 안개처럼 분사되면 압축 시 발생된 열에 의해 자기 착화 연소가 된다.

7 냉각장치에 사용되는 라디에이터의 구성품이 아닌 것은?

① 냉각수 주입구
② 냉각 핀
③ 코어
④ 물재킷

> HINT ④ 라디에이터(방열기)는 다량의 냉각수를 담는 일종의 탱크로서 열을 배출하는 역할을 한다. 라디에이터는 대기 중으로 열을 더 많이 방출하도록 대기와 단면적을 넓힌 코어(Core)라는 구조로 되어 있다. 물재킷은 기관 내부의 실린더가 냉각수가 흐르도록 한 냉각수 통로이다.

8 냉각장치의 수온조절기가 완전히 열리는 온도가 낮을 경우 가장 적절한 것은?

① 엔진의 회전속도가 빨라진다.
② 엔진이 과열되기 쉽다.
③ 워밍업 시간이 길어지기 쉽다.
④ 물 펌프에 부하가 걸리기 쉽다.

> HINT ③ 수온 조절기는 냉각수 온도를 적절하게 유지하는 역할을 하는 장치이다. 수온 조절기는 겨울처럼 기관의 온도가 낮은 경우에는 냉각수를 라디에이터로 이동시키지 않고 곧바로 기관으로 가도록 하여 예열하는데 시간을 절약하도록 한다. 즉, 냉각수의 온도에 따라 열리고 닫히는 역할을 하며, 기관의 온도가 적정 수준으로 오르면 수온 조절기가 개방되어 냉각 작용을 시작한다. 냉각장치의 수온조절기가 완전히 열리는 온도가 낮다는 것은 워밍업 시간이 길어진다는 것을 뜻한다.

9 기관에서 밸브의 개폐를 돕는 것은?

① 너클 암
② 스티어링 암
③ 로커 암
④ 피트먼 암

> HINT ③ 로커 암(Rocker Arm)이란 밸브(Valve) 개폐 시 사용되는 팔 모양의 부품을 말한다. 밸브 장치는 피스톤이 폭발 행정 상사점에 가까워질 때, 실린더 내의 공기와 연료를 알맞게 조정하여 기관이 효율적인 연소를 하도록 한다. 밸브 장치는 캠축이 회전할 때 밸브가 개폐가 이루어지는데 이러한 작용을 로커 암이 한다.

10 기관 과급기에서 공기의 속도 에너지를 압력에너지로 변환시키는 것은?

① 터빈(turbine)
② 디퓨저(diffuser)
③ 압축기
④ 배기관

> HINT ② 디퓨저는 과급기 날개바퀴에 설치되어 있으며 공기의 속도 에너지를 압력에너지로 변환시키는 역할을 한다.

11 디젤기관의 순환운동 순서로 가장 적합한 것은?

① 공기압축 → 공기흡입 → 가스폭발 → 배기 → 점화
② 연료흡입 → 연료분사 → 공기압축 → 연소배기 → 착화연소
③ 공기흡입 → 공기압축 → 연소배기 → 연료분사 → 착화연소
④ 공기흡입 → 공기압축 → 연료분사 → 착화연소 → 배기

ANSWER 8.③ 9.③ 10.② 11.④

HINT ④ 디젤기관은 밀폐된 곳에서 공기를 빠르게 압축하면 온도가 올라가는 단열 압축의 원리를 응용하여 공기만을 흡입하고 압축하는 압축 착화 방식이다. 즉 실린더 안으로 공기만을 흡입하여 피스톤으로 압축해 고온(500~550℃)의 압축 공기를 만들고, 이때 연료를 고압으로 분사하여 자연 착화시킴으로써 동력을 얻는다.
디젤기관은 공기만을 흡입하므로 압축비를 크게 할 수 있어 열효율이 높다. 그러나 운전 중 압축 압력과 폭발 압력이 높아 진동과 소음이 심하다. 디젤기관은 가솔린기관의 기화기와 전기 점화 장치가 없는 대신, 고압의 연료를 분사시킬 연료 분사 장치가 필요하다.

12 AC 발전기에서 전류가 발생 되는 것은?

① 로터 코일　　② 레귤레이터
③ 스테이터 코일　④ 전기자 코일

HINT ③ 교류 발전기는 고정자(Stator Coil), 회전자(Rotor), 정류기(Rectifier) 등으로 구성되어 있다. 교류 발전기는 고정자 코일(스테이터 코일)에 회전자를 회전시켜, 고정자 코일에 전류(AC)와 전압을 발생시킨다. 이 때 발생한 교류는 실리콘 다이오드를 통과하면서 직류로 전환되어 외부에 공급된다.

13 디젤엔진의 예열장치에서 연소실 내의 압축공기를 직접 예열하는 형식은?

① 히트릴레이식　② 예열플러그식
③ 흡기히터식　　④ 히트레인지식

HINT ② 예열장치에는 '예열 플러그식'과 '흡기 가열식'이 있다. 이 가운데 예열 플러그식은 실린더 내에 압축공기를 직접 예열하는 방식이며, 흡기 가열식은 실린더에 흡입되는 공기를 미리 예열하는 방식이다.

14 기동전동기는 회전되나 엔진은 크랭킹이 되지 않는 원인으로 맞는 것은?

① 축전지 방전
② 기동전동기의 전기자 코일 단선
③ 플라이휠 링 기어의 소손
④ 엔진피스톤 고착

HINT ③ 디젤기관의 시동 시에 기관을 회전시키기 위한 장치를 시동전동기(기동전동기)라 한다. 내연기관은 스스로 시동을 걸 수 없으므로 시동전동기를 이용하여 기관 작동할 수 있는 최소한의 크랭킹(엔진이 그 자체 작동에 의해 회전하지 않고 단순히 시동전동기에 의해 회전하는 상태)을 해주어야 움직이게 된다.
소손(燒損)이란 '불에 타서 부서진 상태'를 말한다. 문제에서 기동전동기가 회전되지만 엔진이 반응이 없다는 것은 기동전동기에서 발생한 회전력을 플라이휠이 전달하지 못한다는 것으로 유추해 볼 수 있다. 따라서 ③처럼 플라이휠 기어의 마모 등을 의심할 수 있다.

15 예열플러그를 빼서 보았더니 심하게 오염 되었다. 그 원인으로 가장 적합한 것은?

① 불완전 연소 또는 노킹
② 엔진 과열
③ 플러그의 용량 과다
④ 냉각수 부족

HINT ① 예열 플러그는 가솔린기관의 점화 플러그처럼 엔진 윗부분 연소실에 위치하고 있기 때문에 연소실에 노출되어 오랫동안 고온과 충격을 받는다. 여러 개의 실린더 중 유독 어느 한 실린더의 예열 플러그가 심하게 오염된 것이라면 다른 실린더만 정상적인 폭발이 일어나고, 고장 난 실린더는 폭발을 하지 못해 불완전연소가 이뤄진 것이라 유추할 수 있다.

16 축전지를 교환, 장착할 때의 연결순서로 맞는 것은?

① (+)나 (-)선 중 편리한 것부터 연결하면 된다.
② 축전지의 (-)선을 먼저 부착하고, (+)선을 나중에 부착한다.
③ 축전지의 (+), (-)선을 동시에 부착한다.
④ 축전지의 (+)선을 먼저 부착하고, (-)선을 나중에 부착한다.

HINT ④ 축전지를 분리하는 경우 가장 먼저 엔진을 정지시킨다. 축전지를 떼어낼 경우 접지되어 있는 '(-)'단자부터 떼어 내어야 하는데, '(+)'단자부터 먼저 분리하다 차체에 접촉되면 합선으로 전기·전자장치에 손상을 줄 수 있기 때문이다. 부착시키는 경우에는 반대로 '(+)'단자부터 접속하며, 나중에 '(-)'단자를 나중에 접속한다.

ANSWER 12.③ 13.② 14.③ 15.① 16.④

17 건설기계장비의 축전지 케이블 탈거(분리)에 대한 설명으로 적합한 것은?

① 절연되어 있는 케이블을 먼저 탈거한다.
② 아무 케이블이나 먼저 탈거한다.
③ (+)케이블을 먼저 탈거한다.
④ 접지되어 있는 케이블을 먼저 탈거한다.

> HINT ④ 축전지 케이블을 분리하는 경우에는 우선 시동 스위치를 포함하여 차량의 모든 스위치를 OFF시켜 놓아야 하며, 축전지에서는 폭발성이 강한 수소가스가 발생하므로 담배나 불꽃 등의 화기를 멀리 해야 한다. 케이블 단자를 풀 때는 회로가 끊어지는 상황(단락)을 방지하기 위해 반드시 (-)단자측을 먼저 탈거한다.

18 모터그레이더 앞바퀴 경사장치(리닝장치)의 설치 목적으로 맞는 것은?

① 조향력을 증가시킨다.
② 회전반경을 작게 한다.
③ 견인력을 증가시킨다.
④ 완충작용을 한다.

> HINT ② 모터 그레이더는 앞에서 뒤까지 길이가 긴 구조로 되어 있어 회전을 할 경우 회전 반지름이 크다. 그래서 작업을 하는데 긴 구조는 폭이 좁은 작업장에서 회전을 하는데 큰 어려움이 있다. 따라서 이 회전 반지름을 적게 하기 위해 앞바퀴를 선회하려는 방향으로 기울이게 만드는 기술이 사용되는데 이를 리닝 장치(전륜 경사 장치)라 부른다. 즉 리닝 장치란 회전반경을 작게 하는 장치를 말한다.

19 굴삭기 하부기구의 구성요소가 아닌 것은?

① 트랙 프레임
② 주행용 유압 모터
③ 트랙 및 롤러
④ 백레스트

> HINT ④ 백레스트는 지게차의 중량물이 실려 있는 경우 뒤로 넘어가는 것을 방지하는 안전장치이다.

20 지게차에서 틸트 실린더의 역할은?

① 포크의 상·하 이동
② 차체 수평유지
③ 마스트 앞, 뒤 경사각 유지
④ 차체 좌, 우회전

> HINT ③ 틸트 실린더는 유압으로 마스트를 앞뒤로 조정하는 역할을 한다. 마스트를 앞뒤로 이동하는 것을 틸팅(tilting)이라 하는데 마스트 조정 레버(틸트 레버)를 당기면 마스트가 운전석 쪽으로 이동하고, 밀면 마스트가 앞쪽으로 기울어진다.

21 실드빔식 전조등에 대한 설명으로 맞지 않는 것은?

① 대기조건에 따라 반사경이 흐려지지 않는다.
② 내부에 불활성가스가 들어있다.
③ 사용에 따른 광도의 변화가 적다.
④ 필라멘트를 갈아 끼울 수 있다.

> HINT ④ 전조등은 전조등 전구, 렌즈, 반사경 등으로 이루어져 있으며, 문제가 생겼을 경우 전체로 교환해야 하는 '실드 빔(Sealed Beam) 형식'과 전구만을 교환할 수 있는 '세미 실드 빔(Semi-sealed Beam) 형식'이 있다.

22 굴삭기 작업 시 안정성을 주고 장비의 밸런스를 잡아 주기 위하여 설치한 것은?

① 붐
② 스틱
③ 버킷
④ 카운터 웨이트

> HINT ④ 카운터 웨이트(Counter Weight)는 평형추라고도 불리며, 굴삭기나 지게차처럼 짐을 들어올리거나 하는 과정에서 넘어질 우려가 있는 경우를 대비하여 설치하는 장치이다.

ANSWER 17.④ 18.② 19.④ 20.③ 21.④ 22.④

23 굴삭기에서 트랙장력을 조정하는 기능을 가진 것은?

① 트랙 어저스터
② 스프로켓
③ 주행모터
④ 아이들러

> HINT ① 트랙 어저스터는 트랙장력을 조정하는 기능을 하는 장치이다.
> ② 스프로켓은 동력을 미끄러짐 없이 전달하는 장치이다.
> ④ 아이들러는 트랙의 앞쪽을 지지하고 충격을 흡수하는 역할을 한다. 충격을 흡수하기 위해 스프링으로 구성되어 있다.

24 모터 그레이더의 탠덤 드라이브 장치에 대한 설명 중 틀린 것은?

① 최종 감속 작용을 한다.
② 그레이더의 자체가 안정된다.
③ 그레이더의 균형을 유지해 준다.
④ 회전반경을 작게 하는 역할을 한다.

> HINT ④ 텐덤 드라이브란 기계를 직렬로 배치하여 구동하는 것으로, 모터그레이더가 요철(오목함과 볼록함)이 심한 지면에서 상하 또는 좌우로 움직이는 경우에도 블레이드의 수평작업이 가능하도록 하는 장치를 텐덤 장치라 한다. 모터 그레이더의 회전반경을 작게 하는 장치는 리닝 장치이다.

25 지게차의 일상점검 사항이 아닌 것은?

① 토크 컨버터의 오일 점검
② 타이어 손상 및 공기압 점검
③ 틸트 실린더 오일누유 상태
④ 작동유의 양

> HINT ① 지게차의 경우 장비의 누수 및 파손 점검, 냉각수 수준 점검 및 보충, 연료 수준, 각종 계기류 점검, 타이어, 엔진 오일, 작업 장치 작동 점검 등이 일일점검 사항이다.

26 지게차로 짐을 싣고 경사지에서 운반을 위한 주행을 할 때 안전상 올바른 운전 방법은?

① 포크를 높이 들고 주행한다.
② 내려갈 때에는 저속 후진한다.
③ 내려갈 때에는 변속 레버를 중립에 위치한다.
④ 내려갈 때에는 시동을 끄고 타력으로 주행한다.

> HINT ② 지게차 운전 시 경사로를 올라가거나 내려갈 때는 적재물이 경사로의 위쪽을 향하도록 하여 주행하고, 경사로를 내려오는 경우 엔진 브레이크, 발 브레이크를 걸고 천천히 운전한다. 또한 짐을 높이 올린 상태로 주행하지 않는다.

27 교통사고가 발생하였을 때 운전자가 가장 먼저 취해야 할 조치는?

① 즉시 피해자가족에게 알린다.
② 즉시 사상자를 구호하고 경찰공무원에게 신고
③ 즉시 보험회사에 신고
④ 경찰공무원에게 신고

> HINT ② 차의 운전 등 교통으로 인하여 사람을 사상하거나 물건을 손괴한 경우에는 그 차의 운전자나 그 밖의 승무원은 즉시 정차하여 사상자를 구호하는 등 필요한 조치를 하여야 한다(도로교통법 제54조제1항).

28 건설기계조종사 면허 적성검사기준으로 틀린 것은?

① 두 눈의 시력이 각각 0.3이상
② 시각은 150도 이상
③ 청력은 10m의 거리에서 60데시벨을 들을 수 있을 것
④ 두 눈을 동시에 뜨고 잰 시력이 0.7이상

> HINT ③ 55데시벨(보청기를 사용하는 사람은 40데시벨)의 소리를 들을 수 있고, 언어분별력이 80퍼센트 이상일 것이어야 한다(건설기계관리법 시행규칙 제76조).

ANSWER 23.① 24.④ 25.① 26.② 27.② 28.③

29 다음 중 긴급 자동차로 볼 수 없는 차는?

① 국군이나 국제연합군 긴급차에 유도되고 있는 차
② 경찰긴급자동차에 유도되고 있는 자동차
③ 생명이 위급한 환자를 태우고 가는 승용자동차
④ 긴급 배달우편물 운송차에 유도되고 있는 차

> HINT ④ 긴급한 우편물의 운송에 사용되는 자동차가 긴급자동차이다(도로교통법 시행령 제2조제1항제10호).

30 긴급 자동차에 관한 설명 중 틀린 것은?

① 소방 자동차, 구급 자동차는 항시 우선권과 특례의 적용을 받는다.
② 긴급용무 중일 때만 우선권과 특례적용을 받는다.
③ 우선권과 특례적용을 받으려면 경광등을 켜고 경음기를 울려야 한다.
④ 긴급용무임을 표시 할 때는 제한속도 준수 및 앞지르기 금지, 일시정지 의무 등의 적용은 받지 않는다.

> HINT ① 긴급 자동차는 주어진 긴급 상황에 맞는 용도로 사용될 때만 특례를 적용받을 수 있다. 따라서 긴급자동차는 전조등 또는 비상표시등을 켜거나 그 밖의 적당한 방법으로 긴급한 목적으로 운행되고 있음을 표시하여야 한다.
>
> 도로교통법 제30조(긴급자동차에 대한 특례)
> 긴급자동차에 대하여는 다음의 사항을 적용하지 아니한다.
> 1. 자동차등의 속도 제한
> 2. 앞지르기의 금지
> 3. 끼어들기의 금지

31 건설기계 조종사 면허증을 반납하지 않아도 되는 경우는?

① 면허가 취소된 때
② 면허의 효력이 정지된 때
③ 분실로 인하여 면허증의 재교부를 받은 후 분실된 면허증을 발견할 때
④ 일시적인 부상 등으로 건설기계 조종을 할 수 없게 된 때

> HINT ④는 해당하지 않는다.
>
> 건설기계관리법 시행규칙 제80조(건설기계조종사면허증등의 반납)
> 건설기계조종사면허를 받은 자가 다음에 해당하는 때에는 그 사유가 발생한 날부터 10일 이내에 주소지를 관할하는 시장·군수 또는 구청장에게 그 면허증을 반납하여야 한다.
> 1. 면허가 취소된 때
> 2. 면허의 효력이 정지된 때
> 3. 면허증의 재교부를 받은 후 잃어버린 면허증을 발견한 때

32 교통사고 처리특례법상 11개 항목에 해당되지 않는 것은?

① 중앙선 침범
② 무면허 운전
③ 신호위반
④ 통행 우선순위 위반

> HINT ④ 통행 우선순위 위반은 11대 중과실 사고에 해당되지 않는다(교통사고처리 특례법 제3조).
>
> 11대 중과실
> • 무면허
> • 음주음전
> • 신호위반
> • 중앙선침범
> • 제한속도 20km 초과 과속
> • 앞지르기·끼어들기 위반
> • 철길건널목 통과방법 위반
> • 횡단보도 사고
> • 보도침범
> • 승객 추락방지의무 위반
> • 어린이보호구역 내 시속 안전 의무 위반

ANSWER 29.④ 30.① 31.④ 32.④

33 차로가 설치된 도로에서 통행방법 중 위반이 되는 것은?

① 택시가 건설기계를 앞지르기를 하였다.
② 차로를 따라 통행하였다.
③ 경찰관의 지시에 따라 중앙 좌측으로 진행하였다.
④ 두 개의 차로에 걸쳐 운행하였다.

🌳 HINT ④ 두 개의 차로에 걸쳐 운행하는 행위는 금지된다.

> **차로 위반의 유형**
> • 두개의 차로에 걸쳐 운행하는 행위
> • 한 차로로 운행하지 않고 두 개 이상의 차로를 지그재그로 운행하는 행위
> • 갑자기 차로를 바꾸어 옆 차로로 끼어드는 행위
> • 여러 차로를 연속적으로 가로지르는 행위
> • 특별히 진로 변경이 금지된 곳에서 진로를 변경하는 행위

34 도로교통법상 보행자 보호에 대한 설명으로 틀린 것은?

① 모든 차의 운전자는 보행자가 횡단보도를 통행하고 있는 때에는 그 횡단보도를 통과 후 일시정지하여 보행자의 횡단을 방해하거나 위험을 주어서는 아니 된다.
② 모든 차의 운전자는 보행자가 횡단보도를 통행하고 있을 때에는 신속히 횡단하도록 한다.
③ 모든 차의 운전자는 보행자가 횡단보도를 통행하고 있는 때에는 그 횡단보도에 정지하여 보행자가 통과 후 진행 하도록 한다.
④ 모든 차의 운전자는 보행자가 횡단보도를 통행하고 있을 때에는 보행자의 횡단을 방해하거나 위험을 주지 아니하도록 그 횡단보도 앞에서 일시정지할 필요가 없다.

🌳 HINT ④ 모든 차의 운전자는 보행자가 횡단보도를 통행하고 있을 때에는 보행자의 횡단을 방해하거나 위험을 주지 아니하도록 그 횡단보도 앞에서 일시정지하여야 한다(도로교통법 제27조제1항).

35 건설기계장비의 제동장치에 대한 정기검사를 면제받고자 하는 경우 첨부하여야 하는 서류는?

① 건설기계매매업 신고서
② 건설기계대여업 신고서
③ 건설기계제동장치정비확인서
④ 건설기계폐기업 신고서

🌳 HINT ③ 건설기계의 제동장치에 대한 정기검사를 면제받고자 하는 자는 정기검사의 신청시에 당해 건설기계정비업자가 발행한 '건설기계제동장치정비확인서'를 시·도지사 또는 검사대행자에게 제출하여야 한다(건설기계관리법 시행규칙 제32조의2제2항).

36 건설기계의 조종 중 과실로 7명 이상에게 중상을 입힌 때 면허처분기준은?

① 면허 취소
② 면허효력정지 30일
③ 면허 효력정지 60일
④ 면허효력정지 90일

🌳 HINT ① 건설기계의 조종 중 과실로 7명 이상에게 중상을 입힌 경우 면허 취소에 해당한다(건설기계관리법 시행규칙 별표22). 이외에도 과실로 3명을 사망하게 한 경우, 19명에게 경상을 입힌 경우에도 면허취소 사유에 해당된다.

37 자가용건설기계 등록번호표의 도색은?

① 청색판에 백색문자
② 적색판에 흰색문자
③ 백색판에 흑색문자
④ 녹색판에 흰색문자

🌳 HINT ④ 자가용 건설기계의 번호판은 녹색판에 흰색문자로 색칠을 한다(건설기계관리법 시행규칙 별표2).

> **건설기계 번호판의 도색**
> • 자가용 – 녹색판에 흰색문자
> • 영업용 – 주황색판에 흰색문자
> • 관용 – 흰색판에 검은색문자

ANSWER　33.④　34.④　35.③　36.①　37.④

38 등록번호표의 반납사유가 발생하였을 경우에는 며칠 이내에 반납하여야 하는가?

① 5 ② 10
③ 15 ④ 30

> HINT ② 건설기계조종사면허를 받은 자가 건설기계조종사면허증의 반납 사유에 해당하는 때에는 그 사유가 발생한 날부터 10일 이내에 주소지를 관할하는 시장·군수 또는 구청장에게 그 면허증을 반납하여야 한다(건설기계관리법 시행규칙 제80조).

39 건설기계로 등록된 덤프트럭의 검사유효기간은?

① 6개월 ② 1년
③ 1년 6월 ④ 2년

> HINT ② 덤프트럭의 검사유효기간은 1년이다(건설기계관리법 시행규칙 별표 7).

40 도로교통법에 의한 통고처분의 수령을 거부하거나 범칙금을 기간 안에 납부하지 못한 자는 어떻게 처리되는가?

① 면허의 효력이 정지된다.
② 면허증이 취소된다.
③ 연기신청을 한다.
④ 즉결 심판에 회부된다.

> HINT ④ 통고처분을 받고도 납부기간에 범칙금을 납부하지 않으면 즉결심판이 청구된다. 다만, 즉결심판의 선고 전까지 범칙금의 1.5배를 납부하면 즉결심판 청구가 취소될 수 있다(도로교통법 제165조제1항제2호).

41 자동차에서 팔을 차체의 밖으로 내어 45° 밑으로 펴서 상하로 흔들고 있을 때의 신호는?

① 서행신호
② 정지신호
③ 주의신호
④ 앞지르기신호

> HINT ① 오른손을 펴서 45도 각도로 자연스럽게 상하로 왔다 갔다 하는 제스처는 서행을 한다는 의미이다(도로교통법 시행령 별표 2).
>
> **교통수신호 방법**
> ① 좌회전·횡단·유턴 시: 왼팔을 수평으로 펴서 차체 밖으로 내민다.
> ② 우회전 시: 왼팔을 차체 밖으로 내어 팔꿈치를 굽혀 수직으로 올린다.
> ③ 정지 시: 팔을 차체 밖으로 내어 45° 밑으로 편다.
> ④ 서행 시: 45° 밑으로 펴서 위·아래로 흔든다.

42 주차·정차가 금지되어 있지 않은 장소는?

① 교차로
② 건널목
③ 횡단보도
④ 경사로의 정상부근

> HINT ④ 교차로·횡단보도·건널목이나 보도와 차도가 구분된 도로의 보도, 교차로의 가장자리나 도로의 모퉁이로부터 5미터 이내인 곳, 안전지대가 설치된 도로에서는 그 안전지대의 사방으로부터 각각 10미터 이내인 곳, 버스여객자동차의 정류지임을 표시하는 기둥이나 표지판 또는 선이 설치된 곳으로부터 10미터 이내인 곳, 건널목의 가장자리 또는 횡단보도로부터 10미터 이내인 곳에서는 차를 정차하거나 주차하여서는 아니 된다.

43 고속도로 운행시 안전운전상 특별 준수사항은?

① 정기점검을 실시 후 운행하여야 한다.
② 연료량을 점검하여야 한다.
③ 월간 정비점검을 하여야 한다.
④ 모든 승차자는 좌석 안전띠를 매도록 하여야 한다.

> HINT ④ 고속도로 등을 운행하는 자동차 가운데 좌석안전띠가 설치되어 있는 자동차의 운전자는 모든 동승자에게 좌석안전띠를 매도록 하여야 한다. 다만, 질병 등으로 인하여 좌석안전띠를 매는 것이 곤란하거나 행정자치부령으로 정하는 사유가 있는 경우에는 그러하지 아니하다(도로교통법 제67조제1항).

ANSWER 38.② 39.② 40.④ 41.① 42.④ 43.④

44 밀폐된 용기에 채워진 유체의 일부에 압력을 가하면 유체 내의 모든 곳에 같은 크기로 전달된다는 원리는?

① 파스칼의 원리
② 베르누이의 원리
③ 보일샤르의 원리
④ 아르키메데스의 원리

> HINT ① 프랑스의 과학자인 파스칼(Pascal)은 밀폐된 용기 속 유체 표면에서 압력이 가해질 때 유체의 모든 지점에 같은 크기의 압력이 전달된다는 것을 발견하였는데 이를 '파스칼의 원리'라 한다. 이 원리에 따르면 같은 힘(F)이라도 면적(A)이 클수록 압력(P)은 더욱 커지게 된다. 즉 힘을 배가시킬 부분의 면적을 증가시킴으로써 몇 배나 강한 힘을 생성시킬 수 있기 때문에 작은 힘만으로도 큰 힘 얻을 수 있다.

45 유압장치에서 유압조정밸브의 조정방법은?

① 압력조절밸브가 열리도록 하면 유압이 높아진다.
② 밸브스프링의 장력이 커지면 유압이 낮아진다.
③ 조정 스크루를 조이면 유압이 높아진다.
④ 조정 스크루를 풀면 유압이 높아진다.

> HINT ③ 압력제어밸브인 릴리프 밸브의 경우 압력 조정은 조정나사인 세트 스크루(조정 스크루)를 통해 이루어진다. 세트 스크루의 고정 너트를 풀고 스크루를 조이면 스프링의 장력이 높아지고, 유압도 높아진다. 반대로 스크루를 풀면 유압은 낮아진다.

46 유압유의 온도가 과도하게 상승하였을 때 나타날 수 있는 현상과 관계없는 것은?

① 유압유의 산화작용을 촉진한다.
② 작동 불량 현상이 발생한다.
③ 기계적인 마모가 발생할 수 있다.
④ 유압기계의 작동이 원활해진다.

> HINT ④ 유압 시스템은 온도 변화에 민감하고, 특히 유압유의 오염과 이물질은 기기의 성능과 수명에 큰 영향을 미친다. 유압 시스템으로의 공기의 유입되는 등 캐비테이션 현상이 나타나면 유체의 흐름을 방해하여 마찰 저항이 커져서 압력 손실이 커지고 유압유의 온도도 상승하면서 윤활 효과를 감소시키게 된다.

47 밀폐된 용기 내의 일부에 가해진 압력은 어떻게 전달되는가?

① 유체 각 부분에 다르게 전달된다.
② 유체 각 부분에 동시에 같은 크기로 전달된다.
③ 유체의 압력이 돌출부분에서 더 세게 작용된다.
④ 유체의 압력이 홈 부분에서 더 세게 작용된다.

> HINT ② 파스칼의 원리 핵심은 밀폐 용기 속의 유체 일부에 가해진 압력은 각부에 모든 부분에 같은 세기로 전달된다는 것이다.

48 오일의 흐름이 한 쪽 방향으로만 가능한 것은?

① 릴리프 밸브(relief valve)
② 파이롯 밸브(pilot valve)
③ 첵 밸브(check valve)
④ 오리피스 밸브(orifice valve)

> HINT ③ 체크 밸브(첵 밸브)는 유체를 한쪽 방향으로만 흐르게 하고 반대 방향으로는 흐르지 못하도록 하는 방향제어밸브의 한 종류이다.

49 유압펌프의 기능을 설명한 것 중 맞는 것은?

① 유압에너지를 동력으로 전환한다.
② 원동기의 기계적 에너지를 유압에너지로 전환한다.
③ 어큐뮬레이터와 동일한 기능이다.
④ 유압회로내의 압력을 측정하는 기구이다.

ANSWER 44.① 45.③ 46.④ 47.② 48.③ 49.②

> HINT ② 유압펌프는 엔진, 원동기 등 동력원에서 발생한 기계적 에너지를 이용하여 유체 흐름을 발생시켜 유압 계통에 공급하는 장치이다.

50 야간작업을 할 경우 안전운전 방법으로 틀린 것은?

① 작업장에는 조명이 불필요하고 통로만 조명시설을 한다.
② 전조등 또는 기타 조명장치를 이용한다.
③ 원근감이 불명확해지므로 조명장치를 이용한다.
④ 지면의 고저감의 착각을 일으키기 쉬우므로 안전속도로 운전한다.

> HINT ① 야간의 어두운 장소에서 작업 시에는 조명을 반드시 설치하여 사고에 대비하여야 한다.

51 크레인으로 무거운 물건을 위로 달아 올릴 때 주의할 점이 아닌 것은?

① 달아 올릴 화물의 무게를 파악하여 제한하중 이하에서 작업한다.
② 매달린 화물이 불안전하다고 생각될 때는 작업을 중지한다.
③ 신호의 규정이 없으므로 작업자가 적절히 한다.
④ 신호자의 신호에 따라 작업한다.

> HINT ③ 크레인 작업 시에는 반드시 지정된 신호수에 의해 명확한 신호를 받아 작업한다.

52 인화성이 가장 큰 물질은?

① 산소 ② 질소
③ 황산 ④ 알콜

> HINT ④ 인화성이란 불이 잘 붙는 성질을 말하며 알콜은 인화성이 강한 액체이다.

53 전기화재 소화 시 가장 좋은 소화기는?

① 모래
② 분말소화기
③ 이산화탄소
④ 포말소화기

> HINT ③ 전기화재에는 물은 소화효과가 없으며 이산화탄소 등의 질식소화법이 효과적이다.

54 건설기계가 고압전선에 근접 또는 접촉으로 가장 많이 발생될 수 있는 사고유형은?

① 감전
② 화재
③ 화상
④ 휴전

> HINT ① 건설기계가 고압전선에 근접 또는 접촉하면서 감전 사고가 가장 빈번하게 일어난다.

55 인체에 전류가 흐를시 위험 정도의 결정요인 중 가장 거리가 먼 것은?

① 사람의 성별
② 인체에 흐른 전류크기
③ 인체에 전류가 흐른 시간
④ 전류가 인체에 통과한 경로

> HINT ① 감전이란 전기가 누전되어서 흐를 때 사람이나 동물이 전기에 접촉되어 전류가 인체에 통하게 되어 전기를 느끼는 현상을 말한다. ②③④는 전류가 흐를 때 사람에 대한 위험 정도를 결정짓는 요소이다. 전류란 전기가 전선 속을 흐를 때 1초 동안에 전선의 어느 한 점을 통과하는 전기의 양으로 도체의 단면을 단위시간에 통과하는 전하의 양인데 1초 동안에 1쿨롱의 전기량이 흐를 때의 전류를 1암페어[A]라 한다.

ANSWER 50.① 51.③ 52.④ 53.③ 54.① 55.①

56 전기장치의 퓨즈가 끊어져서 다시 새것으로 교체하였으나 또 끊어졌다면 어떤 조치가 가장 옳은가?

① 계속 교체한다.
② 용량이 큰 것으로 갈아 끼운다.
③ 구리선이나 납선으로 바꾼다.
④ 전기장치의 고장개소를 찾아 수리한다.

> HINT ④ 퓨즈(Fuse)는 전선이 합선 등에 의해 갑자기 높은 전류의 전기가 흘러 들어왔을 경우 규정 값 이상의 과도한 전류가 계속 흐르지 못하게 자동적으로 차단하는 장치이다. 퓨즈가 자주 끊어지는 것은 과부하 또는 결함이 있는 장비의 단락표시이다. 사용하는 제품의 수를 줄이고 공인 전기기술자에게 결함이 있는 장비를 교체하도록 조치한다.

57 구급처치 중에서 환자의 상태를 확인하는 사항과 가장 거리가 먼 것은?

① 의식   ② 상처
③ 출혈   ④ 격리

> HINT ④ 격리를 시키는 것은 환자의 상태를 살펴보는 행동이라 할 수 없다.
> ①②③ 부상자의 상태를 육안으로 판단하여 "괜찮으세요?"등의 말을 걸어 대답을 한다면 의식이 있는 상태임을 알 수 있다. 하지만 대답을 못한다거나 신체에 통증을 주어 반응이 없다면 신경계 손상을 의심해야 하며, 상처와 출혈이 있다면 큰 부상을 의심할 수 있다.

58 작업장의 안전수칙 중 틀린 것은?

① 공구는 오래 사용하기 위하여 기름을 묻혀서 사용한다.
② 작업복과 안전장구는 반드시 착용한다.
③ 각종 기계를 불필요하게 공회전 시키지 않는다.
④ 기계의 청소나 손질은 운전을 정지시킨 후 실시한다.

> HINT ① 해머와 같은 타격용 공구에 기름을 바를 경우 미끄러워져서 사고의 위험성이 있다.

59 복스 렌치가 오픈 렌치보다 많이 사용되는 이유는?

① 값이 싸며 적은 힘으로 작업할 수 있다.
② 가볍고 사용하는데 양손으로도 사용할 수 있다.
③ 파이프 피팅 조임 등 작업용도가 다양하여 많이 사용된다.
④ 볼트, 너트 주위를 완전히 감싸게 되어 사용 중에 미끄러지지 않는다.

> HINT ④ 복스렌치(Box Wrench)의 경우 오픈 렌치(open-end wrench)를 사용할 수 없는 오목한 볼트·너트를 조이고 풀 때 사용하는 렌치로, 볼트나 너트의 머리를 감쌀 수 있어 미끄러지지 않아 오픈 렌치보다 더 많이 사용된다.

60 높은 곳에 출입할 때는 안전장구를 착용하여야 하는데 안전대용 로프의 구비조건에 해당되지 않는 것은?

① 충격 및 인장 강도에 강한 것
② 내마모성이 높을 것
③ 내열성이 높을 것
④ 완충성이 적고, 매끄러울 것

> HINT ④ 안전대는 추락 재해방지를 위하여 사용되는 보호장비로, 안전대에 사용하는 로프는 ①, ②, ③ 이외에도 내산성, 내알칼리성, 내열성이 있어야 한다.

ANSWER 56.④ 57.④ 58.① 59.④ 60.④

공무원 기출문제집

서원각 기출문제집으로 시험 출제경향 파악하자!

▲ 기출문제 정복하기

전 직렬 공통 필수과목
일반행정직
사회복지직
교육행정직

▲ 최신 기출문제

필수과목/행정직
교육행정직/사회복지직

▲ 최근 5개년 기출문제

국어/영어/한국사/사회
행정법총론/행정학개론
교육학개론

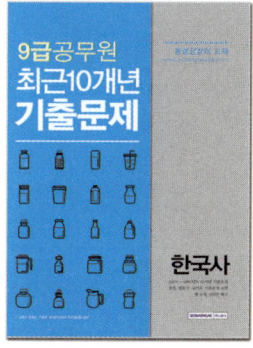

▲ 최근 10개년 기출문제

국어/영어/한국사/사회
행정법총론/행정학개론
교육학개론

▲ 최신 3개년 기출문제

필수과목/행정직
교육행정직/사회복지직

▲ 서울시 공무원

필수과목 기출문제정복하기,
국어/영어/한국사/
행정학개론/행정법총론

▲ 기출문제 정복하기

9급 건축직/7급 건축직/
9급 기계직/8급 간호직/
9급 보건직

네이버 카페 검색창에서 **공무공부**를 검색하셔서 네이버 카페 공무공부에 가입하시면 각종 시험 정보를 보실 수 있습니다.

상식키우기

서원각과 함께하는 상식키우기!

▲ 공사공단 일반상식

▲ 시사일반상식

▲ MAC을 짚어 주는 시사일반상식

▼ 공사/시사 일반상식

정치·법률, 경제·경영, 사회·노동, 과학·기술, 지리·환경, 세계사·철학, 문학·한자, 매스컴, 문화·예술·스포츠 관련 상식을 중요한 것만 모아 수록하였다.

▲ 공기업/공공기관 채용 빈출 일반상식

▼ 공기업/공공기관 채용 시리즈

공기업과 공공기관 채용시험에 나올 법한 상식만을 모았다! 정치·법률, 경제·경영, 사회·노동, 과학·기술, 지리·환경, 세계사·철학, 문학·한자, 매스컴, 문화·예술·스포츠 관련 상식을 중요한 것만 모아 수록하였다. 또한 한국사의 기출유형문제를 정리하여 포함하였다.

빈출 일반상식 - 중요 시사상식 및 빈출용어 수록
간추린 일반상식 - 출제가 예상되는 문제와 해설 수록

▲ 경제용어사전

▲ 부동산용어사전

▼ 한눈에 쏙! 시리즈

경제용어사전 - 단기간에 완성하는 경제용어 및 금융상식
시사용어사전 - 시사용어 및 시사 상식을 한눈에 쏙
부동산용어사전 - 부동산과 관련된 핵심 용어를 쉽고 간결하게 정리